아름다운 부모들의 이야기 **2**

이럴 때 어떻게 말할까?

아름다운 부모들의 이야기 2
이럴 때 어떻게 말할까?

1판1쇄	2016년 12월 25일
1판5쇄	2023년 10월 2일
글쓴이	이민정
펴낸곳	아훈출판사
펴낸이	아훈연구소
편집자문	김용기 김재신
등록번호	214-90-65919
등록일자	2015년 9월 18일
주소	서울시 서초구 반포대로 58(서초아트자이 오피스텔 101동 804호)(우 06652)
전화	010-2366-9864
홈페이지	www.ahoon.kr
공급처	(주)북새통
	서울특별시 마포구 방울내로 7길 45
	전화: 02)338-0117, 팩스 02)338-7161
	홈페이지 www.booksetong.com

© 이민정, 2016
ISBN 979-11-956353-1-3 03590

아름다운 부모들의 이야기 **2**
이럴 때 어떻게 말할까?

아훈
Ahoon

시작하며 /

"사랑은 단순히 주는 것이 아닙니다. 사랑은 분별 있게 주고 마찬가지로 분별 있게 주지 않는 것입니다. 분별 있게 칭찬하고 분별 있게 비판하는 것입니다."

『아직도 가야 할 길』의 저자인 미국의 정신과 의사 스캇 펙의 말이다. 대부분의 사람들이 이 말에 동의하겠지만 이 말을 실천하기란 얼마나 어려운지. 일상생활에서 우리는 어떻게 분별 있게 사랑할 수 있는가? 어떻게 하는 것이 분별 있게 칭찬하고 분별 있게 비판하는 것인가? 이것이 어려운 이유는 그렇게 하는 것이 상대방과 상황에 따라 모두 다르기 때문이다.

'아이가 스스로 할 수 있게 도와줘라.', '아이의 말에 귀 기울여라.' 등 우리는 좋은 원칙과 이론을 많이 알고 있지만, 실제 상황에서 어떻게 하는 것이 아이를 정말 잘 도와주는 것인지 알기 어려운 때가 많다. 아래의 사례를 생각해 본다.

학습지 선생님이 오기 전, 숙제를 해 놓지 않은 승훈이가 장난치며 놀고 있는데 애가 타는 엄마는 승훈이를 야단치지 않으려 노력하며 말한다.

"승훈아, 엄마는 네가 선생님 오시기 전에 숙제 못 할까 봐 마음이 조마조마해."

"엄마, 저 부탁할 거 하나 있는데요. 엄마가 제 숙제 상관하지 마세요."

"? ? ?"

이럴 때 승훈이 어머니는 아이의 숙제를 상관할 것인가, 상관하지 말아야 할 것인가? 스스로 숙제하는 아이가 되도록 도우려면 어머니는 어떻게 해야 할까?

어머니가 가지고 온 두 종류의 빵 중에서 하나를 오빠와 동생이 서로 먹겠다고 다툰다.

엄마: 사이좋게 나눠 먹어.

오빠: 내가 이 빵 먹을 거야. 너는 저 빵 먹어!

동생: 싫어. 나도 이 빵 먹을 거야.

엄마: ? ? ?

이럴 때 어머니가 어떻게 말하면 오빠와 동생이 서로 사이좋게 빵을 나눠 먹으며 남매간의 우애를 돈독하게 도울 수 있을까?

중 2 아들이 맘에 드는 자전거를 사기 위해 열심히 용돈을 모으고 말한다.

"엄마, 66만 원짜리 자전거 사고 싶어요. 제가 그동안 모은 돈 36만 원과 제 크리스마스 선물로 아빠 20만 원, 엄마 10만 원을 주시면 모두 합쳐서 살 수 있는데, 자전거 사면 안 돼요?"

"???"

뭐라고 말할까? 66만 원짜리 자전거 사는 것을 허락할 것인가, 말 것인가? 왜 허락하고 왜 허락하지 말아야 하는가? 그럼으로써 아들은 무엇을 배우게 될까?

퇴근한 아내가 지쳐서 거실의 불도 켜지 못한 채 소파에 누워 있는데 때마침 늦게 들어온 남편이 거실 불을 켜며 말했다.

"여보, 나 밥 안 먹었어."

"???"

이럴 때 아내는 뭐라고 말할까? '그래서요?', '보면 몰라요?', '나도 안 먹었어.' 같은 말이 이 상황에서 도움이 되는 말일까? 지친 남편을 이해하면서 나를 지혜롭게 표현하는 방법은 없을까? 지치고 힘든 서로에게 위로가 되고 힘이 되는 대화는 어떻게 가능할까?

우리의 삶은 일상의 사건들로 이어져 있고, 그 사건들은 대화로 이루어져 있다. 내가 하는 말이 내 의식 수준을 결정하며 상대방에게 영향을 주고, 그것이 결국 내 삶과 우리 삶의 질을 결정한다. 우리는 과연 어떤 삶을 지향하는가? 단순히 아이에게 숙제를 시키고, 빵을 나눠 주고, 자전거를 살지 말지, 저녁밥을 누가 차릴지의 문

제가 아니다. 이 사건들을 통해 우리가 어떤 삶의 가치를 실현시킬
지의 문제다. 일상의 사건 속에는 삶의 지혜가 되는 많은 보물들이
담겨져 있다. 위의 사례에서 자기 숙제 상관하지 말라던 승훈이를
어머니는 존중하며 이해하려고 노력했다. 그런 뒤에 어머니는 승
훈이에게 궁금한 것을 물었다.

"엄마가 네게 상관하면 뭐가 문제인지 궁금하네."

"…그건요, 엄마가 상관하면 제 생각하는 지혜가 없어지거든요."

어머니가 아이의 말을 진정으로 이해하며 들어 주자 아이는 보물
같은 대답을 들려 주었다. 아이의 마음속에는 이미 생각의 싹이 자
라고 있었던 것이다. 단순히 숙제하고 말고의 문제가 아니다. 숙
제하기, 빵 나눠 먹기 등 일상에서 일어나는 사건들을 통해 우리는
독립심, 책임감, 우애, 배려 등 우리 삶을 의미 있고 가치롭게 만드
는 모든 차원의 태도와 행동에 대해서 배우게 된다.

나 또한 날마다 사건들 속에서 산다.

그날은 고려대학교 평생교육원 2학기 강의가 시작되는 날이었
다. 밤늦게 강의 준비를 마치고 잠자리에 든 나는 남편에게 아침 6
시 30분에 깨워 줄 것을 부탁했는데 눈을 떠보니 8시였다. 아뿔싸,
남편은 내 말을 깜빡 잊고 출근하고 없었다. 거실에는 작은아들이
있었다. 나는 아들에게 말했다.

"어쩌지, 아빠에게 6시 30분에 깨워 달라고 했는데 8시네. 오늘
개강하는 날이어서 집에서 8시 40분에 나가야 하는데."

아들이 잠시 나를 보더니 말했다.

"어머니, 제가 뭘 도와드리면 되죠?"

이상했다. 순간 모든 근심 걱정이 다 사라졌다. 나는 아들의 배려와 도움으로 순식간에 준비를 마치고 지각하지 않을 수 있었다. 어떻게 말 한 마디에 모든 근심 걱정, 불안까지 깨끗이 사라지는지. 그날 아들이 했던 그 말은 내 마음을 기쁨과 평안함으로 가득 채워 주었다. 아들이 선택한 말 한 마디의 위력이었다. 남편은 깨워 달라는 내 말을 까맣게 잊고 오히려 아들에게 어젯밤 늦게 잔 엄마를 깨우지 말라고 부탁했다고 했다. 하지만 아들은 그 순간 아빠 얘기 한 마디 없이 나에게 가장 도움이 되는 말을 해 주었다. 그날 사건으로 나는 작은아들에게서 잊지 못할 선물을 받았고, 그 뒤로도 계속 내 마음을 기쁨과 평화로움으로 채워 주고 있다.

큰아들이 대학생일 때 나는 수술을 받기 위해 병원에 입원해 있었다. 의대생이던 큰아들이 다음 날 중요한 시험을 앞두고 밤 12시가 다 되어 병실에 불쑥 들어섰다.

"어? 내일 중요한 시험인데 이렇게 왔네."

"어머니, 세상에서 어머니보다 더 중요한 건 없습니다."

그 말을 듣는 순간 느껴지는 아들의 사랑은 눈에 보이지 않는 상상 속의 추상적인 언어가 아니라 바로 내 손에 잡힌 듯 느껴지는 사랑의 실체였다.

프랑스의 작가 빅토르 위고는 말한다.

"인생에 있어서 최고의 행복은 우리가 사랑받고 있음을 확신하는 것이다."

나 또한 내가 느꼈던 어머니에 대한 사랑의 확신은 내 나이 서너 살 쯤이었다.

"이 어린 것이 불쌍해서 어쩌나. 이 어미 나이가 많아서 옆에 있어 주지 못하면 어쩌나."

마흔다섯에 막내인 나를 낳으신 어머니는 잔잔하고 부드러운 음성으로 내 귀를 만지며 속삭여 주셨다. '미래'는 내가 언어의 의미를 인식하기 시작해서 알게 된 첫 번째 단어였고, 서너 살인 나의 미래를 걱정해 주시는 달콤했던 속삭임은 내가 어머니에게 사랑받고 있다는 확신이었다.

세상에 잠깐 불씨를 담으러 왔다고 말씀하시는 어머니의 관조적인 삶 역시 어머니가 나에게 남긴 가장 귀중한 선물이었다. 이 책을 만나는 이들에게 이 책을 통해 사랑하는 사람들과의 관계 안에서 서로에게 분별 있는 사랑과 아름다움을 나눌 수 있길 간절히 바란다.

이 책은 월간지『생활성서』와 뉴욕에서 발행하는『미주 평화신문』에 연재했던 글과『부모에게 약이 되는 이야기 55호』에 실었던 글을 모아 엮은 것이다(각 사례에 등장하는 아이들의 이름은 대부분 가명임.).

언제나처럼 '아름다운 인간관계 훈련(아훈)' 프로그램에 참가해 주시는 모든 분들과, 조용히 아훈 프로그램을 사랑하는 사람들에게 권해주시는 분들, 이 책을 만드는 데 도움이 되었던 많은 분들에게 감사드린다. 강의 중에 본인의 사례를 기쁘게 나눠 주는 수강생들과, 하루하루 자신의 삶으로 프로그램을 실천하며 강의하고 있는 아훈 강사들, 정숙영, 홍은지, 양인숙, 박지예, 김민정 선생님, 캐나다 토론토에서 한국에 와서 훈련 프로그램에 참여한 전영희 선생님, 아훈 연구소의 실무를 맡아 주는 정성우 선생님, 책의 교정을 기쁘게 봐 준 오세령 선생님에게 감사드린다.

또한 언제나 아낌없는 도움을 주는 생활성서사 김용기 편집국장님, 나보다 나를 더 아끼는 가족들, 돌아가셨어도 나를 위해 기도해 주실 부모님, 항상 든든한 힘이 되어 주는 큰아들, 이 책을 쓰는데 섬세하게 도와준 작은아들, 사랑하고 존경하는 남편, 아들을 누구보다 아끼고 사랑하는 며느리와, 그리고 아직은 어린, 앞으로 이 책을 읽게 될 나의 손자에게 무한한 감사와 사랑을 드린다.

"주님, 오늘도 제가 당신의 도구가 될 수 있기를 기도드립니다."

2016년 12월에
산이 보이는 나의 집에서

차례 /

I

같은 종류의 빵 하나를
남매가 서로 먹겠다고 다투자 엄마가 말한다.

"성욱이도 이 빵을 먹고 싶고, 성희도 이 빵을 먹고 싶은데,
어쩌나 이 빵은 하나밖에 없는데."

"오빠, 그럼 이 빵을 나눠 먹고, 다른 빵도 반으로 나눠 먹자."

"싫어. 난 배불러서 다른 빵은 안 먹어. 이거만 먹을 거야."

"그래. 그럼 이 빵은 성욱이가 혼자서 다 먹고,
엄마가 지금 나가서 동생만 빵을 사 줘도 될까?"

"아니, (바닥에 누워서 뒹굴다가) 나 빵 안 먹어!"

"그래. 성욱이가 동생 나눠 주면 이 빵을 다 못 먹으니까
아예 안 먹겠다고. 그럼 그건 성욱이가 결정할 일이야."

1

엄마, 집에서는 가짜 강사예요!!

　중 3이 된, 하나밖에 없는 아들 준호의 생일에 있었던 일입니다. 아침밥을 거의 먹지 못하고 학교에 가는 아이를 위해 생일 전날 저녁을 정성스럽게 준비했습니다. 특별 용돈과 선물은 생일에 준다고 미리 말해 놓았습니다. 아이가 먹고 싶다는 갈비찜과 미역국, 샐러드로 준비된 저녁을 먹던 아이가 느닷없이 말했습니다.

　준호: 엄마, 생일선물이랑 용돈 언제 주실 거예요? 준다고 해 놓
　　　　고 왜 안 주세요?
　맛있는 음식을 차려 주어 고맙다는 말을 기다리던 저는 아들의 선물 타령에 서운한 마음을 누르고 말했습니다.
　엄마: 네 생일 선물 내일 준다고 말했었는데 엄마의 말을 깜빡 잊
　　　　었구나.
　준호: 그럼 청바지 사 주기로 한 것은요?

엄마: 엄마가 어제 대전에 강의 갔다 늦어서 월요일에 사 준다고
　　　 말했는데 왜 그렇게 재촉해?
준호: 제가 언제 재촉했다고 그래요! 엄마가 사 주기로 한 거 사
　　　 달라고 한 건데요.

덤비듯 말하는 아들을 보며 그동안 배운 것들은 한꺼번에 사라져
버렸습니다.

엄마: 넌 생일상을 정성껏 차려 준 엄마한테 고맙다는 말 한 마디
　　　 못하고 생일 선물을 꼭 그렇게 재촉하듯이 달라고 해야 되
　　　 겠니? 엄마가 네 생일인 내일 사 준다고 했잖아. 생일상 앞
　　　 에서 꼭 이런 식으로 말해야겠니?
준호: 제가 언제 재촉했다고 그래요!! 아휴….

　결국 아들이 방으로 들어가 버렸고 저도 모르는 척 넘어갔습
니다.
　다음 날 아들의 생일 아침, 아들은 모처럼 아침밥을 먹겠다고 했
다가 차려 놓으니 다시 안 먹겠다고 했습니다. '금방 먹는다고 했잖
아. 엄마 똥개 훈련시키냐?' 하고 싶었지만 제 감정을 숨기고 말했
습니다.

엄마: 그럼 아까 말하지. 분명 네가 먹는다고 해서 바쁜데도 차렸
　　　 는데 안 먹는다고? 엄마 훈련시키냐?
준호: 시간 없어서 그렇죠.
엄마: 그럼 처음부터 안 먹는다고 하던가, 엄마 아침 시간이 한가

한 줄 알아?

준호: 엄마는 밖에서만 진짜 강사고 집에서는 가짜 강사예요!!

엄마: 뭐? 가짜 강사? 엄마가 그동안 배워서 네게 해 준 많은 것들은 뭔데? 엄마가 배워서 너한테 도움이 된 게 훨씬 많은데 꼭 그런 식으로 말해야 돼? 엄마가 가짜 강사라고? 앞으로 예전처럼 막 해 볼까?

준호: 그러시든가요!

서로 막말이 이어지자 제 입에서 어떤 말이 나올지 겁이 난 저는 그냥 집을 나섰습니다. 아이를 행복하게 해 주려던 아침이었는데, 발길이 무거웠습니다. 아이 얼굴이 떠올랐습니다. 하나밖에 없는 귀한 아들을 품에 안던 날이 떠올랐습니다. 아들은 자신의 중 3 생일을 어떻게 기억할까, 부끄러웠습니다. 저는 아이에게 휴대폰으로 문자를 쓰기 시작했습니다.

〈사랑하는 아들, 생일 축하해. 어제 저녁과 생일인 오늘 아침에 네 마음 헤아리지 못해서 미안해. 네가 큰 소리로 말하니까 재촉하는 듯 느껴졌어. 늘 엄마를 배려해 주는 아들이 선물 재촉한 게 아니었을 텐데. 네게 가짜 아훈 강사라는 말을 듣고 그동안 좋은 엄마 되려고 노력했던 시간들이 뭐였나 생각하니 서글펐어. 엄마가 진짜 아훈강사이기 전에 지혜로운 엄마가 되도록 노력할게. 사랑해.〉

아이에게서 금방 답장이 왔습니다.

〈저도 아침에 엄마 보고 진짜 강사 아니고 가짜 강사라고 해서 죄송해요. 그리고 앞으로 제가 말할 때 엄마가 이해하실 수 있도록 흥분하지 않고 말할게요.〉

저도 고마운 마음을 담아 아들에게 답장을 보냈습니다.
〈우리 아들 답장을 보니 서글펐던 엄마 마음이 깨끗이 사라지고 열심히 공부할 힘이 나네. 고마워. 엄마도 진짜 지혜로운 엄마, 지혜로운 강사가 되도록 노력할게.〉

'아훈(아름다운 인간관계 훈련)' 강사인 준호 어머니는 가까스로 사건을 마무리했다고 했다. 그러나 연구소에서 사건을 정리하면서 말했다.
"제가 아들을 이해하지 못했더라고요. 제 생각만 했죠. 저는 '생일' 하면 우선 먹는 것이었습니다. 그러나 중 3인 아들은 용돈과 선물인 청바지였더라고요. 그 생각을 못했습니다. 제 생각만 했기 때문에 잘 차린 아침 생일상 앞에서 용돈과 선물 얘기에 화가 난 것이었더라고요. 아직도 상대방 생각을 먼저 할 수 없는 저를 돌아보자 아들에게 미안했습니다."

그렇다. 준호 어머니가 사춘기 아들이 잘 차린 생일상보다는 선물과 특별 용돈에 더 관심이 많다는 것을 이해했더라면 생일 전날, 밥상 앞에서 다음과 같이 얘기했을 것이다. 그랬다면 아들이 선물을 언제 줄 것인지, 청바지 언제 사 줄 것인지 질문했을까.

"사랑하는 아들, 생일 축하해. 내일 아침엔 네가 아침 먹기 어려울 것 같아 오늘 이렇게 준비했단다. 그리고 네 특별 용돈과 선물은 내일 저녁에 줄게. 엄마가 미리 준비했더라면 지금 줄 텐데 아쉽네. 다음엔 미리 준비할게. 그리고 15년 전 오늘 아빠 엄마에게 와 준 너로 인해 아빠 엄마는 삶의 의미와 세상의 모든 행복을 얻을 수 있었단다. 고마워 그리고 사랑해."

준호 어머니는 말했다.
"선생님, 8년을 훈련했는데도 더 준비하라는 얘기죠."
"그러게요. 저도 29년을 훈련했는데 아직도 늘 부족해서 훈련하고 있습니다."

이 빵은 나 혼자 다 먹을 거야

아훈연구소의 강사들은 일주일에 한 번씩 연구소에 모여 각자 일상에서 만난 사례들을 점검하고 토론하며 강의를 준비한다. 가끔은 강사들 모임에서 빵과 과일이 남으면 누군가 집으로 가져가기도 한다. 남은 빵을 집에 가져갔던 강사의 얘기다.

그날 제가 간식으로 먹고 남은 두 종류의 빵을 집에 가지고 왔습니다. 저녁을 먹던 초등학교 2학년 아들 성욱이와 유치원생인 동생 성희가 말했습니다.

성욱: 나 저 샌드위치 먹고 싶다.
성희: 나도 먹고 싶은데.
예전의 저는 두 아이가 다툴 것 같으면 바로 끼어들었습니다.

엄마: 야!! 나눠 먹어.

제가 끼어들어도 다음의 대화로 이어지곤 했습니다.

성욱: 싫어. 내가 이거 먹을 거야.

이쯤 되면 제 목소리 톤은 더욱 높아집니다.

엄마: 신성욱!! 맛있는 거 너만 다 먹냐? 나눠 먹어야지.

성욱: 다 먹고 싶은데.

엄마: 너 진짜 그렇게 혼자 욕심 부릴 거면 아예 먹지 마.

성욱: 피…, 안 먹어.

엄마: 먹지 마! 먹지 마! 다음부터 빵 가져오나 봐라. (오빠에게만 야단치면 불공평하니까) 신성희! 너도 그거 먹지 말고 다른 거 먹어.

　

그때 남편이 옆에 있다면 상황은 더 악화됩니다. '괜히 빵 가지고 와서 왜 애들 울리고 그래?' '제가 울린 거예요? 지네들이 싸우고 우는 거지. 에이그, 누굴 닮아서….' 이런 식으로 대화가 이어지면 식탁 분위기는 더욱 암울해집니다. 그러나 그날은 하루 종일 연구소에서 훈련했기 때문에 마음이 여유롭고 준비된 상태에서 두 아이의 대화에 끼어들 수 있었습니다.

　

엄마: 그래. 성욱이도 이 빵을 먹고 싶고, 성희도 이 빵을 먹고 싶구나.

성욱: 내가 이걸 먹을 테니까 네가 저거 먹어.

성희: 나도 이거 먹고 싶단 말이야.

저는 아들이 얄미웠습니다. 사실은 아들이 먼저 양보하기를 바랐거든요. 왜냐하면 아들이 오빠니까요. 뭔가 더 말하고 싶었지만 천천히 이성을 찾고 배운 대로 말했습니다.

> 엄마: 그래. 성욱이도 이 빵을 먹고 싶고, 성희도 이 빵을 먹고 싶은데, 어쩌나 이 빵은 하나밖에 없는데.
> 성희: 그럼 이 빵을 나눠 먹고, 다른 빵도 반으로 나눠 먹자.
> 성욱: 싫어. 난 배불러서 다른 빵은 안 먹어. 이거만 먹을 거야.

'이러니 엄마가 성희를 더 예뻐할 수밖에 없다고. 동생이 올바른 판단을 하는데 너는 왜 판단을 제대로 할 수 없냐고. 그리고 뭐? 배부르다고? 그럼 먹지 말던가, 아니면 나눠 먹던가.' 속으로 생각하게 됩니다. 저는 두 아이의 대화에서 오빠와 동생이 바뀐 것 같았습니다. 성희가 오빠보다 더 이해력도 빠르고 너그러운 것 같았습니다. '그러니까 내가 성희를 더 예뻐할 수밖에 없지.' 또다시 성희 편이 되었지만 얼른 정신을 차리고 오늘 배운 걸 생각하며 말했습니다.

> 엄마: 그래. 그럼 이 빵은 성욱이가 혼자서 다 먹고, 엄마가 지금 나가서 동생만 빵을 사 줘도 될까?
> 성욱: 아니, (바닥에 누워서 뒹굴다가) 나 빵 안 먹어!

저는 인내와 이해로 끝까지 잘 마무리하려 했지만 성욱이의 행동을 보며 '그래. 먹지 마! 먹지 말라고. 성희야, 우리 둘이서 이 빵 다 먹자. 이 빵 정말 맛있네, 맛있어.' 하며 어린아이처럼 약 올리고 싶은 심술도 생겼습니다. 하지만 간신히 평정심을 되찾고 다시 조심스럽게 말했습니다.

"그래. 성욱이가 동생 나눠 주면 이 빵을 다 못 먹으니까 아예 안 먹겠다고. 그럼 그건 성욱이가 결정할 일이야."

성욱이가 말없이 방으로 들어갔습니다. 저는 또다시 자신을 다스려야 했습니다. '문제가 생길 때면 자리를 피하는 자기 아빠랑 어쩌면 저렇게도 꼭 닮았는지.' 하는 생각으로 아이 방으로 따라 들어가서 한바탕 소리치고 싶었습니다. 그러나 저는 잠시 눈을 감고 생각하며 기다렸습니다. 그런데 방으로 들어갔던 성욱이가 잠시 후에 방을 나오면서 한 마디 했습니다.

성욱: 그래도 빵 먹고 싶다. 성희야 나눠서 먹을까?
성희: 응, 좋아. 이 빵 나눠 먹자.

저는 그렇게 얘기하는 유치원생인 딸이 고마웠습니다. 제가 배우지 않았다면 성희에게만 온갖 칭찬을 늘어 놓았을 텐데 저는 성욱이에게 먼저 말했습니다.

엄마: 성욱아, 엄마는 동생이랑 나눠 먹자는 네 말을 들으니까 정말 기뻐. 엄마는 너희들이 사이좋게 나누어 먹을 때 가장 행복하거든. 성욱아, 엄마 행복하게 해 줘서 고마워.
성희: 오빠 고마워.
엄마: 성희야, 성희가 오빠를 이해해 줘서 고마워.

그렇게 행복한 저녁을 보낼 수 있다니요. 그 사건은 기적이었습니다. 하루에도 몇 번씩 서로 다투던 아이들이 그 사건 이후로 먹을 것이나 물건으로 다투는 일은 볼 수 없으니까요. 그래서 부모가 실력이 있어야 지혜로운 부모가 된다고 하나 봅니다.

성욱이 어머니가 중간 중간에 화내지 않고 끝까지 버티어 낸 힘은 어디에 있었을까. 그동안 두 아이가 다투면 항상 큰아이에게만 책임을 돌리던 자신의 잘못이 무엇인지를 깨닫자 큰아이에게 미안해졌다. 그리하여 참고 기다리고 또 기다리며 아이가 스스로의 생각과 이해로 선택할 수 있게 도와줄 수 있었다. 그리고 그 결과의 열매는 반드시 달콤하다는 것을 체험한다. 정말 중요한 것은 아이가 이해할 수 있도록, 납득할 수 있도록 부모가 말하고 기다리는 것이다.

일본의 교육 개혁을 이끄는 후지하라 가즈히로 교장선생님은 말한다.

"정답 대신 '납득답(납득할 만한 답)'을 찾는 게 진짜 공부."라고. 아이들도 본인이 납득이 되면 더 이상 반박하지 않는다.

"그럼 이 빵은 성욱이가 혼자서 다 먹고, 엄마가 지금 나가서 동생만 빵을 사 줘도 될까?"

어머니는 화내지 않고 이 말을 했다. '네가 먹고 싶은 이 빵은 네가 다 먹고 동생에게만 빵을 사 줘도 될까?' 오빠를 납득시키는 말이다. '동생에게만'에서 '만'은 중요한 단어다. 또한 '동생에게만 사 줄게.'도 아니다. '사 줘도 될까?'는 오빠의 의견을 묻는 말이다. 끝까지 오빠를 존중하는 어머니의 자세다. 그러자 성욱이는 떼를 썼지만 반발할 수 없었고 방으로 들어가 생각했다. 그리고 납득이 되자 나와서 말한다.

"그래도 빵 먹고 싶다. 성희야 나눠서 먹을까?"

납득이 된 오빠의 결론이다. 그리고 다음에도 생각한다. 나 혼자 먹겠다고 하거나 장난감을 나만 갖고 놀겠다고 하면 엄마는 동생에게만 새것으로 사 줄 수 있으니까 함께 놀아야 한다는 것을. 물론 그 말을 듣는 동생도 배우게 된다. 납득이 되기 때문이다. '사건' 하나를 어떻게 푸느냐에 따라 아이들의 생활습관이 달라진다.

영국의 철학자 버트런드 러셀이 말했다.

"훌륭한 삶이란 사랑으로 힘을 얻고 지식으로 길잡이를 삼는 삶이다. 즉 지식의 안내를 받는 사랑으로 이루어진 삶이 훌륭한 삶이다." 사랑하는 마음으로 지식을 얻은 어머니의 지혜로 빵을 나누어 먹는 오빠와 동생은 어떻게 자랄까. 어머니의 삶을 그대로 닮지 않을까. 나는 오늘도 배운 대로 실천하는 성욱이 어머니에게서 배운다.

어, 시계 누가 깼어?

저는 6학년 민주와 3학년 민아, 두 딸을 둔 엄마입니다. 항상 자기표현이 서투른 작은아이가 안쓰러워 두 아이가 다투면 저도 모르게 작은아이의 편을 들게 됩니다. 그날은 작은아이가 언니 침대 위에서 뛰다가 언니가 가장 아끼는 시계를 깨뜨렸습니다. 저는 얼른 유리조각들을 치우고 있었습니다. 샤워를 마치고 나온 큰아이가 깨진 시계를 보며 짜증스럽게 말했습니다.

"어, 이 시계 누가 깼어?"

순간 평온한 저녁을 시끄럽게 하기도 싫고 어차피 깨진 시계 땜에 작은애가 잔뜩 긴장해 있는 것도 보기 싫어서 저도 모르게 자연스럽게 거짓말을 했습니다.

엄마: 누가 깼겠니? 그냥 떨어졌겠지.
민주: ?!… 아, 맞아. 못이 너무 짧게 박혀 있어서 그런가 봐. 엄

마 저 연두색으로 새로 사 줘요. 네? 엄마.

엄마: (속으로 안심하며) 그래. 인터넷에서 찾아보고 사자.

인터넷으로 연두색 시계를 찾아 이번엔 유리 대신 플라스틱으로 되어 있는 시계를 주문하고 편안하게 잤습니다. 동생도 안심이라는 듯 편안한 모습이었습니다. 저는 정말 아무 생각이 없었습니다. 그저 차분한 하루의 마무리였습니다.

다음 날 아침밥을 하는데 퍼뜩 어제 내가 그 일을 잘못 처리했다는 생각이 들었습니다. 늘 선생님이 하시던 말이 떠올랐습니다. '아이들은 자신의 문제를 자신이 해결할 수 있도록 도와야 한다. 부모가 아이 대신 문제를 풀어 주는 것이 아니다. 더더욱 정직하게 문제를 풀어야 한다. 거짓말은 결국 아이들을 거짓말하는 아이로 키우는 것이다.'라는 말이었습니다. 정말로 이런 생각이 떠오른 것은 드문 일입니다. 저는 이 문제를 어떻게 수습할까 생각하다가 저녁에 아이들이 들어오면 말해야지 하고 하루 종일 배운 내용을 생각하며 준비했습니다. 우선 작은아이에게 할 말을 생각했습니다. 작은아이와 미리 얘기하지 않고 큰아이에게 이야기하면 작은아이가 곤란해질 것 같았기 때문입니다.

엄마: 민아야, 엄마 너에게 용서를 구하고 또 의논할 일이 있어.

민아: 무슨 일인데요?

엄마: 어제 언니 시계 깨졌을 때 엄마가 거짓말을 해서 말이야. 엄마가 너에게는 정직하라고 하면서 엄마가 거짓말을 해서

너무나 부끄럽고 창피해. 엄마 다시는 거짓말하지 않을게. 엄마 용서해 줄 수 있니?

민아: 엄마, 그건 제가 잘못했기 때문이에요. 엄마 잘못이 아니잖아요.

엄마: 시계를 깬 건 네 실수였지만 거짓말한 건 엄마 잘못이었어. 엄마는 너에게 용서를 구하고 싶어.

민아: 알았어요. 엄마. 그리고 저도 거짓말하지 않을게요.

저는 놀랐습니다. 우리 아이가 저를 너그럽게 이해하고 위로해 주려고 애쓰는 모습을 보면서 고맙고 진정 부끄러웠습니다. 저는 다시 아이에게 말했습니다.

엄마: 그리고 네게 의논할 일이 있어.

민아: 뭔데요?

엄마: 엄마가 언니에게도 사과하려고 해. 그러려면 시계를 네가 깼다는 것도 얘기해야 하는데 그래도 되겠니?

민아: 네 엄마. 언니에게는 제가 잘못했다고 말할게요.

엄마: 고마워. 엄마도 너랑 같이 얘기하고 싶어. 엄마도 사과해야 하거든.

저는 민아와 민주가 함께 있는데서 말했습니다.

엄마: 민주야. 엄마 네게 사과할 일이 있어. 어제 네 시계 깨진 것 엄마가 거짓말했어. 시계가 저절로 떨어진 게 아니라 민아가 네 침대에서 뛰다가 건드려서 깨진 거야. 엄마가

가장 싫어하는 거짓말을 해서 부끄럽고 창피해. 다시는 거짓말하지 않을게. 너에게 엄마 잘못을 얘기하고 용서받고 싶어. 미안해.

민아: 언니 내가 잘못했어. 내가 조심할게. 미안해. 다시는 그런 일이 없도록 할게.

민주: 괜찮아. 엄마가 새로 사 주신다고 했잖아. 그리고 나도 너 도자기 피리 깼잖아. 나도 미안해.

생각보다 산뜻하게 사과를 받아들이는 민주를 보면서 시계를 새로 사 줘서 그런가, 아니면 자신도 동생 피리를 깬 잘못이 있으니까 그런가 생각이 들기도 합니다. 그러나 민주의 마음이 열린 것은 제가 먼저 잘못을 인정하고 용서를 구하자 민아의 마음이 열렸고, 민아의 마음이 열리자 민주의 마음도 열린 것 같습니다. 그리고 제가 아이들이 싸우는 상황 자체를 아예 보기 싫어하기 때문에 작은아이를 더더욱 문제 해결 능력이 떨어지는 아이로 키워 온 것 같습니다. 물론 큰아이도 답답하게 만들었다는 생각도 들고요. 배우면서도 늘 부족하고 안 되는 것 같았는데 이번 사건을 통해서 어느 순간 솜이 물을 천천히 빨아들이듯이 늦더라도 중요한 것 하나씩 찾아내기만 해도 어딘가 하는 생각이 듭니다. 정말로 계속 교육을 받아야겠다는 생각이 듭니다. 신기하죠? 꿈속에서 생각한 것도 아니고 아침에 밥하다가 잘못했다는 생각이 문득 떠오른다는 게.

아이들 앞에서 자신의 잘못을 인정하고 용서를 구하는 것은 쉬운 일이 아닌데 그럴 수 있는 용기는 배우고 깨닫는 힘에서 나온다. 사람은 좋은 사람이 되고 싶어하는 본성을 지녔기 때문에 어머니가 좋은 모습을 보이면 아이들도 따라 하게 될 것이다. 아마도 민주 어머니가 조금 더 연구했더라면 언니가 깨진 시계를 보며 시계 누가 깼느냐고 물었을 때 다음과 같은 대화가 이어지지 않았을까.

"어? 이 시계 누가 깼어?"

"응. 엄마는 진실을 알고 있는데 말하기가 조심스럽네."

"왜요?"

"왜냐하면 우리 가족이 함께하는 좋은 저녁시간을 이미 깨진 시계 때문에 망치고 싶지 않기 때문이야. 민주야, 엄마가 진실을 말하면 엄마의 그런 마음을 생각하면서 들어 줄 수 있니?"

했다면 민주는 어떤 생각을 하게 될까? 엄마로부터 진실을 듣고 무작정 동생에게 화를 냈을까? 또 동생 민아는 어떤 생각을 하게 될까? 언니에게 먼저 잘못했다고 고백하고 싶은 마음이 들지 않을까?

생텍쥐페리 잠언집에 나오는 말처럼 배워서 의식하기 때문에 같은 사건을 다르게 만들었을 것이다.

"의식이란 이날을 다른 날과 다르게 만들고, 지금 이 시간을 다른 시간과 다르게 만드는 것입니다."

4

선생님 자꾸 배가 아파요

　저희 교회에서는 여름이면 모든 교회 가족이 3박 4일간의 여름 수양회에 참가합니다. 수양회를 가면 간호사였던 저는 의무실에서 봉사를 합니다. 의무실에는 어린 환자가 많이 옵니다. 밖에 나오면 너그러워지는 부모님을 믿고 차갑고 맵고 기름진 음식을 가리지 않고 닥치는 대로 먹어서 그런지 배 아픈 아이들이 많고, 또 한편으로는 프로그램에 참가하기 싫어서 꾀병을 부리는 아이들도 있습니다. 지난여름의 봉사는 제겐 특별했습니다. 그동안의 봉사가 책임감만으로 환자들에게 친절해야 하기 때문에 친절하려 했고, 사랑해야 하기 때문에 사랑했지 진정 마음으로부터 사랑하는 마음은 없었다는 걸 깨닫고 지난여름부터는 아이들에게 사랑을 느낄 수 있도록 봉사하려고 다짐했습니다. 수양회 3일째가 되던 날 오전 9시쯤 한 선생님이 초등학교 4학년 기영이를 의무실로 데리고 왔습니다. 기영이는 그 전에 이미 두 번 다녀간 기록이 있었습니다. 예전의 저라면 기록을 보며 이렇게 말했을 것입니다.

> 나 : 너, 또 왔냐? 너 아주 출근 도장을 찍는구나. 이번엔 또 어디가 아파서 왔는데?
>
> 기영: 속이 계속 울렁울렁하면서 배가 아파요.
>
> 나 : 어제 아침에는 속이 울렁울렁거리며 아프다고 약 먹고, 어제 저녁에는 설사할 것처럼 배가 아프다고 약 먹었는데, 오늘 아침에는 다시 또 속이 울렁울렁하면서 뒹굴 정도로 배가 아파?
>
> 기영: 네, 자꾸 배가 아파요.
>
> 나 : 혹시 수양회 와서 토하거나 설사 한 적 있니?
>
> 기영: 토할 것 같기도 하고 배도 아프고 설사 할 것 같기도 하고 ….
>
> 나 : (한 게 아니고 할 거 같기도 하다고? 참 여러 가지 한다….) 그 중에 어떤 게 더 심해?
>
> 기영: (목소리가 커지며) 몰라요. 배가 아파요~~. (침대 위에서 뒹군다.)
>
> 나 : (담당교사에게) 여기서는 해결할 수 없을 것 같아요. 선생님, 수송부에 연락해서 본관 의무실로 후송해야겠어요. 데리고 가세요.

그러나 그날은 아이를 이해하고 사랑하는 마음으로 대하려고 말했습니다.

나 : 이런, 몸이 계속 불편하고 지금 또 배가 아프다고~. 기영
이가 어떻게 아픈지 궁금하네.

기영: 네, 속이 울렁울렁해요.

나 : 그래, 그랬구나. 수양회 온 이후로 계속 울렁거리고 배 아
파서 약도 먹었었네. 혹시 토하거나 설사를 하니? 그리고
시간이 갈수록 점점 더 심해지니?

기영: 토하거나 설사는 안하고 울렁거리며 아프다가 이랬다저랬
다 해서 저도 잘 모르겠어요.

나 : 그래. 그럼 여기 누워서 조금 기다려 볼까? (아이는 누운
채 좌우로 뒹굴뒹굴한다.) 어? 기영아, 침대 위에서 그렇
게 하니까 떨어질까 걱정돼.

기영: 네? 배가 아파서 그래요.

그러나 간호사였던 저는 배가 아프면 그렇게 뒹굴 수가 없다는
걸 잘 알고 있었습니다. 그래서 저는 '송기영!! 너, 딱 걸렸어! 배
아프면 그렇게 뒹굴지 않거든요. 꾀병인 거 다 알아요. 일어나서
선생님이랑 다시 강당으로 가세요.'라고 말하고 싶었지만, 애써 참
으며 친절하게 말했습니다.

나 : 저런, 그렇게 아프면 병원으로 후송해야 할 것 같아. 그리
고 병원 가는 동안 통증을 좀 덜 수 있는 주사를 하나 맞으
면서 가자. (담당교사에게) 선생님, 제가 주사 준비하는 동
안 수송부에 연락 좀….”

기영: (내 말이 끝나기도 전에) 네?!! 주사요?!! (벌떡 일어나 앉

는다.)

나 : ('응, 이거 엄청 아픈 주산데 너 이거 꼭 맞아야 돼.' 하려다
가) 응. 주사. 이거 별로 아프지 않아. 선생님, 좀 도와주시
겠어요?

기영: 잠깐만요. 선생님! 이제 점점 괜찮아지는 것 같아요.

나 : 혹시 주사 맞기 싫어서 아픈데 안 아프다고 하는 거면 어
쩌나 걱정되네.

기영: 잠깐만요. 잠깐만요. 배가 아까보다 훨씬 덜 아파지는 것
같아요. 조금만 기다리면 안 아플 것 같거든요.

나 : ('안 아파지기는~ 꾀병부리다가 주사 맞게 생겼으니까 바
른 말 나오는 거 같은데?' 하고 싶지만) 그래? 다행이다.
계속 먹었던 약이 이제야 효과가 나오나 보다. 그래. 얼마
나 기다리면 배가 편안해질 것 같아?

기영: … 30분요.

나 : 30분? 선생님은 10분이면 괜찮아지는지 더 아파지는지 알
수 있다고 생각하거든. 10분 뒤에 기영이가 어떤지 알려
줄래?

기영이는 잠시 후, 침대 위에서 커튼 사이로 얼굴을 빼꼼 내밀고
말했습니다.

기영: 선생님 몇 분 지났어요?

나 : 4분 지났네.

또 잠시 후에 얼굴을 내밀고

기영: 선생님 몇 분 지났어요?

나　: 7분 지났네.

기영이는 또 말했습니다.

기영: 선생님 시계 좀 보여 주세요. (침대로 가서 손목시계를 보여 주자) 그러니까 시간이 여기까지 되면 타임아웃인 거죠?

나　: 타임아웃???

기영: 어 시간 다 됐네요. 이제 괜찮아졌어요. 저 가 볼게요.

나　: 그래. 기영이가 괜찮아져서 선생님 마음이 놓이네. 내일 집에 갈 때까지 건강히 잘 지내길 바래.

　기영이는 밝은 얼굴로 내 얼굴을 보며 꾸벅 인사하고 기다리던 담당선생님의 손을 잡고 의무실을 나갔습니다. 저는 주사를 맞아야 한다고 과장해서 좀 미안하기는 했지만, 순진한 꾀병앓이 장난꾸러기 기영이가 사랑스러웠습니다.

　아이들이 존중받는다고 느끼면 얼마나 빠르게 순수해지는지. 사랑하는 마음을 가득 담아 기영이를 이해하려 하자 아이가 조금씩 달라지기 시작했습니다. 자신을 포장해 보이려 애쓰던 기영이가 정직해지고 싶어지는 자신을 만나면서 정직함이 편안함임을 이해하는 기회가 되는 것 같았습니다. 기영이는 다음 날 떠날 때까지 다시 의무실에 오지 않았습니다. 제가 기영이를 사랑하는 마음으로 대하자 저 자신이 선해진다는 느낌이었습니다. 기영이도 따뜻한 아이가 되는 것 같았습니다. 보람으로 가득한 여름 수양회가 되었습니다.

나는 의무실 선생님의 아름다운 이야기를 들으며 의사인 남편 얘기가 떠올랐다.

　　남편은 중학교 2학년 때 담임이셨던 생물선생님에 대해 얘기했다. 어느 날 선생님이 수업시간에 사람의 인체기관에서 음식을 소화시키는 모든 과정을 자세하게 설명해 주셨다. 그러고는 이제까지 설명한 내용을 빠짐없이 설명하는 학생은 이번 학기 생물 점수를 시험과 상관없이 100점을 준다고 말했다. 남편은 내게 말했다.

　　나는 그때 선생님 설명을 들으면서 다 알겠더라고. 소화효소 하나 빠짐없이 말이야. 나만 손을 들어 발표했고, 선생님과 친구들까지도 놀라더라고. 선생님은 100점을 주셨지. 그런데 내가 얼마나 어리석었는지. 그날 이후, 나는 선생님이 나를 좋아하실 거라는 생각에 운동장의 풀을 뽑고 땅을 파는 작업이 있는 날에는 꾀병으로 선생님께 갔지. 그때는 햇볕 아래 운동장 작업이 왜 그렇게 싫었는지. 운동장 작업이 있으면 선생님께 말씀드렸었지. “선생님, 저 머리가 아파서요.” 그러면 선생님은 의심 없이 “그래. 알았어. 가봐.” 하셨거든. 한 번, 두 번, 세 번째 갔을 때는 내 얼굴을 보자마자 말씀하셨어. “그래? 머리가 아프다고? 가도 돼.” 하고 말이야. 그런데 그날 이후 왠지 더 이상 꾀병을 앓을 수가 없더라고. 나를 그렇게 믿어 주신 선생님께 더 이상 거짓말을 할 수 없었던 거야. 그런데 그 선생님께서 오늘 병원에 오신 거야, 그리고 말씀하시는 거야.

"나는 오늘 진짜 아파서 왔네. 자네가 보고 싶었어."

울컥 하더라고. 반백이 되셨지만 인자하신 모습은 여전하시더라고.

"그때 제가 꾀병이라는 거 아셨어요?"

"그걸 모르면 담임이 아니지. 그래도 사랑스러웠어. 난 자네가 단 한번에 소화과정을 신나게 설명하는 걸 보며 따뜻한 의사가 될 거라고 생각했어."

계속 눈물이 나더라고. 선생님이 고마워서. 그 선생님을 치료할 수 있음에 고마워서. 그리고 생각했지. 의학공부 할 땐 힘들었지만 선생님을 따뜻한 손길로 치료할 수 있어서 내가 의사 되길 얼마나 잘했는지. 더하여 가끔 술값도 드릴 수 있어서.

이렇게 말하며 수줍게 눈가를 훔치던 남편 모습이 오늘따라 선명하게 떠오른다. 아름다웠던 옛날을 기억할 수 있게 기영이 얘기를 들려준 양인숙 선생님에게 감사드린다.

오늘 저녁엔 꾀병으로 운동장 작업을 피하던, 이제는 자신이 반백이 된 아름다운 중학교 2학년 소년에게 특별한 차 한 잔 대접해야지.

더럽고 치사해서
치료 안 한다 안 해

이틀 전부터 이가 아파서 음식을 씹을 때 불편했습니다. 저녁때까지는 참을 만하더니 아침엔 더 많이 욱신거리고 아팠습니다. 돈 드는 일에 민감한 남편이지만 치료를 받아야 할 것 같아 저는 출근 준비를 마친 남편에게 조심스럽게 말했습니다.

아내: 여보, 요즘 음식을 씹을 때 어금니가 많이 아프네요.
남편: 아니, 이 치료한 지 1년도 안 됐는데 관리를 어떻게 했길래 벌써 아파? 이 치료하는 데 돈이 얼마나 들었는데. 관리를 제대로 했어야지.

남편의 말을 듣자 미안한 마음이 한꺼번에 사라지면서 '내가 더럽고 치사해서 병원 안 간다, 안 가. 내가 벌어서 갈 테니까 신경 쓰지 마요. 당신은 늘 돈이 먼저죠? 아내가 아프건 말건!' 하고 소리치고 싶었습니다. 그러나 출근해야 하는 남편인데 그러면 안 될 것 같고 뭐라고 말할까 생각했습니다.

'알았어요. 내가 진통제 먹고 참을게요. 병원 치료 안 받고 참을
수 있을 때까지 참을게요.'

'그런 뜻이 아니잖아. 병원 갔다 오라고.'

'됐어요. 병원 안 간다고요.'

대화가 이렇게 이어지면 남편이 현관문을 쾅 닫고 나가겠지. 그
러면 우리는 패−패로 끝나겠지. 이렇게 하면 안 될 것 같아 저는
조용히 말했습니다.

> 아내: 여보. 요즘 당신 회사 일로 마음 많이 쓰는데 아침부터 걱
> 정하게 해서 미안해요. 그런데 당신 말을 들으니까 치료비
> 만 생각하는 것 같아 서운해요. 앞으로 이 관리 잘하도록
> 더 신경 쓸게요.
>
> 남편: 알았어. 미안해. 말조심할게. 병원 꼭 다녀와.

남편이 현관문을 닫고 나가자, 또 '으이그, 병원 안 간다, 안 가.
왜 이런 사람이랑 결혼을 했지. 그리고 왜 나는 공부를 해서 이럴
때 내가 퍼붓고 싶은 말을 마음대로 퍼붓지도 못하냐.' 하는 생각이
들었습니다. 그렇게 속을 끓이면서 20분 정도 지났을까 출근한 남
편에게서 문자가 왔습니다.

〈아침에 내 마음과 달리 말투가 부드럽지 못해 미안해요. 아침
출근 준비하면서 걱정되는 일이 있어서 마음이 편치 않았는데 당
신이 이가 아프다니까 관리 좀 잘하지 하는 마음이 먼저 들더라고.

왜 아픈지도 정확히 모르면서. 표현이 부드럽지 못해 돈 때문에 그런 것처럼 비쳐진 모양이네. 커뮤니케이션이 잘 안 되니 오늘 아침은 마음이 몹시 힘드네. 치과에 다녀와요. 아픈데 돈 걱정하지 말고. 당신과 커뮤니케이션 때문에 힘들었다가 당신 탓할 시간에 내가 잘하면 되겠네 하는 생각이 드네. 내가 더 잘할게.^^〉

　남편의 문자를 보며 제 감정이 많이 가라앉았다가도 또 올라가더라고요. 특히 커뮤니케이션이 힘들다는 문장에서는 '당신은 할 말다 하고, 나는 화내지 않으려고 얼마나 힘들었는데. 적반하장도 유분수지.' 하는 생각이 들었습니다. 그러나 '당신 탓할 시간에 내가 잘하면 되겠네.'라는 문장에서 저도 많이 놀랐습니다.

　남편이 화낼 때는 보통 상대방 잘못만 따지는데 이번에는 '내가 잘하면 되겠네. 내가 더 잘 할게.' 하는 문자를 보니 제 마음이 뿌듯하고 차분해졌습니다. 그동안 제 노력의 결과로 이젠 남편까지도 변하는구나 하는 생각까지 들어 남편에게 문자를 보냈습니다.

　〈당신 문자 보니 서운한 마음이 다 사라졌어요. 저도 출근하는 시간에 서운한 마음 참지 못하고 당신이 불편한 마음으로 출근하게 해서 미안해요. 당신이 화내면서 말하니까 걱정하는 마음보다 서운한 마음이 먼저 들었어요. 저도 당신 회사 일로 예민해진 것 같아 이해하려 노력했지만 아픈데 화내니까 저를 걱정한다는 생각이 안 들어서 당신 마음 오해했네요. 미안해요. 저도 친절하고 따뜻하게 말하도록 노력할게요. 치과 잘 다녀올게요. 고마워요.^^〉

　저는 문자를 보내면서 '그렇지, 행복은 쉽게 얻어지는 것이 아니지.' 생각하며 오늘도 저 자신이 대견스러웠습니다. 또 평화로운 하루가 되었습니다.

아내는 몇 번을 멈추었다. 감정대로 쏟아내지 않고 생각하고, 또 생각하며 말했다. 그리고 평화를 얻었다. 그 평화는 남편에게 전해져서 남편의 따뜻한 문자를 받을 수 있었다. 아마도 새로운 일에 도전해 보지 않고 남편과의 갈등에 불만만 안고 살았다면 이렇게 특별한 경험을 할 수 있었을까.

시인 T.S. 엘리엇은 말한다.
"자신의 능력을 넘어서는 일에 도전해 보지 않는다면 자신이 얼마나 대단한 인물인지 어떻게 알 수 있겠는가?"

자신의 능력에 도전해서 사건을 따뜻하게 풀어낸 이 아내에게 내가 조심스러운 다음의 제안을 한다면 무리한 요구일까. 치과에 간다는 말은 남편에게 부담이 될 텐데 그 부담이 되는 말을 꼭 아침에, 출근하는 남편에게 해야 할까? 혹시 기다렸다가 퇴근한 남편에게 '여보, 제가 미리 말씀 드리지 못했어요. 어제까지는 괜찮았는데 오늘 아침엔 이가 너무 아파서 병원에 갔다 왔어요.' 했다면 오늘 아침에 했던 말, '아니, 이 치료한 지 1년도 안 됐는데 관리를 어떻게 했길래 벌써 아파? 이 치료하는 데 돈이 얼마나 들었는데. 관리를 제대로 했어야지.'라는 말을 했을까. 그리고 남편에게 보내는 문자도 다음과 같이 수정한다면 남편의 마음엔 어떤 변화가 있었을까.

〈당신 문자 보니 서운한 마음이 깨끗이 사라지고 그 자리에 사랑으로 가득 채워지네요. 저도 출근하는 당신 불편하게 해서 죄송해요. 당신을 배려하는 마음이 부족했어요. 저도 친절하고 따뜻한 아내가 되도록 노력할게요. 고맙고 행복하게 치과에 잘 다녀올게요.〉

이렇게 말하기를 제안한다면 아내는 동의할 수 없을까.

6

엄마, 나 귀 뚫으면 안 돼?

어느 날 저녁 큰아이 영수가 숙제를 하다 말고 거실로 나와서 제게 물었습니다.

"엄마, 나 귀 뚫고 싶어. 귀 뚫어서 귀걸이 하면 안 돼?"

'영수야, 너 지금 몇 살이지? 4학년이지. 4학년이 벌써 귀를 뚫는다고? 말도 안 돼. 너 지금 귀를 뚫으면 사람들이 뭐라고 하는지 알아? 나이도 어린데 벌써 귀걸이 하고 다닌다고? 지금은 안 돼. 그런 생각을 할 시간에 책을 한 장 더 읽겠다. 얼른 들어가!!!' 하며 나무랐을 텐데, 멈췄습니다.

드디어 올 것이 왔구나 싶었습니다. 언제부터인가 영수는 귀걸이에 관심이 많았습니다. 제 귀걸이를 보며 '엄마, 이거 정말 예쁘다. 이거 나중에 나 줘.' 하며 관심을 보여서 혹시나 했는데 그날이 온 것입니다. 저는 조심스럽게 말했습니다.

엄마: 어? 귀를 뚫고 싶다고? 영수야, 엄마는 고등학교 졸업하고 귀 뚫었는데.

영수: 근데 엄마, 희영이는 어렸을 때 엄마가 귀 뚫어 주셨대. 아르헨티나에서는 태어나면 귀 뚫어주는 거라서 아기들도 다 귀 뚫는대.

엄마: ('뭐? 네가 아르헨티나에서 태어났냐? 그래? 그럼 그 나라 가서 살아. 아르헨티나 사람한테 입양시켜 줄까? 네 귀 네 마음대로 뚫게?' 하고 싶었지만) 그래? 근데 거긴 우리 나라랑 문화가 다르거든. 우리나라에서는 영수 같은 초등학생이 귀를 뚫고 귀걸이를 하고 다니면 좋지 않은 시선으로 볼 텐데.

영수: 아니야, 귀걸이 하고 다니는 애들 좀 있어.

'그래도, 엄마는 엄마 딸이 어려서 귀 뚫고 그러는 거 싫어. 아직 마음으로 용납이 안 돼. 영수야, 지금 뭐 하는 시간이지? 오늘은 여기까지야.' 하며 아이가 한 마디만 더 하면 폭력적인 말로 바꾸었을 텐데 저는 멈추고 다시 말했습니다.

엄마: 그래? 아, 맞다. 귀 뚫으면 약 먹어야 돼. 아주 쓴 약 항생제 알지? 그거 엄청 오래 먹어야 돼. (일부러 과장해서) 어, 아마 한 달 먹어야 되나? 귀 뚫는 것도 상처 나는 거니까 염증 생기면 안 되잖아. 그러면 귀 퉁퉁 붓고, 어휴! 얼마나 아프겠어.

영수: 희영이는 약 먹었다는 얘기 안 하던데요. 내일 가서 물어
　　　볼게요. 얼마나 먹었는지요.
엄마: 뭘 그런 걸 물어 봐. 아무튼 엄마가 생각해 볼게.
속으로 괜히 과장했구나 하면서 일단은 우물우물 넘어갔습니다.

어느 날 큰아이가 또 제게 물었고 저는 그 결정을 아빠에게 돌렸
고 남편은 또 제게 돌렸습니다.

영수: 엄마, 나 귀 뚫어 주면 안 돼요? 아빠는 엄마한테 물어보래
　　　요.
저는 할 말이 많았지만 이번에는 마지막으로 이민정 선생님에게
로 돌렸습니다.
엄마: 영수야, 엄마가 잘 몰라서 아훈연구소에 갈 때 선생님께 여
　　　쭤 보고 말해도 될까?
영수: 알았어요.
아이는 늘 자기 편이 되어 주시는 선생님이라 은근히 기대하는
듯 알겠다고 하더라고요. 그런데 선생님 뭐라고 하죠?

저는 연구소에서 배운 대로 집에 가서 아이에게 말했습니다.
엄마: 영수야, 아직도 귀 뚫고 싶다면 엄마가 궁금한 게 있는데
　　　물어봐도 돼? 귀걸이를 하면 너에게 어떤 도움이 될까?
영수: 응, 예뻐 보여요.
엄마: 그래. 귀걸이를 하면 예뻐 보인다구. 그러면 엄마는 반대

할 수가 없네.

영수: 그럼 귀 뚫어도 된다는 거예요?

엄마: 그건 영수가 결정할 일이야. 그런데 영수가 귀걸이 하고 예쁜 옷 입고 예뻐져서 사람들이 좋아한다면 그 다음에는? 화장하고 비싼 옷 입고, 또 성형도 하고, 또 그 다음에는 어떻게 하지? 정말 아름다운 사람은, 외모가 아니라 내면이 아름다워서 다른 사람들이 끌리게 되는 사람이래. 선생님은 영수가 외모뿐만 아니라 내면에서 나오는 향기로 예쁜 사람이 되길 바란다고 하셨어.

영수: … 선생님이 그렇게 얘기하셨어요?

엄마: 그래. 선생님이 그러시면서 엄마에게 물으시더라. '영수 어머니는 영수가 어떤 사람이 되기를 바라세요?' 하고 말이야.

영수: 그래서 엄마는 뭐라고 하셨어요?

엄마: 응. 엄마도 선생님처럼 외모뿐 아니라 내면이 아름다운 사람이 되기를 바란다고 했어. 그리고 영수가 생각해 보고 지금 꼭 하고 싶다고 하면 엄마는 영수의 선택을 존중하고 허락하려고 해.

영수: 알았어요.

그 후, 몇 개월이 지났는데 영수에게서 다시 귀걸이 얘기를 듣지 못했습니다. 만약 아이가 다시 귀걸이 하겠다고 했더라도 저는 약속한 대로 말했을 것입니다. '엄마는 찬성하지는 않지만 네 뜻에 따를게.' 하고요.

　가만히 생각해 보면 결국 큰아이가 귀걸이 얘기를 하는 것은 제 영향인 것 같습니다. 제가 예전에 귀걸이를 자주 하고 사기도 많이 샀거든요. 그리고 아이 앞에서도 '영수야, 이 귀걸이 어때? 예쁘지. 영수야, 엄마 오늘 이 귀걸이 샀는데 예뻐?' 이런 얘기를 많이 했거든요. 아마 아이는 그때부터 자기도 하고 싶다는 마음이 싹텄던 것 같습니다. 결국 내면보다는 외모에 신경 쓰는 제 모습을 보고 아이가 배웠구나 하면서 저부터 반성하는 마음이 들었습니다. 귀걸이 사건은 그렇게 아이가 잊은 듯 넘어가는 줄 알았는데 아이가 어느 날 문득 말하더라고요.

　영수: 엄마, 저 고등학교 졸업하고 대학 가서 귀걸이 해도 되죠?
　엄마: (반갑고 기쁜 마음으로) 그럼, 그럼. 그땐 엄마가 네가 꼭
　　　　사고 싶은 귀걸이 사 줄게.

　제 말에 아이가 환하게 웃었습니다. 귀걸이 사건 때문이었는지 요새 아이가 부쩍 성숙해진 느낌입니다. 자신의 내면을 여러 가지 향기로 채워가는 것 같습니다. 얼마 전에 담임선생님에게 면담 갔을 때도 선생님이 말씀하셨습니다.

　"저희 반 아이들이 영수를 다 좋아해요. 영수랑 같은 팀 하고 싶어 하는 아이들이 제일 많아요."

　제 아이에게는 큰 변화였습니다. 아이가 예전에는 좀 이기적이었거든요. 선생님의 얘기를 들으면서 저 자신도 영수의 엄마로서, 어른으로서 제 내면을 좋은 향기로 채워야겠다는 결심을 한 번 더

하게 되었습니다.

　스스로의 가치관을 만들어 가는 초등학교 4학년인 영수에게 어머니와의 이런 대화는 큰 기회가 될 것이다. 앞으로 사춘기를 겪으면서 외모에 관심이 커지면서도 정말 중요한 것이 무엇인지를 되새기게 해주는 삶의 중심이 되어줄 것이다. 영수 어머니 또한 사랑하는 가족을 위해 자신의 내면을 끊임없이 배우고 훈련하며 가꿀 것이다. 그렇다면 영수는 어머니를 정말 사랑하고 아름다운 모습으로 기억하게 되지 않을까.
　얘기를 듣던 한 수강자가 말했다.

　어린 날의 기억은 정말 중요한 것 같습니다. 제가 초등학교 5, 6학년 쯤이었던 것 같습니다. 저희 집 가정 살림이 최악이었던 시기였을 겁니다. 없는 살림에 할머니 수술비로 가게 전세, 단칸방 전세까지 모두 월세로 돌리고, 아마 말 그대로 길거리로 나앉기 직전이었지 싶습니다. 밤늦게 술에 취해 들어오신 아버지께서 사남매의 장녀인 저를 보고 말씀하셨습니다.
　"너희들만 아니었어도 내 인생은 화려했을 수 있었다."
　저는 충격을 받았습니다. 그 말을 들은 그날부터 저는 '나는 아버지에게 아버지의 화려했을 수 있던 삶을 이렇게 초라하게 만든 존재였구나. 내가 아버지에게 도움이 되는 길은 빨리 독립해서 아버지에게서 떠나는 것인가 보다.'고 생각했습니다. 그래서 그날 이후, 어떻게 하면 빨리 독립해서 부모님을 떠날 수 있을까 생각했고, 대학도 빨리 취업이 되는 전공을 선택했고, 취업 후 기숙사에 들어갈 때나 결혼할 때에도 부모님을 떠나는 일이 전혀 서운하지도 슬프지도 않았습니다.

그런데 아버지를 이해할 수 있었던 것은 제가 아름다운 인간관계 훈련을 받으면서였습니다. 그때 제가 지금처럼 마음이 따뜻했더라면 이렇게 말씀드릴 수 있었을 텐데요.

"아빠, 지금 짐이 너무 무거워서 그러시는 거죠. 제가요, 아직은 어려서 제가 열심히 공부하는 것 외엔 도와드릴 일이 별로 없지만요, 열심히 공부해서 아버지를 도와드릴 힘이 생기면 힘껏 도와드릴게요. 아빠 저희들을 위해 애써 주셔서 감사해요."

그런데 그 전까지는 아버지에게 차가운 마음만 가득했습니다. 초등학교 5, 6학년 때 들었던 말의 영향이 35년 넘게 가다니요. 영수 어머니의 이야기가 30~40년 후 영수에게 어떤 영향을 끼치게 될까요.

영수를 부러워하는 그 또한 아버지에 대한 아픔을 사랑으로 치유할 수 있다니. 그것은 세월만 흐른다고 치유할 수 있는 것은 아니었다. 어른이 된다고 다 이해할 수 있는 것은 아니었다. 배우면서 깨달을 수 있었다. 그리하여 아버지에 대한 감정이 얼마나 자유로워졌는지. 그래서 배우고 실천하면 어찌 기쁘지 아니하겠는가.

제가 모은 돈으로 산 건데
뭐가 문젠데요?

캐나다 토론토에서 있었던 한 수강자의 이야기다.

작년 크리스마스였습니다. 식구들이 선물 이야기를 하는데 대학생 아들이 약간 들뜬 표정으로 자신이 준비한 선물에 대해 말했습니다.

아들: 저는 여자친구에게 OO 컴퓨터 게임기를 준비했어요.

아빠: 그게 얼만데?

아들: 500불이 좀 넘어요.

아빠: 뭐라고? 너 미쳤구나.

엄마: 뭐라고? 500불이라고. 너 단단히 미쳤구나.

저희 부부는 약속이라도 한 듯, 아들에게 '미쳤다.'는 말을 했습니다.

아들: 왜요? 제가 아르바이트해서 제가 모은 돈으로 산 건데 뭐가 문젠데요?

아들은 저희 부부의 심상찮은 눈빛을 피해 얼른 2층으로 뛰어 올라가 버렸습니다. 저는 황당해서 자리를 피하는 아들을 보자 뭔가 잘못되었다는 생각이 들었습니다. 뭐가 잘못인지는 몰랐지만요. 저는 그때까지 아내에게도 300불 넘는 선물을 해 준 적이 없었기 때문에 여자친구에게 500불이 넘는 선물을 한다는 아들의 행동이 미친 짓으로 보였습니다. 그러나 생각해 보니 시대도 많이 변했고 꼭 아들의 잘못만은 아닌 것 같아서 이튿날 멋쩍게 한 마디 했습니다.

아빠: 아들, 미안하다. 어제는 아빠가 말을 잘못한 것 같아. 미안해.

아들: 네? 뭘요?

아들은 알 듯 모를 듯 피식 웃으며 넘어갔습니다. 그렇게 6개월이 지났는데도 저에게는 콕 집어낼 수 없는 찜찜함이 남아 있습니다. 뭐가 문제였죠?

수강생 모두는 위의 상황에 대해 함께 생각을 나누었다.

좋아하는 여자 친구를 위해 자신이 열심히 모은 돈으로 선물하는데 액수가 많다고 미친 짓인가? 선물은 꼭 예전에 아버지가 어머니에게 했던 만큼만 해야 하는가? 아들은 아버지, 어머니의 얘기를 듣고 어떤 생각을 하게 될까.

'아빠와 엄마가 미친 짓이라고 했는데 내가 정말 미친 짓을 한 것일까?', '언제 헤어질지 모르는 여자 친구에게 괜한 선물을 한 것은 아닐까?' 하며 자신의 사랑을 의심하게 되지 않을까?

한편 아버지가 이렇게 말했으면 어땠을까?

'아들아, 네 선물 얘기 들으니까 아빠가 네 엄마에게 미안하구나. 아빠는 300불 넘는 선물을 엄마에게 한 적이 없는데. 아빠가 엄마를 다시 생각하게 해 줘서 고맙구나. 너의 넘치는 사랑을 받는 여자 친구는 참 행복하겠구나.'

수강생들과 얘기를 나누며 아버지는 아들에게 많이 미안해했다. 그래서 우리는 그 아버지가 아들에게 해 줄 수 있는 말을 함께 연구해서 준비했다. 며칠 뒤 일을 마치고 새벽에야 집에 돌아온 아들을 마주하고 아버지가 말했다.

"아들아, 아빠가 네게 사과할 일이 있어. 지난 크리스마스 때 네가 여자 친구에게 500불짜리 선물한다고 했을 때 말이야. 그때 '미쳤다.'고 했던 말 사과할게. 그건 아빠가 놀라서 한 말이었어. 왜냐하면 아빠가 지금까지 너의 엄마에게 300불 넘는 선물을 한 적이 없었기 때문이야. 아빠와 다르다고 그렇게 말하면 안 되는데. 미안하다. 아빠는 그때부터 너에게 미안해서 마음이 계속 편치 않았는데, 이번에 공부하면서 네게 말할 용기가 생겼어. 미안하다. 앞으로 조심할게. 아빠 마음을 점검하는 좋은 기회를 만들어 줘서 고맙다. (준비한 봉투를 내밀며) 자, 이건 아빠의 미안했던 마음의 표현이야. 이 돈은 돈이 아니라 아빠의 마음이다. 500불이야."

아들이 시원하게 웃으며 말했습니다.

"하. 하. 하. 아빠, 저는 잊고 있었는데요. 아빠가 6개월 동안 그 생각을 하고 있었다는 게, 저는 그게 놀라워요. 그리고 이 돈은 너무 큰돈이라 못 받아요. 꼭 주시고 싶다면 5불이나 10불 받을게요. 그리고 아빠가 말은 그렇게 하셨지만 아빠는 아빠잖아요. 진짜로 제가 미쳤다고 생각한 건 아니잖아요."

의자에 앉았던 아들이 제게로 와서 저를 껴안으며 말했습니다.

"아빠, 사랑해요. 그리고 돈은 10불만 받을게요. 이 10불은 500불의 몇백 배, 몇천 배라고 생각하고 받을게요. 아빠 고마워요. 그리고 아주 많이많이 사랑해요."

저도 아들을 안으며 말했습니다.

"아빠도 우리 아들 사랑해. 아빠는 우리 아들이 사람과의 관계를 온 마음으로 존중하며 소중하게 생각하는 좋은 사람이 돼서 기뻐. 사랑하는 사람끼리 존중하고 위해 주는 게 얼마나 소중한 일인지 다시 생각하게 해 줘서 고맙고. 그럼 아빠의 사과받아 주는 거지. 10불을 받지만 500불의 몇천 배를 받는 것과 마찬가지라고. 하하 하."

아버지는 함께 배우는 수강생들에게 말했다.

"10불의 가치가 얼마나 큰지요. 그날부터 아들만 보면 흐뭇해서 이렇게 힘이 난답니다. 찜찜한 채 넘어갔을 사건을 빛나는 추억으로 만들어 주셔서 고맙습니다."

3주간의 강의를 마치고 서울로 돌아오는 비행기 안에서 특별한 아버지 수강생 모습이 떠올랐다. 지나간 일을 잊지 않고 아들에게 사과했던 아버지와 그의 하나뿐인 아들. 오랜 세월이 흘러 아버지가 주시는 500불을 10불로 받으면서 500불의 몇백 배 몇천 배를 받는 것과 같다고 했던 날을 회고할 날이 오겠지. 그때 아버지를 어떤 아버지로 기억하게 될까. 그 모습을 상상하는 것만으로도 흐뭇하다.

8

행운은 나누는 거거든.
형이 나눠 줄게

그날도 두 아이는 장난감 뽑기 가게를 그냥 지나치지 못했습니다. 천 원으로 장난감 상자 하나를 뽑는데 복불복이라 장난감을 사서 상자를 열어야 그 안에 뭐가 들어 있는지 알 수 있습니다. 상자 안에는 영어 이니셜로 된 조그만 장난감이 들어 있습니다. 승훈이는 특별히 X 장난감을 좋아합니다. 그런데 상자를 열어 보니 승훈이는 자기가 별로 좋아하지 않는 P 장난감을 뽑았고 X 장난감은 동생 승민이가 뽑았습니다. 일곱 살 승훈이는 평소처럼 다섯 살 승민이에게 사정해서 장난감을 겨우 바꾸기로 했습니다. 그러나 형에게 양보한 동생은 기분에 따라 줬다가 달라고 하기를 반복합니다. 몇 번을 반복하자 화가 난 형이 울음을 터뜨리며 말했습니다.

승훈: 승민이 미워! 이제부터 너 말 절대로 안 믿을 거야. 그리고
　　　아까 내가 X를 뽑았어. 아줌마가 계산할 때 잘못해서 바뀐

　　　　　　　　　　　　아름다운 부모들의 이야기 2

거야.

승민: 아니야. 이건 내가 뽑은 거야. 엄마! 형아가 지금 거짓말
　　　해.

두 아이가 길 한복판에서 다툽니다. 결국 제가 끼어들어서 아이
들에게 말합니다.

엄마: (승민이에게) 알아, 알아. 형 거짓말한 거 네가 말하지 않아
　　　도 엄마가 다 알아. 다 아니까 넌 가만히 있어. 그런데 그
　　　렇다고 너는 왜 치사하게 남자가 줬다 뺏었다 해!!
　　　(승훈이에게) 너는 또 거짓말해? 너 이러다가 거짓말쟁이
　　　되면 어떡할거야? 야! 지승훈! 너 지금 왜 거짓말을 하냐
　　　고. 엄마가 뭐라고 했어? 세상에서 제일 나쁜 사람이 거짓
　　　말하는 사람이라고 했어? 안 했어? 너 나쁜 사람 되고 싶
　　　어!! (큰 소리로 두 번씩이나 말합니다.)

승훈: 아! 니! 요!

　저는 '이렇게 거짓말해서 학교에서 왕따라도 당하면 어떡해?' 아
이의 미래를 상상하며 아이를 닦달했습니다. 그러다가 간신히 마
음을 가라앉히고 '그러면 안 되지.' 하며 철렁거리는 가슴을 쓸어내
리고 생각해 봅니다. '아이가 얼마나 X 장난감을 갖고 싶었을까.'
그제서야 아이의 마음을 이해하려고 했습니다. 저는 생각하며 말
했습니다.

　엄마: 그래. 승훈아, 이거 처음에 승훈이가 뽑았는데 아줌마가

계산할 때 잘못해서 바뀐 거라고.

승훈: (너무 당당하게) 네!!

거짓말하면서도 너무도 당당하게 말하는 승훈이의 음성을 듣자 저는 또 가슴이 철렁 내려앉으며 당황스러웠습니다. 각본대로라면 제가 다정스럽게 말하면 뭔가 승훈이가 양심의 가책을 느껴 미안한 태도를 보여야 하는데 그게 아니니까요. 저는 속으로 '이 XX, 엄마가 좋게 말하면 자기가 잘못한 줄 알아야지.' 했지만 다시 마음을 가다듬고 말했습니다.

엄마: (먼저 동생에게) 승민아, 엄마가 형아랑 먼저 얘기하게 잠깐 기다려 줄래. (형에게) 엄마는 승훈이 말도 믿고 승민이 말도 믿어. 그런데 두 사람 말이 다르니까 한 사람은 사실대로 말하는 게 아니거든. 그래서 엄마는 굉장히 슬퍼. 하느님은 다 알고 계실 거라고 생각해.

승훈: … 엄마, 사실은요. 제가 헷갈려서 거짓말했어요. 잘못했어요.

엄마: 그랬구나. 승훈이가 사실대로 말해 줘서 고마워. 자신의 잘못을 알고 정직하게 말하는 사람을 훌륭한 사람이라고 하는데 우리 승훈이가 그런 사람이어서 말이야.

승훈이 어머니는 말했다.

"이민정 선생님, 사건은 이렇게 끝났지만 뭔가 찜찜했습니다. 승훈이가 깊이 반성하는 것 같지도 않고 제가 은근히 강요해서 자백을 받아낸 것 같아서요. 저 또한 진심에서가 아니라 형식적으로 승훈이를 칭찬한 걸 승훈이도 알 것 같고요."

우리는 함께 연구했다. 이 사건으로 아이들이 배워야 할 것, 부모가 가르쳐야 할 것은 무엇인가를 생각하며 아이들과 나눌 대화를 연구했다. 승훈이 어머니는 연구해서 준비한 내용으로 아이들과 대화를 했고 그 결과를 다시 우리들에게 들려 주었다.

엄마: 애들아, 엄마가 지난번 있었던 장난감 뽑기 사건을 연구소에서 공부하고 왔는데 다시 얘기해도 될까?
승훈 · 승민: 예.
엄마: 그래 고마워. (먼저 승민에게) 승민아, 사람은 한 번 주었던 것을 다시 달라고 하면 안 된대. 왜냐하면 주었다가 다시 달라고 하는 사람은 믿을 수가 없으니까. 그럼 형에게 준 X 장난감 어떻게 할 거야?
승민: 앞으로 안 할게요. 그런데 저 X 장난감은 형 안 줄 거예요.
엄마: 앞으로는 안 하는데, 이번만 형한테 준 장난감을 다시 갖고 싶다고?
승민: 네.
엄마: (승훈이에게) 승훈아, 승민이가 이번만 장난감 안 준 것으로 하고 싶다는데 어떡할까.
승훈: … 알았어요. 여기 있어. (동생에게 장난감을 준다.)
엄마: 와아! 우리 승훈이 신사라는 생각이 드네. 승훈아, 동생을

이해해 줘서 고마워.

그리고 승훈이가 거짓말했던 대화도 다시 하자고 부탁했습니다.

승훈: 승민이 미워! 이제부터 너 말 절대 안 믿을 거야! 그리고
　　　아까 내가 X 장난감을 뽑았어! 아줌마가 계산할 때 잘못해
　　　서 바뀐 거야!

엄마: 승훈이가 X 장난감을 굉장히 갖고 싶었구나.

승훈: 네에.

엄마: 그래. 승훈이가 X 장난감을 굉장히 갖고 싶었는데 엄마가
　　　어떻게 도와주면 될까?

승훈: 네에? 그럼 한 번만 더 뽑아도 돼요?

엄마: 그래. 그럼 승민아, 형 한 번 더 뽑으라고 해도 될까?

승민: 아니요.

엄마: 그래 그 말을 들으니 엄마가 난처하네. 마음이 따뜻한 사람
　　　은 행운을 나눌 줄 아는 사람인데 엄마는 승민이가 그런 사
　　　람이 되기를 바래.

승민: (골똘히 생각하듯 눈동자를 둥글리더니) 네. 형 뽑게 해 줘
　　　도 돼요.

엄마: 고마워. 승민아, 그리고 승훈아, 다시 뽑아도 X 장난감이
　　　안 나오면 어떡하지? 엄마는 X 장난감이 나오지 않아도 승
　　　훈이 마음이 불편하지 않을 수 있다면 그때 뽑으라고 하고
　　　싶은데.

승훈: 네. 알았어요. 한 번만 더 뽑을게요.

엄마: 그래. 그럼 엄마가 승훈이 승민이에게 고마운 마음의 선물
　　　로 각각 두 번씩 더 뽑도록 하고 싶은데 어때?
승훈 · 승민: (입을 모아) 네. 엄마, 고맙습니다.

　날아갈 듯 신난 두 아이와 함께 장난감 뽑기 가게로 가서 각각 두 번씩 뽑았는데 이번에는 딱지 장난감을 뽑기로 했습니다. 저는 다시 걱정되었습니다. 승훈이가 약속은 했지만 이번에도 자신이 원하는 장난감을 뽑지 못하면 어떨까 생각이 들었습니다. 이윽고 승훈이가 자기 장난감을 뽑았는데, 안타깝게도 자기가 좋아하는 딱지가 아니었습니다. 저는 조심스럽게 승훈이의 눈치를 살폈습니다. 승훈이의 눈동자가 살짝 2~3초 흔들리더니 곧바로 활짝 웃으며 말했습니다.

"엄마, 나 이것도 괜찮아요. 이것도 좋아요."

　그리고 동생에게 말했습니다.

"와! 승민아 네 것도 멋있다."

　어느새 둘은 신나게 딱지치기를 했습니다. 역시 길 한복판에서 말이죠. 저는 자신의 마음을 바꾸어 먹는 승훈이를 보면서 감격했습니다. 평생을 배워야 한다는 자기 절제 훈련을 일곱살부터 스스로 시작하다니요. 그 뒤, 3~4개월이 지났는데 장난감 뽑기 하겠다는 말을 듣지 못했습니다. 언젠가 동생이 뽑기 얘기를 하자 승훈이가 동생에게 "그런 건 도움이 안 돼." 하더라고요.

　그 뒤 얼마 전, 빼빼로 데이였습니다. 빼빼로 과자 상자를 뜯었는

데 승훈이 것은 부러지지 않았고, 승민이 것은 거의 부러져 있었습니다. 승민이가 '이게 뭐야, 다 부러져 있어. 형은 좋겠다. 안 부러진 것만 먹고.' 하며 울먹거리기 시작했습니다. 저는 또 '그래서 어쩌라고. 과자 맛은 다 똑같아. 부러졌다고 과자 맛이 다르냐.' 나무라고 싶었는데 승훈이가 동생을 힐끔 보더니 이렇게 말하는 것이었습니다.

승훈: 그럼 승민아, 이거 너 먹어. 형아는 안 부러지는 행운을 얻었으니까. 행운은 나누는 거거든. 형이 나눠 줄게.

승민: 응. 형 고마워.

승훈: 네가 고맙다니까, 형이 기뻐.

정말 놀랐습니다. 제가 배워서 한 번 두 번 했던 말들을 아이들이 그대로 따라하다니요. 그리고 며칠 뒤였습니다. 학교 가는 승훈이가 제게 말했습니다.

"엄마, 제가 승민이 유치원에 잘 데려다 주고 학교 갈게요. 형제 간의 우애가 가장 중요하다고 이민정 선생님이 말씀하셨잖아요. 제가 동생 데려다 줄게요."

이렇게 말하는 큰아이를 보며 이제 초등학교 일학년인데 존경하는 마음이 들더라니까요. 작은 사건으로 정말 중요한 많은 것들을 배우게 되었습니다.

나도 두 아이에게 말해 주고 싶다.

"승훈아, 승민아, 선생님도 너희들 엄마처럼 많이 기뻐. 선생님에게 큰 기쁨을 줘서 고마워."

9

내가 정리하게 놔두라니까

남편은 자신의 옷장을 자기가 관리합니다. 가끔 새 옷을 살 때, 입지 않은 옷을 정리하겠다고 하면 유행은 다시 돌아오니까 그냥 두라고 해서 남편의 옷장은 점점 복잡해졌습니다.

저는 복잡해진 남편의 옷장을 볼 때마다 어수선해서 마음에 걸렸습니다. 그러던 어느 날 '정리의 여왕'이신 친정어머니가 도와주신다고 해서 남편의 옷장을 깔끔하게 정리하고 있었습니다. 그날따라 남편에게서 카톡이 왔습니다.

남편: 〈당신 지금 뭐해?〉

나　: 〈(신이 나서) 저 지금 뭐 하는지 맞춰 볼래요. 엄마랑 당신 옷장 정리하고 있어요.〉

남편: (늘 하던 대로) 〈내가 할 테니까 옷장 정리는 그냥 놔둬.〉

하지만 저는 잘 정리된 옷장을 보면 남편이 기뻐하겠지 생각하며 방 세 곳에 여기저기 걸려 있던 남편 옷들을 차곡차곡 한방에 모아 정리했습니다. 늘 찜찜했던 남편의 옷장이 말끔히 정리되자 제 마음까지 정리된 듯 시원했습니다.

그리고 남편이 퇴근했습니다. '우와 ~ 이거 다 정리했어? 내가 해야 하는데. 고마워. 이렇게 잘 정리하느라 애썼네. 옷 찾아 입기 편하겠다. 어머님도 애쓰셨겠네. 어머님 식사 한 번 대접해야겠다.' 이런 남편의 말을 기대하며 신났던 저는 애교를 듬뿍 담아 말했습니다.

"자기야 ~ ~ 이거 봐 봐요. 자기 옷 한방으로 다 몰아서 정리했어요. 이거 한다고 밥도 제대로 못 먹고 엄마랑 세 시간이나 걸렸어요."

그런데 남편은 뭔가 꾹 눌러 참는 볼멘소리로 말했습니다.

"그러게. 내가 정리하게 놔두라니까."

'지금 그걸 말이라고 해요!! 알아서 해 주면 고맙다고 하지는 못할망정 쳇, 어이없네요. 자기 옷 정리도 제때 못 하고 맨날 쌓아 두면서 입만 살아가지고.' 평소라면 이런 말이 불쑥 튀어나왔을 것입니다. 그러나 저는 최대한 인내하며 말했습니다.

나 　: 저녁도 제대로 못 먹고 정리한 건데. 맘에 안 든다니. 당신이 정리하게 놔두라는 말 들으니 엄청 서운하네요. 세 시간 동안 고생한 엄마한테도 미안하고. 몇 번 얘기해야 겨우 정리하는 당신한테 부탁하는 거 얼마나 짜증나는지 알아요?

남편: 그래. 그러니까 내가 정리하게 놔두라니까. 그리고 내 방

으로 이불 넣는 건 좀 아닌 것 같은데.

나　: 근데 그래야 정리가 되고, 당신 옷을 한쪽으로 할 수 있어서 그렇게 했는데.

남편: 배치를 바꾸는 건 나랑 상의해야지. 이렇게 하면 내가 옷 입기가 불편하잖아.

나　: 아니, 내가 엄마랑 이거 한다고 얼마나 힘들었는데. 그리고 당신 편하라고 이렇게 해 준 건데. 꼭 그렇게 말해야 해요? 그래야 정리가 되고, 당신 옷을 한쪽으로 할 수 있어서 그렇게 했는데.

남편: 왜 원하지도 않는 걸 해.

나　: 본인이 못 하니까 했죠. 그리고 붙박이장 어차피 보이지도 않는데 이불이 있든 말든 무슨 상관이에요!!

남편: 내 방이 창고 방처럼 되는 거 싫어.

나　: 이불 있으면 창고 방이 돼요? 옷장은 엉망으로 해 놓으면서. 이불 있다고 창고 방이냐고요? 참!! 어이없네.

남편: 됐다. 그만하자.

이렇게 대화가 중단되고 남편은 아이 방으로 들어가 버렸습니다. 제 속은 펄펄 끓었습니다. 잠자리에 들어도 잠이 올 것 같지 않았습니다. '모처럼 오신 친정엄마랑 세 시간 넘게 정리해 주었는데 못된 아내가 되다니. 자기 방이 돼지우리같이 엉망진창이 되어도 내버려 둘 걸.' 하며 심술만 키우다가 가만히 생각을 정리했습니다. '쑥스럽고 어색하지만 다시 한 번 해 보는 거야.' 저는 될까 말까 망설이며 모험심을 갖고 남편이 있는 방 문을 두드렸습니다.

나 　 : 아까 그 얘기하던 데서부터 다시 한 번 말해 봐 줄래요?

남편: 뭐? 어디서부터?

나 　 : 배치를 바꾸는 건 나랑 상의해야지… 옷 입기가 불편하잖 아, 한데서부터요.

남편이 어색해하며 말했습니다. 저도 어색했지만 말했습니다.

나 　 : 아~ 당신 방에 이불 있는 게 불편하다고요.

남편: 어. 내 방이 창고 방도 아니고, 배치도 이렇게 하면 자주 입는 게 맨 밑 서랍에 가 있으니까 꺼내 입기 힘들고.

나 　 : 그렇군요. 미리 물어보고 바꿔야 하는데. 제가 맘대로 위치 를 바꿔서 미안해요.

남편: 아니. 괜찮아. 이렇게 하느라고 수고했어. 힘들었겠네.

나 　 : 다시 제 얘기 들어주고 다시 대화해 줘서 고마워요. 이렇 게 대화하니깐 당신에게 서운했던 마음이 깨끗이 사라지 네요. 고마워요.

남편: 그래. 나도 다시 얘기하니까 당신이 이해도 되고 또 나도 미안한 마음이 드네. 이게 당신이 배우는 거야? 당신 계속 배워야겠네.

나 　 : 배우기만 하는 게 아니라 가르치는 강사과정까지 하고 있 어요. 이런 내용을 다른 사람들에게도 나누고 싶어서요.

남편: 그럼 당신을 다시 봐야겠네. 이렇게 사람들을 시원하게 하 는 일을 한다니까 말이야.

나 　 : 시원하게가 아니고 행복하게요.

남편: 시원하니까 행복한 거 아닌가.

　　　　　　　　아름다운 부모들의 이야기 2

우리는 마주 보며 속 시원하게 웃었습니다. 조금 전 암울했던 기분이 깨끗이 사라졌습니다.

남편과의 이런 일들은 빨래할 때도 종종 일어나는 일이었습니다. 남편은 빨랫감을 벽과 방문 사이에 벗어 놓거나, 바지 같은 경우 벗은 채로 그대로 두기도 합니다. 그렇게 놓으면 빨아야 할 빨랫감과 계속 입어도 되는 실내복이 섞이게 됩니다. 퇴근 후 남편은 갈아입을 옷을 찾으며 말했습니다.

남편: 옷 또 빨았어?

나 : 왜요?

남편: 그거 어제 입은 건데. 당신 마음대로 빨지 좀 마!

나 : 그러니까 내가 여러 번 이야기했잖아요. 빨래를 세탁기에 갖다 놓으라고요. 그렇게 아무데나 놓으면 내가 어떻게 구분을 해요?

남편: 계속 입어도 되는 옷이랑 빨래랑 구분이 안 돼?

나 : 내가 그런 것도 구분 못 해요? 지저분하니 빨았지. 그러니까 빨 옷은 그때 그때 세탁기에 갖다 놓으라고요. 그렇게 해서 옷이 없으면 옷장에서 빤 옷 꺼내 입으면 되잖아요?

남편: 됐다. 말을 말자.

나 : 뭐요? 그래요. 저도 됐다고요!! 누군 말하고 싶어서 말하는 줄 알아요?

남편: ….

저희 부부는 이런 일로 자주 다투었습니다. 다투면 남편이 승자가 되었다가 제가 승자가 되었다가, 또 남편이 패자가 되었다가 제가 패자가 되었다가, 결국 누가 승자가 되든 속상하기는 마찬가지라 둘 다 패-패로 끝나게 됩니다. 그동안 얼마나 많은 날을 서로 힘들게 하고 좋은 감정을 갉아먹었는지요. 저는 아훈을 배우면서 남편의 마음을 헤아리게 되었습니다. 예전에는 남편이 왜 그곳에 빨랫감을 놓는지 궁금하지도 않았고, 알고 싶지도 않았습니다. 그런데 남편과 빨래 문제에 대해 이야기하면서 남편의 빨랫감에 대한 행동의 이유도 알게 되었습니다. 제가 이해하기로 남편이 빨랫감을 그렇게 놓는 이유는 세가지였습니다.

　첫째는 남편이 아침 출근시간에 빨랫감을 구분해서 세탁기에 넣기에는 마음이 너무 바쁘고, 둘째는 빨래를 세탁기에 넣으면 빨래하는 사람(아내)이 빨래할 때 세탁기에 있는 옷을 다시 모두 꺼내서 흰옷과 색깔 있는 옷으로 구분해야 하기 때문에 빨래하는 사람(아내)을 이중으로 힘들게 할 거 같고, 셋째는 빨 옷은 아니지만 한 번 입은 옷이라 다시 옷장에 넣기가 어정쩡해서 어디 놓을지 몰라 벽과 방문 사이 어정쩡하게 놓게 된다는 것이었습니다.
　남편과 대화를 하면서 저는 그동안 남편을 진심으로 이해하려고 한 적이 없다는 걸 깨달았습니다. 남편의 행동만 바꾸려 했지 남편의 마음, 남편이 왜 빨랫감을 그렇게 두는지를 이해하려고 한 적은 한 번도 없었다는 걸 저는 모르고 있었습니다.
　처음부터 남편을 이해하려 했다면 남편이 '옷 또 빨았어?' 하면

'남편이 옷 빨았는지 궁금해하고 있구나.' 하고 '네 빨았어요.' 하면 될 것을. 저는 '왜 또 물어봐? 옷 보면 빨았는지 아닌지 몰라?' 하며 화를 냈습니다. 또 남편이 '어제 입은 건데.' 하면 '어제 입은 옷이니까 한 번 더 입으려고 했구나.'로 이해했다면 '그래요. 한 번 더 입을 옷이라고요.'로 이해하면 되었을 것을. 저는 남편의 말 그대로 이해하려 하지 않고 제 생각만 하고 있었습니다. 이런 생각들을 하자 남편에게 미안했습니다. 그 후, 같은 상황이 생긴 어느 날 배우고 준비했던 대로 남편과 나눈 대화입니다.

남편: 옷 또 빨았어?
나 : 네. 빨았어요.
남편: 어, 그거 어제 입은 건데.
나 : 그래요? 한 번 더 입으려고 한 옷을 제가 물어보지 않고 빨았네요.
남편: … 뭐? 아니, 괜찮아.
나 : 미안해요. 물어보고 빨걸. 옷이 바닥에 있어서 빨아도 되는 옷인지, 아닌지 구분 못 했어요.
남편: 그래? 그러면 벽이랑 방문 사이에 빨래 바구니를 놓으면 내가 빨 옷은 바구니에 넣을게.
나 : 알았어요. 그렇게 할게요.

깜짝 놀랐습니다. 제가 있는 그대로 이해하려 하자 남편은 스스로 해결책을 내놓았습니다.

우리는 서로 할 말 다 하면서 기분 상하지 않게 대화했고 문제해 결까지 할 수 있었습니다. 이렇게 쉬운 것을요. 제가 먼저 상대방을 이해하니까 저도 이해받는 따뜻한 마음이 되었습니다.

진정으로 상대방을 이해하는 것은 내 생각을 비우고 상대방의 말이나 생각을 그대로 들어 주는 것이었습니다. 그런데 더 중요한 것은 그렇게 대화할 때마다 아이들이 옆에 있었다는 사실입니다. 아직은 여덟 살, 여섯 살인 남매인데 엄마, 아빠 눈치를 보며 주위를 맴돌던 아이들이 저희들의 대화에서 무엇을 배웠을까요. 그때까지 '옷 또 빨았어?' 하는 아빠의 말 한 마디에 엄마, 아빠가 티격태격 다투는 모습을 보여 주다니요. 왜 아직까지는 그 생각을 못 했는지요. 남편과 다툴 때는 아이들 생각은 전혀 못 했으니까요. 저와 남편이 나누는 대화는 우리들의 부모님으로부터 배웠는데 그 답답한 유산을 아이들에게 또 그대로 물려줄 뻔했습니다. 우리 아이들의 진정한 의사소통을 원한다면 제가 먼저 배운 대로 실천해야 한다는 것을 이제라도 깨닫게 되다니요.

그래서 미국의 사상가 랄프 왈도 에머슨이 말했나 보다.
"사람이 누군가를 진심으로 돕고자 할 때 어김없이 스스로 돕게 된다는 사실은 인생이 주는 아름다운 보상이다."라고.

10

유행하는 점퍼 또 사 달라고?

중학교 3학년인 제 아들 동혁이에게 2년 전에 점퍼를 사 주었습니다. 그때 중고생들에게 한창 유행했던 25만 원짜리 겨울점퍼였습니다. 물론 고교 졸업까지 6년간 한 벌로 입겠다는 조건으로요. 일 년 동안 잘 입던 아들이 지난해부터 차츰 입지 않았습니다. 이번 겨울에도 학교 가기 전에 몇 번 입어 보다가 결국 거실 소파에 걸쳐 놓고 가는 날이 많아졌습니다. 다음 날 날씨도 추운데 입고 가라고 했더니 한 마디 했습니다.

"엄마, 이 점퍼요, 너무 많이 입고 다녀서 쫙 팔려요. 우리 반 3분의 1이 똑같은 메이커 점퍼를 입고 있어서 못 입고 다니겠어요. 학원 갈 때만 입을래요."

저는 '뭐라고!? 너 몇 년 입는다고 했어. 6년이라고! 6년! 고교 졸업 때까지 입는다고 했잖아! 이제 겨우 중 3이야. 아직도 3년이 남았다고. 너 약속했잖아. 그런데 뭐라고? 안 입는다고….' 이렇게 말하고 싶었지만 마음을 가다듬고 조용히 말했습니다.

> 엄마: 그래, 어떡하지 네가 추워서. 그리고 고교 졸업까지 입는
>   다고 약속했는데.
> 동혁: 알았어요. 그러니까 사 달라고 하지 않잖아요.
> 엄마: ….

저는 할 말이 없었습니다. 아니 시원하게 대답할 말을 찾지 못했
습니다. 그러면서 한편으로는 요즘 들어 열심히 공부하는 아들에
게 점퍼를 하나 더 사 주고 싶었지만 허용적인 엄마가 될 것 같아
사 주지 못하면서 마음은 편치 않았습니다. 그런데 이번에 받은 성
적은 그야말로 기적이라고 할 만큼 좋았습니다. 학년 석차가 100등
이상이 올랐습니다. 그래서 큰맘 먹고 말했습니다.

> 엄마: 동혁아, 아빠 엄마는 동혁이가 열심히 노력하는 모습에 감
>   동했거든. 동혁이에게 선물하고 싶은데 어때? 10만 원 정
>   도 선에서 사고 싶은 것 있으면 선물하고 싶어.
> 동혁: 그래요? … 점퍼 사고 싶은데…. 알았어요. 됐어요.

이민정 선생님, 이렇게 대화가 어정쩡하게 끝났는데요. 제가 어
떻게 말해야 했나요? 마음은 찜찜한데 이유를 잘 모르겠습니다.

동혁이와 어머니가 나눈 대화에서 무엇이 문제가 되는가? 지금
동혁이가 가장 원하는 것은 무엇인가? 날씨도 추운데 학원 갈 때나
입어야지 쪽 팔려서 못 입겠다고 하는, 동혁이가 사고 싶은 게 무

엇인지 헤아릴 여유가 없었다는 것인가? 2년 전에 25만 원짜리 더 비싼 점퍼를 샀는데 중 3이 된 지금, 10만 원 선에서 사고 싶은 것을 사라고 하면 동혁이가 무슨 말을 하고 싶어 할까. 동혁이 어머니는 연구소에서 연구하고 준비하고 나서 남편에게 말했다.

"여보, 선생님이 이렇게 말하면 어떠냐고 하셨어요. '너에게 10만 원 선에서 선물 사 주고 싶다고 했는데, 아빠 엄마가 다시 생각해 보니 동혁이 수준이 100등만큼 달라져서 너의 높아진 수준에 맞는 선물을 사 주고 싶어. 네가 필요한 것이라면 무엇이든지 말이야. (50만 원이든 100만 원이든 말이야.)'"

제가 연습한 대로 말했더니 남편도 긍정적으로 받아주더라고요.

"와, 진짜 가슴이 꽉 차는 느낌이네. 그런데 동혁이가 통이 커서 정말 100만 원짜리 사 달라고 하면 어떡하지?"

"그럼 제 용돈 모아서 사 주면 안 될까요?"

저는 농담 반 진담 반으로 말했습니다. 그리고 학교에서 돌아온 아들에게 연습한 대로 말했습니다.

> 엄마: 동혁아, 아빠 엄마가 다시 생각해 보니 네 수준이 100등만 큼 달라졌더라고. 그래서 너의 높아진 수준만큼 선물을 하고 싶어. 네가 필요하다면 50만 원이든 100만 원이든 말이야.
>
> 동혁: 와아!! 엄마, 정말요? 그럼 점퍼 사 주실래요?

활짝 웃는 아들과 함께 점퍼를 선물로 사 주자 아들이 말했습니다.

동혁: 엄마, 점퍼, 그것도 비싼 점퍼 사 주셔서 감사합니다.

저는 아들에게 솔직히 말했습니다. 연구소에서 이민정 선생님의 제안에 따라 한 것뿐이라고요.

엄마: 엄마는 동혁이를 생각하는 선생님 제안을 따라 한 것밖에 없는데.

동혁: 제안은 선생님이 하셨지만 그 제안을 받아들이신 건 엄마니까요. 선생님 제안을 따라주신 엄마 감사해요.

동혁이가 고른 점퍼는 100만 원, 50만 원, 25만 원짜리 점퍼가 아니라 15만 원짜리 오리털 점퍼였습니다. 자기가 고르더라고요. 그리고 운동화 한 켤레도 골랐습니다.

제가 2년 전, 교육을 받지 않았을 때는 아들에게 옷을 사 주거나 신발을 살 때마다 항상 다투곤 했는데 이번엔 아들의 손을 잡고 웃으며 쇼핑할 수 있었습니다. 귀한 시간, 귀한 추억을 만들며 아들을 사랑하는 마음으로 사랑할 수 있게 되었습니다. 한때는 아들이라 벅찼는데 지금은 아들이라 든든합니다.

이런 경우 부모는 허용적인 부모가 되지 않을까 걱정한다. 자녀가 스스로 책임감이나 절제심 없이 자신이 원하는 것은 무엇이든 언제나 부모가 해 주는 것으로 오해하지 않을까 염려한다. 그러나 자녀는 옳고 그름을 판단할 수 있는 능력을 갖고 있으며 그 능력은 부모가 자녀를 사랑하고 믿어 줄 때 길러진다.

부모와 자녀는 어떤 관계일까. 아낌없이 주고도 더 주고 싶은 관계가 아닐까. 세상에서 이보다 더 큰 사랑을 어디서 배울 수 있을까. 부모의 큰 사랑을 느낀 자녀는 그 사랑에 보답하고 싶어진다. 그리고 이러한 사랑을 느끼고 배운 사람만이 타인에게도 아낌없이 줄 수 있는 사람이 될 수 있다. 아프리카의 가난한 병자들을 위해 일생을 바친 앨버트 슈바이처처럼. 사랑의 선교회를 창설하여 빈민과 병자, 고아 그리고 죽어가는 이들을 위해 헌신했던 마더 테레사 수녀님처럼. 지금 우리 사회에 필요한 사람이 바로 이런 사람이 아닐까?

11

엄마가 저를 기다린 게 몇 년인데요

정훈이는 축구를 몹시 좋아하고, 잘해서 축구선수가 꿈이었습니다. 중학생 때는 학교 리그를 하면 항상 대표선수로 뽑히고 그중에서도 잘하는 편에 속했습니다. 그때부터 아이들이 축구 모임을 만들어서 매주 토요일 새벽에 모여 축구를 시작했습니다. 서로 다른 고등학교에 진학했지만 그 모임은 계속 이어지고 있고 정훈이는 그 시간을 신나고 즐겁게 기다립니다. 그런데 지난주 토요일, 축구를 하고 들어온 아이가 현관에서 신발도 벗지 않은 채 그대로 거실 바닥에 누우며

"아, 오늘은 정말 운이 없어."

하고 말했습니다. 그 모습을 본 저는 주춤했습니다.

"정훈아, 무슨 일이 있었구나. (지난번 다쳤던 일이 생각나서) 어디 다쳤니?"

"아니요. 안경이 공에 맞아서 깨질 뻔했지만 괜찮아요."

"그래, 그럼 무슨 일이지?"

"저는요, 중 3 후반부터는 후보였어요. 그런데 오늘은 세 명의 후보 가운데 한 사람이 뛸 수 있었는데 가위 바위 보를 하라는 거예요. 그런데 낼 때마다 다 졌어요. 너무 열 받아서. 엄마, 남자들은 삐친다고 하지 않고 빡친다고 하거든요. 내가 너무 빡쳐서 욕했어요. 그랬더니 승민이가 '네가 왜 후보인 줄 알아? 네가 착하기 때문이야. 다른 애들은 후보 하라고 하면 성격이 쫌 그래서 뭐라고 하는데 너는 아무 말 안 하니까.'라고 하는 거예요."

"세상에, 너 굉장히 억울했겠다. 엄마가 전에 책에서 봤는데 21세기에는 너처럼 좋은 성품을 가진 사람이 훌륭한 사람이 된다고 하더라."

"(고개를 끄덕이며) 그럼 저도 성공하겠네요."

이렇게 마무리하기는 했지만 무언가 빠진 듯 허전했습니다. 이민정 선생님 제가 뭐라고 했어야 하죠?

우리는 정훈이 어머니가 정훈이와 어떻게 대화를 나누면 좋을지, 어떻게 말하면 정훈이에게 도움이 될지 함께 연구하고 준비했다. 정훈이 어머니는 집으로 가서 아이와 얘기할 기회를 가졌다.

엄마: 정훈아, 지금 시간 괜찮아?

정훈: 네, 엄마.

엄마: 지난번 축구하고 왔을 때 엄마와 나누었던 이야기 말이야. 엄마가 그날부터 지금까지 많이 연구했거든. 엄마가 한 말

이 너에게 도움이 되었는지 안 되었는지 말이야. 그래서 오늘 연구소에서 이민정 선생님과 그 얘기를 나누었거든. 그래서 너랑 다시 얘기하려고 말이야. 괜찮아?

정훈: 네, 좋아요.

엄마: 그날 한 말 다시 해 볼래?

정훈: 저는요. 중 3 후반부터는 후보였어요. 그런데 오늘은 세 명의 후보 가운데 한 사람이 뛸 수 있었는데 가위 바위 보를 하라는 거예요. 그런데 낼 때마다 다 졌어요. 너무 열 받아서, 엄마, 남자들은 삐친다고 하지 않고 빡친다고 하거든요. 내가 너무 빡쳐서 욕했어요. 그랬더니 승민이가 '네가 왜 후보인줄 알아? 네가 착하기 때문이야. 다른 애들은 후보하라고 하면 성격이 쫌 그래서 뭐라고 하는데 너는 아무 말 안 하니까.'라고 했어요.

엄마: 저런! 그 말을 듣고 뻥~! 하는 기분이었겠네.

정훈: 네, 엄마.

엄마: 엄마 궁금한 게 있어. 그 친구 말에 네가 동의하는지 아닌지 그게 엄마는 궁금해.

정훈: 제가 행동을 그렇게 했으니까 걔가 그렇게 얘기했겠죠.

엄마: 그래. 선생님은 이렇게 말씀하시더라. 그건 '위대한 기다림'이라고. 불평하지 않고 친구들이 정훈이에게 '오늘은 네가 좀 할래? 네가 주전 해 줘.' 하는 날까지 기다리는 것. 그리고 그날이 오면 친구들이 너의 실력을 보고 놀라워하도록 열심히 연습하고 준비하는 것. 그게 위대한 기다림이

며 또 네가 할 일이라고 말이야. 네가 아침마다 신이 나서, 기쁘게 축구하러 가는 것은 네가 그런 기다림이 있어서 그런 거라고 말이야.

정훈: 그럼 엄마도 저를 위한 '위대한 기다림'을 하고 있네요.

엄마: 와아!! 정훈아, 엄마 완전 감동받았어. 고마워.

정훈: (장난스럽게) 농담….

엄마: 어?! 농담이라고?

정훈: (웃으며) 아니에요. 엄마가 저를 기다린 게 몇 년인데요.

엄마: ….

아들의 말에 저는 말문이 막혔습니다. 감동으로 말문이 막혔습니다. 정훈이가 초등학교 5학년 때부터 게임에 빠지고 좀 커서는 친구들과의 폭력 사건도 있었습니다. 저는 아들과의 갈등으로 아훈을 배우기 시작하고 강사까지 되었지만 아직도 배운 대로 하지 못할 때가 많습니다. 그렇게 못난 엄마인데도 아들은 엄마가 자신을 기다려준 것으로 생각하다니요. 저는 고개를 돌려 눈물을 닦았습니다. 등 뒤로 다가온 아들이 숨이 막히도록 저를 꽉 안아 주었습니다. 제가 아들과 이런 대화의 기쁨을 누리다니요.

정훈이 어머니는 사례를 발표하는 동안 눈물로 목이 메었다. 어머니가 축구후보로서 아들의 기다림에 소중한 의미를 깨닫게 해 주자, 아들은 어머니가 자신을 기다려 준 것을 깨닫고 어머니에게 감동을 주었다. 결국 어머니의 기다림과 사랑과 이해가 아들에게 축구 후보, 고등학생으로서의 힘든 생활을 이겨낼 힘을 준 것이다.

'그러게 바보같이 가만히 있지 말고 너도 빡치게 욕도 하고 그래.'
했다면 이 소중한 기회가 어떤 결과를 가져왔을까?

작은 사건을 무심히 흘려보내던 정훈이 어머니는 이제는 일상생활에서 부딪치는 작은 사건에 깊은 관심을 갖고 자신의 말이 상대방에게 어떤 영향과 도움을 줄지, 주의 깊게 생각하고 또 생각한다. 정답은 없지만 우리는 늘 함께 최선을 다해 연구하고 준비한다.

12

엄마,
저 자퇴하는 거 어떻게 생각해요?

"엄마, 저 자퇴하는 거 어떻게 생각해요?"

아들이 불쑥 내놓은 말에 저녁을 먹던 저는 머릿속이 하얗게 되었습니다.

'초등학교 1학년 때부터 학교 가기 싫다고 하더니, 고등학교 2학년이 되었는데 자퇴라니? 아들이 고등학교 2학년이 되자 드디어 고등학교는 졸업하는구나 하고 마음 놓았는데. 이를 어쩌나? 무슨 말을 하나? 엄마가 5년 동안 공부하면서 애쓰는 걸 잘 알고 있을 텐데. 엄마가 얼마나 잔소리의 유혹을 물리치려고 애썼는지, 애쓰는지 잘 알 텐데. 자퇴라니. 뭐라고 대답해야 할까. 요즘도 웬만한 날은 학교에 있어 봐야 어차피 공부도 안 된다고 자율학습에서 빠져나와 집에 일찍 오거나, 또 연락 없이 늦고 아직도 PC 방을 다니는 아들인데. 아마도 배우기 전이었다면 그럴 때마다 계속해서 잔소리를 하고, 어쩌다 거짓말이 들통나면 집안이 들썩댈 정도로 난리를 치며 서로 죽이지 못해 안달하고 못 살겠다고 했을 텐데. 이제는 배워서 그래봐야 아이와의 관계만 악화된다는 걸 알기 때문에 그런 날도 반찬을 신경 써서 준비하는데. 그런데 저녁을 잘 먹다가 겨우 한다는 말이 자퇴라고?'

　이런 생각이 들면서 제가 배우지 않았을 때 했던 대화를 생각하게 되었습니다.

　'야!! 뭐 하러 학교만 그만 두냐, 아들 노릇도 그만 두고 아예 집을 나가야지. 너 같은 인간은 공부해 봐야 앞날이 뻔하지. 내가 너를 낳고 미역국을 먹었다. 너 나중에 꼭 너 같은 아들 낳아서 죽도록 속 끓여 봐야 에미 맘을 알지….' 하며 저주의 말을 퍼붓거나 아니면 '그냥 입 닥치고 밥이나 잡숴.' 하며 무시했을 것입니다. 그러나 그런 대화의 끝이 얼마나 처참한지 이제는 잘 알고 있었기에 차오르는 감정을 꾹 참았습니다. 하지만 그렇게 참고 또 참고 생각하고 또 생각해서 제가 한 말은 허망했습니다.

　"뭐?"

　제가 잘못 알아 들었다고 생각했는지 아들은 한 번 더 말했습니다.

　"엄마~ 저 자퇴하는 거 어떻게 생각하느냐고요?"

　'뭐? 어떻게 생각하냐고? 아주 안 좋게 생각한다. 왜?! 네가 언제 엄마 생각대로 했냐? 그 딴 개풀 뜯어먹는 소리를 하냐?' 왜 이런 말들은 생각이 잘도 나는지, 그러나 그런 말을 할 수는 없고. '정말 어떡하나. 하나뿐인 아들을 중졸자로 만들어?' 답답한 가슴을 달래며 아들을 설득해 보려고 말했습니다.

엄마: 그게, 그게…. 자퇴하면 검정고시도 봐야 하고 수능 준비
　　　는 어떻게 하나…?
아들: 네? 엄마 자퇴라니요? 자퇴 말고 자취요. 자취 어떻게 생
　　　각하느냐니까요.
엄마: 아, 자취?

'자취'라는 말에 막혔던 체증이 쓰윽 내려가면서 '자퇴만 아니라
면 뭐든지 다 할 수 있지, 뭐든지 다 해 줄 수 있지.' 속으로 생각했
습니다. 그러나 잠시 또 생각하자 '자취도 만만한 일이 아닌데, 하
라는 공부는 안 하고 뭔 자취?? 지금?? 얘가 자취가 뭔지 알기나
하고 하는 말이야. 자기 방은 허구한 날 돼지우리처럼 어질러 놓으
면서 자취 같은 소리 하네. 해 봐라, 해 봐!!' 하고 싶었지만,

"아~ 자취!? 그런데 지금? 그게…."

배운 대로 아이의 말을 받아서 하려고 했는데 제 생각과 감정은
저 멀리 어디론가 가 버렸는지 말이 잘 안 나왔고, 전 또 사오정이
되었습니다.

"엄마, 됐어요. 아휴…."

아이는 어리벙벙한 엄마의 대답에 더 할 말이 없다는 듯 재빨리
밥을 먹고 방으로 휙 들어가 버렸습니다.

'아~ 자취!? 그런데 지금? 그게….'

제가 한 말은 한 마디도 잘한 말이 없었지만 저는 아들과 충돌 없
이, 서로 소리 지르지 않고, 화내지 않은 것만도 얼마나 다행인가
싶었습니다. 그동안 아들과 대화를 시작하면서 소리 지르지 않고
끝난 경우는 손에 꼽을 정도였으니, 이 정도로 끝난 것도 저에게는

큰 변화가 아닐 수 없었습니다. 또 아이가 자퇴가 아니라 자취하겠다는 자신의 의사를 제게 밝히고 의논한 것도 너무나 고마운 일이었습니다.

아훈을 배우면서 저는 변했고 지금도 변하고 있습니다. 전에는 반찬 투정만 해도 얄밉고 야속했는데 지금은 아들의 반찬 투정도, 맛있게 밥 먹는 모습도, 식사 중에 이런 저런 얘기를 해 주는 것 자체로도 얼마나 감사한지 새삼 느끼고 있습니다. 또 엄마의 어리벙벙하고 설익은 대답을 들어 주는 것도 얼마나 고마운지. 그 고맙고 감사한 것을 감사하게 여길 수 있게 되기까지 제가 얼마나 먼 길을 돌고 돌아서 왔는지요. 이제는 다른 사람들에게서 예전의 제 모습을 보면 가슴 한쪽이 서늘해집니다. 그런 분들에게 도움이 되고 싶어 오늘도 열심히 강사 훈련을 하며 준비하고 있습니다.

수강생의 말에 '내 강의가 헛되지 않았구나. 어휴!' 나 또한 그에게 고마웠다. 상대방에게 도움이 되는 대화가 아니라 서로에게 상처를 남기지 않는 대화도 얼마나 많은 인내와 노력과 훈련이 필요한지. 도움 되는 말이 생각나지 않을 때는 차라리 아무 말도 하지 않는 것이 나은 것을. 도움 되는 말을 할 수 있을 때까지 내가 먼저 나를 기다려 주면 상대방도 나를 기다려 주려 한다. 그 시간은 나의 노력과 훈련에 따라 짧을 수도 길 수도 있다. 그렇게 버티어 그 아들은 꿈이 많은 대학생이 되었고, 그는 여전히 배우고 훈련하며 점점 더 행복해져가고 있다. 나 또한 이들이 꾸준한 노력으로 행복을 찾는 모습을 보며 강의하는 힘을 얻는다

13

운전 조심해.
카메라에 찍히지 말고!

아훈 프로그램에 참가한 예비강사가 말했다.

저는 다음 날 강사훈련과정에서 발표해야 할 내용을 준비하기 위해 잠자리에서 책을 보고 있었습니다. 남편은 스탠드 불빛 쪽으로 등을 돌리고 책을 보는 저에게 진담 반, 농담 반으로 말을 걸었습니다.

"등 돌리지 마."

남편의 말에 예전의 저라면 감정대로 대꾸했을 것입니다. '내가 등을 돌리고 싶어서 돌려요? 나도 그냥 자고 싶은데 발표할 강의 준비 안 하면 안 되니까 하는 거죠. 내일 강의 망치면 당신이 책임 질래요?' '됐다, 됐어.' 남편의 대꾸에 우리는 서로 등을 돌리고 잤을 것입니다. 그러나 저는 이번에 배운 내용을 생각하며 말했습니다.

나 : 등 돌리지 말라고요. 등을 돌리지 않으면 책을 읽을 수가 없네요.

남편: 책 읽지 마.

나 : 책을 읽지 않으면 나는 제대로 준비할 수 없어서 내일이 걱정될 텐데요.

남편: 허허, 당신은 자기 편할 때만 배운 대로 대화하네.

나 : ….

남편은 5분도 안 되어 코를 골며 잠이 들었습니다. 조용히 사건이 마무리되었습니다.

며칠 뒤, 장거리 운전을 하고 있는데 남편에게서 전화가 왔습니다. 며칠 전 경찰서에서 보내 온 등기우편물을 남편이 찾으러 갔는데, 저에게 발급된 주차위반 벌금 고지서라는 것이었습니다.

"운전 조심해. 카메라에 찍히지 말고."

저는 금방 할 말들이 떠올랐습니다.

'내가 찍히고 싶어서 찍혔어요? 그날 분명히 앞뒤에 다 차가 세워져 있으니까 나도 세운 거란 말예요. 당신은 실수 안 해요? 그렇죠. 지난번에 당신도 딱지 끊었잖아요.'

'그러니까 조심하자는 거잖아.'

'됐거든요. 나는 내가 알아서 할 테니까 당신이나 조심해요!'

이렇게 떠오르는 대로 말했다면 남편은 화내며 바로 전화를 끊었을 테고 저도 집에 돌아가서 집 안에 찬바람을 쌩쌩 일으켰을 것입니다. 그러나 저는 배운 내용을 생각하며 꾹 참고 말했습니다.

"알았어요."

그렇게 간단히 통화가 끝났습니다. 그런데 금방 다시 남편에게서 전화가 왔습니다.

"나도 당신이 배우는 방법을 따라 할게. 당신이 딱지를 끊으면 (…생각하는 듯 한참 말이 없다.) 음, 내 다리가 후들거려."

남편과 저는 한꺼번에 웃음이 터져 나왔습니다. 잠시 후 남편이 말했습니다.

남편: 배운다는 건 참 신기한 것 같아. 이게 너무 어려워서, 내가
      할 말을 생각해야 하고, 또 생각하다 보니 재미도 있으면
      서 화도 안 나고 그러네.
나 : 와! 내가 3년 공부해서 알게 된 걸 당신은 금방 아네요. 당
      신을 만난 저는 행운이네요.

그는 성공적인(?) 남편과의 대화를 교육 중에 발표했고, 전에 잠자리에서 있었던 대화도 남편에게 처음 상황으로 되돌아가서 다시 대화하자고 제안했다.

남편은 어색해하며 초등학생 연극 연습하듯 다시 말했습니다.
남편: 등 돌리지 마.
나 : 등 돌리지 말라고요. 당신 잠자는 데 방해 될까 봐 스탠드
      켜고 책 읽는 중이에요. 어쩌죠?
남편: (눈을 동그랗게 뜨며) 존댓말 쓸 거야? 괜찮아…요. 책 읽

어…요. 나는 당신이 놀아 줄 때까지 기다릴게…요.

저와 남편은 또 함께 웃었습니다. 그리고 주정차위반 벌금 고지서 얘기도 다시 했습니다.

남편: (어색해하며) 운, 전, 조, 심, 해. 카메라에 찍히지 말고.

나 : 미안해요. 다음엔 조심할게요.

남편: 당신이 딱지 끊기면 내 다리가 후들거려.

나 : 미안해서 어쩌죠. 제가 당신의 든든한 다리가 되어 드리면 위로가 될까요?

남편: 와! 최고의 대답이네. 아니, 남편인 내가 당신의 무쇠다리가 돼야지. 말만 들어도 좋다. 당신 최고야.

저와 남편은 함께 유쾌하게 웃었습니다. 예전이었으면 딱지 끊어서 벌금 낸다고 남편의 끝없는 잔소리를 들어야 했을 것이고, 저는 또 그 잔소리 듣기 싫다고 몇 배의 잔소리로 되갚았을 것입니다. 그런데 지금은 남편과의 대화에서 말은 간결하면서도 대화 내용은 더 깊어진 것 같습니다. 남편은 제가 공부하는 내내 제 든든한 후원자이고 지지자가 되어 주었습니다.

우리는 잠시 다시 생각해 본다. 남편의

"운전 조심해. 카메라에 찍히지 말고."라는 말에,

"알았어요." 대신에,

'여보, 미안해요. 다음엔 조심할게요.' 했다면

"그러니까 조심하자는 거잖아." 하는 말을 했을까.

그리고 남편도 생각한다. 남편은 왜 아내에게 전화를 했을까. 경찰에서 온 등기우편물은 좋은 내용은 아닐 것이다. 그런 내용에 대해 궁금해 하는 아내에게 알려 주기 위해서 전화했을 것이다. 그러면 말한다.

"여보, 당신 궁금할까 봐 전화했는데 자치경찰대에서 등기 우편물 찾았는데 당신 주차위반 딱지더라고. 벌금은 내가 알아서 낼게." 했다면,

"내가 찍히고 싶어서 찍혔어? 그날 분명히 앞뒤에 다 차가 세워지니까 나도 차를 세운 거란 말이야. 당신은 실수 안 하나? 어디 봐. 지난번에 당신도 딱지 끊겼더라."라고 말하고 싶은 마음이 들었을까. 상대방의 말에 따라 내가 하고 싶은 말도, 나의 말에 따라 상대방이 하고 싶은 말도 달라진다.

나는 배운 것을 남편과 함께 나누는 예비강사의 아름다운 이야기를 들으며 도쿄대 이토 모토시게 교수의 글이 생각난다.

"사람을 성장하게 만드는 일이란 언제나 그가 가진 능력보다 조금 더 많은 것을 요구한다.

그래서 시도해 보기 전에는 어렵고 힘들어 보인다. 그럼에도 불구하고 그 일을 시도하면, 결과와 상관없이 그 사람은 한 뼘 성장해 있다."

14

속 좁은 남자? 속 넓은 여자?

어제는 많은 생각을 하는 날이었습니다.

요즘 직장에서 새로운 부서로 옮긴 남편이 은근히 스트레스를 받는 듯했습니다. 저는 발렌타인 데이에 남편을 위해 초콜릿 선물을 해야 할지, 초콜릿을 좋아하지 않으니 준비하지 말라는 남편의 말을 따라야 할지 감이 잡히지 않았습니다. 남편의 말을 따라서 준비하지 않았다가 서운해했던 일이 몇 번 있었기 때문입니다. 그리고 뭔가를 살 때마다 왜 이렇게 비싸냐, 이런 걸 꼭 사야 하느냐 등 알뜰한 소비를 강조하는 남편이라 생각이 복잡했습니다. 텔레비전을 교체하면서도 일일이 따지느라 1년이 걸리기도 했습니다. 저는 생각하고 또 생각해서 또 고르고 또 골라서 작지만 비싼 초콜릿을 샀습니다. 그리고 저녁때 퇴근한 남편에게 내밀며 애매한(?) 표정으로 말했습니다.

아내: 여보!… 오늘 발렌타인 데이라… 선물이에요.

남편: 선물! 초콜릿? 이거? 직장 여직원이 사 줘도 이것보단 더 좋은 걸 사 주겠다.

'훅!! 뭐라고요?'

감정이 올라왔습니다. 할 말도 넘쳤습니다.

'그러게 내가 미쳤지. 이럴 걸 그렇게 고민하고 고민해서 그렇게 골라서 사다니. 이러니까 그냥 아무것도 안하고 살아야 한다고. 초콜릿 안 먹는다며? 사지 말라며? 그래도 혹시 서운할까 봐 산 건데. 알았어요, 다음부터 안 살게요. 사 주고도 좋은 소리도 못 듣고. 괜히 샀지 괜히 샀어! 그 돈으로 내가 사고 싶은 목걸이나 살걸.'

만약 제가 이랬다면 남편도 대답했겠죠.

'그러니까 사지 말라고 했잖아! 그런데 왜 샀어?'

'왜 사긴요? 이 초콜릿도 불만이라면서요. 이것도 안 샀으면 당신 어쩔건데요?'

아마도 이렇게 이어졌겠지요. 그러나 저는 멈췄습니다. 그리고 이어서 생각하자 조금은 안정을 찾을 수 있었습니다. 그리고 조용히 말했습니다.

"여보, 저는 당신 초콜릿 안 좋아해서 작지만 좋은 걸로 골라서 산 거예요."

남편은 대답하지 않았습니다. 그리고 저희는 그렇게 냉랭한 분위기로 저녁 시간을 보냈습니다. 잠자기 전, 저는 늘 하던 대로 방안에 물을 떠다 놓았습니다. 그런데 그날따라 물 컵 뚜껑 챙기는 것을 깜빡 잊었습니다. 그걸 본 남편이 짜증 가득한 어투로 말했습니다.

"이게 뭐야! 물을 떠 놓아도 뚜껑 없이 떠 놓으면 내가 또 나가서 컵 뚜껑 가져와야 하는데 이렇게 물 갖다 놓으면 안 갖다 놓은 거나 다름없잖아!!"

'아니? 이 사람이 자기가 가져오면 안 되나. 왜 나만 다 해야 되는데. 그렇잖아도 어제부터 몸살감기로 몸 상태가 안 좋은데 티 내지 않고 초콜릿도 힘들게 나가서 사왔는데 물컵 뚜껑 투정까지 하다니. 그것도 나 화났소 하고 있는 대로 티를 내다니.'

그러나 또 멈추었습니다. 그리고 조용하게 말했습니다.

"여보, 제가 오늘 몸이 많이 안 좋거든요. 이런 날, 저는 당신이 컵 뚜껑을 가져오면 안 되나 하는 생각이 들어요."

남편이 멈칫했습니다. 잠시 말없이 서 있더니 제 이마에 손을 얹으며 말했습니다.

남편: 열이 있네. 내일 교육 갈 수 있겠어?
아내: 가야죠.

그러자 남편은 이불을 두 개나 꺼내서 덮어 주고 따뜻한 물도 갖다 주었습니다. 물론 컵 뚜껑도 당신이 갖다 놓고요.

오늘 아침, 남편은 출근하면서 다정하게 말했습니다.

남편: 여보, 어제 내가 짜증내고 화내서 미안해. 옷 따뜻하게 입고 연구소에 가요.
아내: 고마워요.

저희는 이렇게 약간 어정쩡하지만 행복한 하루를 시작할 수 있었습니다. 정말 작은 사건이지요. 결혼해서 12년, 이제는 발렌타인 데이에 초콜릿 선물 준비할 때는 아닌 것 같은데. 요즘 직장에서 스트레스 받는 남편을 도우려고 했는데. 작은 초콜릿 상자 하나로 또 저만큼 멀어질 뻔하다니요. 다행히 잘 끝났지만, 그런데 뭔가 부족한 느낌이 드네요. 그 부족함이 무엇인지, 그리고 내년 발렌타인 데이에는 초콜릿을 어떻게 준비해야 하는지요?

우리는 함께 연구하고 준비했다. 그리고 그날 저녁 집에 가서 남편과 나눈 사연을 다시 연구소에 와서 들려 주었다.

그날 저녁 남편은 직장 여직원들에게 받았다며 푸짐한 초콜릿을 자랑하듯 내밀었습니다. 정말 제가 선물했던 초콜릿보다 크더라고요. 저는 초콜릿을 보며 말했습니다.

아내: 여보, 당신 인기가 많네요. 제가 준비한 초콜릿보다 더 크네요. 저도 생각했는데요, 당신 생각에 미치지 못한 저를 알았어요. 제일 비싸고 큰 초콜릿으로 할 걸. 내년엔 제일 크고 비싼 것으로 할게요.

그러자 남편이 정색을 하며 말했습니다.

남편: 아니야! 아니야, 안 해도 돼. 하지 마. 이렇게 받은 초콜릿으로 충분해. (제가 선물한 초콜릿을 먹으며) 이 초콜릿 정말 맛있네.

아내: 그럼 내년에도 이 정도 초콜릿으로 준비해도 괜찮단 얘기

죠?

남편: (환하게 웃으며) 그럼, 그럼. 충분하지.

"선생님, 남자들은 나이가 들어도 이렇게 어린아이같이 속이 좁아요. 그리고 이제는 내년 걱정 안 해도 되겠어요."

선생님, 제 남편도 그래요. 왜 남자들은 나이가 들어도 다 속이 좁은 거죠. 제 남편도 그랬어요. 참으로 오랜만에 저희 부부는 남편의 제의로 영화를 보러 갔습니다. 낮 12시 40분 표를 예약했다고 했습니다. 평일 오전이라 조금 일찍 만나서 간단히 점심을 먹고 영화 끝나고 저녁을 먹기로 했습니다. 저는 서둘렀지만 업무 처리로 영화 상영 시간에 임박해서 도착했습니다. 점심을 못 먹게 되어서 저는 미안한 마음으로 남편에게 말했습니다.

"여보, 어떡하죠? 너무 늦었네요. 배고프겠어요. 빵이랑 음료수라도 사서 들어갈까요. (점원에게) 이 빵과 음료수 얼마예요?"

"빵은 한 개에 1,900원, 음료수는 4천 원입니다."

"빵 두 개랑 아메리카노 한 잔 주세요.

그러자 남편이 제게 말했습니다.

"음료수는?"

"너무 비싸잖아요."

"아니, 여기까지 나와서 그게 비싸다고 안 사냐?"

"이렇게 작은 병에 들어 있는 물이 무슨 4천 원이에요? 그냥 커피 같이 마셔요."

저는 남편과 함께 빵 두 개와 아메리카노 한 잔을 들고 상영관으로 올라갔습니다. 다행히 광고 중이라 영화 시작 전까지 시간이 남아있었습니다. 그제서야 숨을 돌린 제가 남편을 보니 시무룩한 남편 표정이 보였습니다. 그래서 '혹시나' 하는 생각에 남편에게 말했습니다.

"여보, 아까 마실 거 못 샀는데 당신이 그렇게 목마른지 알았으면 제가 4천 원이라도 샀지요. 목마르다고 얘기 하지 그러셨어요."

"…."

남편은 말이 없었습니다. 저는 옆에 있는 자판기를 보며 말했습니다.

"여보, 저기 자판기에서 마실 것 뽑아서 들어가요."

저는 자판기에서 음료수를 뽑아 남편에게 내밀었습니다. 음료수를 받는 남편의 얼굴은 여전히 어두웠습니다.

'그렇게 마시고 싶었으면 자기가 사던가. 또 삐친 채 며칠 가겠지.'

남편이 좀스럽다는 생각이 들었습니다. 우린 무겁게 영화를 보고 나왔습니다. 배는 고팠지만 이 분위기로 저녁 먹을 상상을 하니 '괜히 영화 봤구나.' 후회되기도 했습니다. 그러나 잠시 마음을 가다듬고 차분히 생각해 보았습니다. 남편이 왜 시무룩해졌을까, 남편 입장에서 다시 생각해 보자 조금은 정리가 되었습니다. 저는 생각하며 조심스럽게 말했습니다.

"여보, 미안해요. 제가 생각해 보니까 당신이 저를 위해 영화 티

켓도 예매하고 시간도 내주었는데 제가 업무를 이유로 약속 시간에 늦어서 점심도 제대로 못 먹고 영화 보는 내내 미안했어요. 제가 마음에 여유가 없고 무엇이 더 소중한지 미처 깨닫지 못했어요. 죄송하고 고마워요. 당신이 그렇게 목마른지 알았으면 4천 원이 아니라 4만 원이라도 샀을 텐데요."

제 말에 남편은 얼굴 표정이 확 바뀌더니 환하게 웃으며 말했습니다.

"여보, 오늘은 내가 꼭 안아 주고 싶네."

진심으로 남편을 이해하고자 한 제 말과 또 시원하게 받아 주는 남편의 말로 저희는 무거운 분위기를 한 번에 날려 버리고, 행복한 저녁을 먹을 수 있었습니다. 그런데 아직도 이해가 다 되지 않는 게 제 남편은 중 3 아들을 둔 아버지입니다. 선생님 남자들은 나이가 들어도 왜 이렇게 속이 좁죠?

"그러게요. 그럼 속이 넓은 사람은 누구죠?"

내가 이렇게 물으면 누군가 대답할 것 같다.

"속이 넓은 사람은 배우고 꾸준히 훈련하는 사람입니다."

이래서 사람은 죽을 때까지 배워야 하는가 보다. 여자라고 남자보다 속이 넓은 것은 아니고 나이를 먹는다고 반드시 현명해지고 지혜로워지는 것이 아니지 않는가. 끊임없이 배우고 훈련하는 것, 그리고 그렇게 겸손하게 배우려는 태도가 바로 우리의 내면을 넓히는 길이 아닐까?

언젠가 내가 겪었던 일이다. 그날은 아주 오랜만에 친척집을 가게 되었다. 남편이 운전을 했고 나는 옆자리에 앉았다. 저 앞에 갈림길이 있었다. 남편이 말했다.

"어? 어느 쪽이지? 잘 모르겠네."

"글쎄요. 저는 우회전 해야 할 것 같은데요."

"아니지. 좌회전이지."

나는 말하고 싶었다. '그렇게 잘 알면서 왜 잘 모른다고 했죠?' 하고 싶었지만 멈추었다. 잠시 후에 나는 정확히 기억이 났다.

"여보, 저, 정확히 기억이 났어요. 우회전이 맞아요."

"아니지. 좌회전이지."

"어? 아닌데요. 아니요, 확실히 우회전이에요."

남편은 이미 좌회전 길로 들어섰고, 그리고 좌회전을 했다. 나는 얼굴을 돌렸다. 그리고 입을 다물었다.

'그래? 가보라고. 좌회전해서 그 집이 나오나 보라고.'

마음으로 심술부리고 있었다. 아니나 다를까 남편은 길을 헤매기 시작했다.

"어? 이상하네, 분명 이쪽인데… 어? 길이 변했나."

중얼거리듯 말했다.

'길이 변하긴 어떻게 변해요. 당신이 잘못 본 거죠.'

나는 계속 입을 다물고 있었다. 속으로는 부글거리면서 태연한 척했다. 차츰 남편의 표정이 달라지고 있었다. 잘못을 저지르고 엄마에게 야단맞을 걱정을 하는 아이 같았다. 나는 생각했다. 지금쯤 남편의 심정이 어떨까. 길을 잘못 본 것도 다 최선을 다해 길을 찾으려다가 그런 게 아닌가. 내 감정이 누그러지기 시작했다. 그러는 동안 차는 몇 바퀴를 돌아 그 집 앞에 도착했다. 푹 가라앉은 분위기 속에서 내가 먼저 말을 건넸다.

"여보, 애썼어요."

"뭘, 내가 고집 부려서 몇 번 돌았는데… 미안해."

우리는 마주 보며 웃었다. 그리고 편안한 마음으로 그 집 초인종을 눌렀다.

"여보, 애썼어요." 푹 가라앉은 분위기를 깰 수 있는 이 한마디는 전혀 어려운 말이 아니다. 그러나 때로는 이렇게 쉬운 말 한 마디 하는 것이 얼마나 어려운지.

우리는 잘못할 때가 있다. 길을 잃는 잘못은 목표까지 가는 데 시간이 더 걸릴 뿐 잃어버리는 건 없지 않은가. 목표만 확실하다면, 두 번 다시 길을 잃지 않을 수 있는 배움이 있다면 도움이 되지 않는가. 남편과 함께 영화를 보는 목표는 무엇인가. 목표를 잃어버리면 음료수 한 잔에, 4천 원에 행복을 잃어버린다. 남편과 함께 친척집을 방문하는 목표는 무엇인가. 길을 돌아간들 어떠랴. 목표를 확실히 가지고 있는 사람만이 목표가 보인다. 나 또한 삶의 목표가 무엇인지 늘 점검하려 하지만 때때로 잃어버릴 때가 있다.

아름다운 부모들의 이야기 2

15

왜 저만 참기름이죠?

선생님, 저는 굴비나 참기름을 보면 지난번에 있었던 사건이 떠올라 약간 씁쓸하면서 우울한 느낌이 듭니다. 연말이라 저는 큰맘 먹고 직원들을 위해 선물을 준비했습니다. 열 명이 조금 넘는 직원들에게 가격이 비슷한 한우 세트와 굴비 세트를 미리 주문하고 포장까지 부탁했습니다. 금요일 아침 부탁한 선물을 찾으러 가서야 직원 수보다 두 개를 덜 주문했다는 사실을 알게 되었습니다. 순간 당황했지만 가격이 조금 더 비싼 유기농 참기름 세트를 샀습니다. 다음 날 급한 일이 있다며 일찍 퇴근하겠다는 과장님에게 얼른 손에 잡힌 참기름 세트를 건넸습니다. 그러고는 선물 종류가 다르다는 이야기를 하려는데 과장님은 고맙다는 말을 남기고 급히 사무실을 뛰어나갔습니다.

그 뒤 새해를 맞아 출근하는 첫날 아침이었습니다. 참기름 세트를 선물로 받았던 과장님이 어두운 표정으로 머뭇거리다 제게 와서 말했습니다.

"사장님 드릴 말씀이 있습니다. 주신 선물이 누구는 굴비고, 누구는 한우고, 누구는 기름이고, 왜 제가 기름을 받아야 하지요?"

볼멘 목소리에 불만이 가득한 표정을 보자 저는 참 어이가 없고 기분이 상했습니다. 그래서 저도 퉁명스럽게 받아 말했습니다.

나　: 그래서요?

과장: 나이 많은 것도 서러운데 사장님은 왜 선물로 사람을 차별하세요? 열심히 일하는데 왜 저만 차별하시냐고요?

나　: 아니, 금요일에 선물 고맙다며 기쁘게 받아가지 않으셨어요? 저한테 이렇게 말씀하시다니… 과장님께서 이러시는 걸 보니 다음부터는 선물 못 하겠네요.

과장: (소리를 높이며) 그러게요. 차라리 하지 말지 그러셨어요? 왜 저는 기름이냐고요?

나　: …그 기름 비싼 거예요. 다른 선물이랑 비슷하지만 더 비싸다고요.

과장: 그래서요, 기분 나쁘게 왜 전 기름이냐고요?

나　: 아니, 그래서가 왜 그래서예요? 그럼 지금 저한테 굴비나 한우로 바꿔 달라고 따지는 거예요?

과장: 아니요, 그건 아니고요.

나　: 아니라니요. 그럼 왜 이렇게 큰 소리로 항의하시는데요. 그날 과장님이 급하다고 일찍 가셨잖아요. 제가 세 가지 선물 중에 어떤 것으로 하겠느냐고 물어보려는데 바쁘다고 뛰어나가셨잖아요.

과장: 그럼 세 가지를 다 보여 주시면서 말씀하셔야죠.

나 : 뭐라고요? 과장님이 급하다고 해서 저도 급하게 달려가서
　　　드렸는데… 아, 지금이라도 바꿔 줘요? 뭘 원하세요?

과장: 아, 됐어요.

그가 휙! 바람을 일으키며 자신의 자리로 돌아갔습니다. 저는 더
따지고 싶었습니다. '되기는 뭐가 돼요. 전 안 됐어요. 그리고 당장
다른 직장 알아 보세요.'라고까지 말하고 싶었지만 거기서 멈추었
습니다. 그는 직원 중에 나이가 많은 편입니다. 제가 배운 것을 생
각하며 이번에는 그동안 했던 선물보다 더 좋은 선물로 마음을 썼
는데 오히려 더 기분이 나쁘다니요. 다음부턴 아예 선물을 하지 말
까 하는 생각까지 들었습니다. 이민정 선생님, 이렇게 얌체인 직원
에게 제가 어떻게 해야 하죠?

　이런 경우 사장은 억울하다. 직원들에게 충분히 마음을 썼고, 또
일찍 퇴근하겠다는 직원에게 눈치 주지 않으면서 선물도 그중 비싼
것으로 급하게 달려가서 주었고, 또 선물의 종류를 설명하려는데
본인이 바쁘다고 가버렸고, 더 이상 어떻게 잘할 수 있단 말인가.

　하지만 과장도 억울하다. 새해 첫날, 출근하자 사람들이 굴비 맛
이 어떻고, 한우 맛이 어떻고 하는데, 왜 나는 기름이야? 왜 나만?
하는 생각이 들 수 있다. 아무리 바쁘더라도 선물 종류가 다르다는
말은 해 줬어야 하는 게 아닌가? 결국 사장과 과장은 각각 본인 입
장에서만 생각한 게 아니었을까. 만약 상대방 입장을 조금만 더 헤

아렸다면 상황은 어떻게 바뀌었을까.

　과장이 사장의 입장을 헤아려 본다.

　'글쎄? 다른 사람은 굴비나 한우인데, 왜 나는 참기름일까? 분명 무슨 이유가 있을 거야. 오해하기보다 사장님에게 여쭤 봐야지.'

　그리고 사장에게 말한다.

　'사장님, 연말에 주신 선물 잘 받았습니다. (조심스럽게) 그런데 선물에 대해서 궁금한 게 있는데 여쭤 봐도 될까요?'

　이렇게 말하면 '그래서요?'라는 답을 할까.

　'네, 얼마든지요.'

　'다른 직원들 얘기를 들으니 선물이 굴비나 한우라고 들었는데 왜 제겐 참기름을 주셨는지 그 이유가 궁금해서요.'

　만약 이렇게 대화를 나눴더라면 사장이 긴 설득을 했을까.

　한편 사장이 과장의 입장을 헤아린다면 어떤 대화가 이어졌을까.

　'사장님 드릴 말씀이 있습니다. 누구는 굴비고, …기름이고. 왜 제가 기름을 받아야 하지요?'

　이렇게 과장이 물었을 때 '그렇지. 그날 급히 나가면서 선물 종류가 몇 가지 있다는 내 설명을 듣지 못하고 갔지. 그랬으니 월요일 아침 다른 직원들의 선물 얘기에 오해할 수도 있지. 내가 좀 더 차분히 들어 줘야 하지 않았을까? 직원들을 행복하게 하려고 선물했는데 그 목표를 이루려면 나는 뭐라고 해야 했을까?'

　'네, 과장님. 굴비, 한우, 참기름 선물 중에서 왜 과장님이 참기름

을 받으셨는지 궁금하다고요. 지금 말씀드릴까요.'

만약 이렇게 대화가 이어졌다면 과장은 '나이 많은 것도 서러운
데 왜 선물로 사람 차별하세요? 저 열심히 일하는데 왜 저만 차별
하시냐고요?'라고 했을까.

우리와 함께 연구하고 준비했던 사장은 다음 주 실천 결과를 우
리에게 알려 주었다.

제가 배우지 않았다면 실천하지 못할 이유만 찾았을 것입니다.
쑥스럽고 어색했거든요. 그런데 배우고 나서는 달라졌습니다. 저
는 용기를 내어 먼저 과장님에게 말을 건넸습니다.

나　: 과장님, 드릴 말씀이 있는데 퇴근 시간에 잠깐 뵐 수 있을
　　 까요?

과장: 네.

나　: 지난번 선물 문제로 많이 서운하셨죠. 그때 드리지 못했던
　　 말씀드려도 돼요?

과장: 네.

나　: 그때 제가 선물을 주문했는데 제 착오로 두 사람 분이 부족
　　 했습니다. 그래서 가격이 비슷하지만 조금 더 비싼 참기름
　　 세트로 준비했는데 과장님이 어떤 선물을 좋아할지 물어보
　　 지 못했습니다. 그날 과장님이 바쁘다고 하더라도 물어봤
　　 어야 했는데 죄송합니다. 다음에 그런 오해가 없도록 할게
　　 요. 전 과장님과 계속 좋은 관계로 일하고 싶습니다.

과장: 죄송합니다. 제가 사정도 모르고 화를 내서 죄송합니다.

그리고 불안했는데 이렇게 먼저 말씀해 주셔서 정말 고맙습니다.

사장은 그 후, 과장이 달라진 이야기도 전해 주었다.

그 일이 있은 후, 그분이 얼마나 많이 달라졌는지요. 그뿐만 아니라 저희 회사 분위기 전체가 바뀌었답니다. '선물'의 진정한 의미를 깨닫는 기회였습니다. 어떻게 보면 제 진짜 선물은 굴비, 한우, 참기름이 아니라 제 자존심을 접고 과장님에게 제가 먼저 말을 건넨 용기가 아닌가 싶습니다. 아마도 예전이라면 저는 말없이 눈치만 보며 그분이 퇴사하기를 기다렸을지도 모릅니다. 이번 일은 그분과 저희 회사뿐 아니라 저 자신에게도 큰 선물이 되었습니다. 저는 더 큰 용기와 자신감을 얻게 되었습니다.

이 말을 듣던 상현이 어머니가 말했다.

선생님, 이런 것도 선물이겠죠. 오늘 아침, 여덟 살인 제 아들이 연구소 오려는 제게 잠이 덜 깨서 눈 감은 채로 나눈 대화입니다.
"엄마, 가지마."
"엄마가 공부하러 가야 하는데 가지 말라고?"
"네."
"상현아, 엄마가 상현이 물 엎질렀을 때, 1번, '야! 너 또 엎질렀어? 내가 언제까지 조심하라고 해야 돼?' 하는 거 하고, 2번, '엄마가 닦아 줄게~ 그냥 자도 돼~.' 하는 것 중에 어떤 게 좋아?"

아이가 여전히 눈 감은 채로 말했습니다.

"음, 3번이요."

"'어! 물이 엎질러졌네. 상현아, 미안하지. 엄마가 얼른 닦을게.' 라고 하는 거?"

"(아이가 씨익 웃으며) 네. 바로 그거요."

상현이는 예전에 그릇 깼을 때,

'상현아, 미안하지. 엄마가 얼른 치울게.' 하며 엄마가 화내지 않고 자기 마음을 읽어 주었던 일을 기억했나 봅니다.

"그래, 엄마가 그렇게 말하는 거 배우려고 연구소 가는 거야."

"(아이가 살그머니 눈을 뜨더니 빙그레 웃으며) 엄마, 잘 다녀오세요~ 안녕."

하는 거예요. 그러면서 제게 뽀뽀까지 해 주었습니다. 오늘 연구소 오는 내내 행복했습니다. 이렇게 큰 선물이 있을까요. 오늘 아이가 제게 준 선물처럼 저도 진정한 선물의 의미를 이해하고 실천하는 앞날을 만들어 갈 것입니다.

나도 우리 아이들에게, 또 열심히 배우려는 수강생들과 독자들에게 어떤 선물을 남길 수 있을까 생각해 본다.

16

그릇과 아이,
둘 중에 뭐가 더 중요하지?

왜 그런지 저는 그릇이 참 좋습니다. 특히 예쁜 그릇을 참 좋아합니다. 백화점 쿠폰을 보면 가장 먼저 그릇 쿠폰에 관심이 가곤 합니다. 그래도 막상 사려면 가격도 비싸고, 지금 사용하고 있는 그릇도 쓸 만해서 선뜻 새 그릇을 사지는 못합니다. 그러나 그날은 제가 좋아하는 그릇을 50% 할인하고 있었습니다. 저는 눈 딱 감고 우리 네 식구를 위해서 몇 종류의 그릇을 네 개씩 샀습니다. 그리고 식사 때마다 아이들에게 '엄마 이 그릇 정말정말 좋아해. 오래오래 쓸 거야.' 하는 말을 노래부르듯이 읊었습니다. 그날 저녁 식사 시간에 열 살인 영애와 여섯 살인 동생 영은이가 식탁에 앉아 있었고 저는 부엌에서 식사 준비를 하고 있었습니다. 영은이는 식탁 위에서, 제가 새로 산 그릇에 숟가락을 넣고 장난을 치고 있었습니다. 혹시 저렇게 장난하다가 그릇이 깨지면 어쩌나 하는 마음에 가슴이 살짝 덜컹해서 '야!! 너 그러다 그릇 깨겠다.' 하고 싶었지만 멈추었습니다. '그래. 뭐라고 말하지. 아이 기분 상하지 않게 뭐라고 말할까.' 저는 망설이다 말했습니다.

엄마: 영은아,… (낮은 목소리로) 그릇 떨어지겠다.
아이는 듣는 둥 마는 둥 같은 행동을 계속했습니다. 옆에 있던 언니 영애가 제 마음을 읽었는지 한 마디 했습니다.
영애: 영은아, 그릇 떨어질 것 같다고 엄마가 그러시는데. 너 저번에도 그러다가 물 쏟았잖아.
영은: 아니야, 나 안 떨어뜨릴 수 있어~. 지금 밥 먹으려고 그러는 거야.
제가 마지막 반찬을 그릇에 담는 바로 그때, 제 등 뒤로 "쨍그랑~~ !!" 소리가 들렸습니다.
'그렇지, 그럴 줄 알았다고….' 저는 계속 말하고 싶었습니다.
'너!! 엄마가 말했어, 안 했어. 언니가 그러지 말라고 했어, 안 했어! 내가 진짜, 영은이, 너는 이제 플라스틱 그릇만 줄 거야!! 알았어?'
'갑자기 미끄러져서. 엉~~~~.'
'네가 왜 울어. 왜? 뭘 잘했다고 울어! 엄마가 울고 싶다. 지금 뚝 안 해?!'
그러나 '이렇게 말하면 깨어진 그릇이 다시 붙을까. 영은이는 엄마가 자신을 사랑하며 이해한다고 믿을까.' 생각하고 있는데 언니인 영애가 당황해하며 동생에게 말했습니다.
"영은아, 너 그 그릇 엄마가 엄청 아끼는 건데."

아이는 얼음이 된 듯 말이 없었습니다. 저도 잠깐 멈추고 생각했습니다. '그릇과 영은이, 영은이와 그릇, 둘 중에 뭐가 더 중요해? 뭐가 더 소중해? 그릇이 깨졌을 때 화는 당연히 날 수 있지. 그러나 화를 낼 것인지 아닌지는 내가 선택할 수 있어. 지금 소리 질러서 집안 분위기를 망쳐. 아니지, 중요한 건 그릇이 아니라 영은이지.' 저는 생각하고 생각해서 아이 옆으로 가서 조용히 말했습니다.

엄마: 영은아, 그릇이 떨어지니까 깨지지?
영은: (화내지 않는 엄마를 눈을 동그랗게 뜨고 보며) 아니, 갑자
　　　기 미끄러져서요.
'또 뭐라고 말하나? 그렇지, 엄마가 얼마나 아끼는 그릇인데, 아이에게 자신의 잘못에 대해 책임지게 해야지.' 생각하며 말했습니다.
엄마: 언니 말대로 엄마 이 그릇 정말 아끼는 건데. 아깝다. 네
　　　개밖에 없는데. 영은이는 이제 다른 그릇에 먹어야겠네.
　　　깨진 건 위험하니까 엄마가 치울게.
영은이는 아무 말도 하지 않았습니다. '아니, 미안하다든가, 다음엔 조심하겠다든가, 죄송해요 라든가 무슨 말을 해야 하는 거 아니야.' 하는 작은 불만이 있었지만 아이가 스스로 말할 때까지 아무 말도 하지 않아야겠다고 마음먹었습니다. 그렇게 그릇을 깬 날 저녁을 큰 소리 내지 않고 평온하게 보냈습니다. 그런데 영은이가 잠자리에 들기 전에 제게 와서 말했습니다.

영은: 엄마, 엄마가 아끼는 그릇 깨뜨려서 미안해요. 안 떨어질 줄 알았어요. 다음에는 그릇 꼭 잡고 먹을게요.… 그리고 엄마, 제가 백화점 가서 그거랑 똑같은 그릇 엄마 사 줄게요…. 저… 4천 원 있어요.

'쳇, 4천 원? 그 그릇 얼만 줄 알아. 그리고 지금은 그 그릇 공장에서 만들지도 않아.' 하려다가, '그렇지, 아이가 얼마나 고민했으면 자신에겐 전 재산인 4천 원을 다 털어서 그릇을 사 준다고 할까. 고마운 마음으로 받아야지.' 생각하며 언젠가 꼭 해 보고 싶은 말을 했습니다.

엄마: 그래. 우리 영은이 하나 배웠네. 그리고 고마워. 엄마가 아끼는 좀 슬펐는데, 영은이 말을 들으니까 벌써 그 그릇 선물 받은 기분이야. 엄마는 그릇보다 영은이가 더 소중하거든.

저는 아이를 안고 말하면서 '와!! 내가 이렇게 소리 지르지 않고 근사하게 사건을 해결하다니.' 저는 그야말로 평화를 느꼈습니다. 저와 아이는 행복한 잠에 빠져들 수 있었습니다.

그리고 다음 날 연구소에서 다른 강사들 앞에서 뿌듯하고 자랑스러워서 그 사례를 신나게 발표했습니다. 예전엔 아이가 물만 엎질러도 큰 소리로 화내던 제가 아끼고 아끼는 그릇을 깼는데도 화내지 않고 평화롭게 문제를 해결하다니 놀랍고 뿌듯했다고요. 그런데 이민정 선생님이 대화 몇 군데를 수정해야 한다는 겁니다. 처음엔 '도대체 수정할 부분이 어디란 말이야.' 의아했지만 일단 수정한 부분을 집에 가서 두 아이에게 설명했습니다.

애들아 어제 엄마가 한 말 중에 "영은아, (낮은 목소리로) 그 그릇 떨어지겠다."를 '영은아, 그릇 소리가 나는데 궁금하네.'로 바꾸어 말하라고 배웠어.

그리고 "엄마 밥 먹으려고 하는 거예요." 했을 때,

"은아, 그릇 떨어질 것 같다고 엄마가 그러시는데. 너 저번에도 그러다가 물 쏟았잖아."라는 언니의 말에 엄마가

'영애야, 동생 그릇 깰까 봐 걱정해 줘서 고마워. 그리고 영은아, 지금 밥 먹을 거라고. 밥 먹을 때는 그릇 소리를 내지 않는 거야.'로 바꾸어 말하는 것도 배웠어.

그리고 그릇이 깨진 다음에도

"영은아, 떨어지니까 깨지지?" 대신에 '영은아, 괜찮니? 많이 놀랐지.'로

"영은이는 이제 다른 그릇에 먹어야겠네. 깨진 건 위험하니까 엄마가 치울게." 대신에

'엄마는 이제 다른 그릇으로 먹을게. 그리고 엄마가 얼른 치울게.'로 말했다면 영은이가

"네. 엄마 그러세요." 할까?

또 "그래. 우리 영은이 하나 배웠네. 그리고 고마워. 엄마가 아까는 좀 슬펐는데, 영은이 말을 들으니까 벌써 그 그릇 선물 받은 기분이야. 엄마는 그릇보다 영은이가 더 소중하거든." 대신에

'그래. 우리 영은이 중요한 걸 배웠네. 그리고 고마워. 엄마가 아

까 그릇이 깨질 때 엄마 마음도 깨지는 것 같았는데 영은이 말을 들으니까 그 그릇을 선물 받은 느낌이라 엄마 마음도 다시 다 붙은 것 같네. 엄마는 그릇보다 영은이의 소중한 마음을 받은 게 더 기뻐. 고마워.'로 말했다면 어땠을까? 선생님은 너희들이 '하나'를 배우는 것과 '중요한 걸' 배우는 차이는 크다고 하시더라.

영은이 어머니는 말했다.
"제가 배운 내용을 말하자 두 아이는 '맞아, 맞아. 그런 마음이 들것 같아요.' 하더라고요. 또다시 배우는 기회가 되었습니다. 저는 그릇을 깬 것은 아이의 잘못이기 때문에 그릇을 깬 아이가 다른 그릇(플라스틱 그릇)으로 먹는 것이 엄격한 부모가 가르쳐야 할 내용이라고 생각했습니다. 그러나 제가 배운 대로 '엄마는 이제 다른 그릇으로 먹을게.' 하고 말하자 아이는 바로 이어서 말했습니다. '아니에요. 엄마, 제가 그냥 다른 그릇으로 먹을게요.' 하고요. 아이가 스스로 책임감을 느끼며 행동하더라고요."

시간이 지나고 2년 후 영은이 어머니는 말했다.
"선생님, 그릇 깰 때 여섯 살이었던 영은이가 이제 여덟 살이 되어서 초등학교 1학년이 되었습니다. 그 사이에 영은이는 그릇 만들기 체험에서 접시를 만들어서 제게 주었습니다. 예쁜 그림까지 그려서요. 우리는 열심히 그 그릇을 쓰고 있었습니다. 그런데 며칠 전 저와 영은이가 외출하고 집에 들어왔는데 남편과 큰아이의 표정이 심상치 않았습니다. 그 그릇에 대한 사연을 알고 있는 남편이 제게 살짝 다가와서 말했습니다.

"여보, 큰일났어. 그 그릇이 깨졌어. 영은이가 만든 그릇. 어떡하지. 그릇 당장 붙여 놓으라고 영은이가 반나절은 울 텐데. 어떡하지."

남편이 조심스럽게 영은이에게 진심으로 사과했습니다. 우리는 숨을 죽이고 영은이의 반응을 지켜보고 있었습니다. 반응을 기다리며 한 시간 같은 10초가 흐르자 영은이가 말했습니다.

"아빠, 괜찮아요. 아빠가 일부러 그런 것도 아닌데요 뭐. 엄마는 내가 엄마 그릇 깼을 때 화 안 냈어요. 저도 아빠 용서할게요. 맛있는 거 해 주시면 돼요."

와우~~ 엄마와의 사건을 기억하고 있다니. 그래서 부모가 준비해야 한다는 것이구나. 또 다시 깨달았습니다.

부모가 자녀를 사랑으로 이해하지 않으면서 다른 사람을 사랑으로 이해하라고 가르칠 수 있을까. 세상의 변화는 가정에서부터, 아름다운 인간관계에서부터 시작되는 것이 아닐까 생각하며 오늘도 아름다운 인간관계 훈련에 참가한 수강자들과 고마운 마음으로 만난다.

17

학습지 안 하면 안 돼요?

아훈 강사인 영채 어머니는 말했다.

이민정 선생님, 정말 아이들을 과외 시키지 않고 대학 보낼 수 있을까요? 저는 지금도 친정어머니의 교육방법을 원망할 때가 있습니다. 제가 초등학교 때 어머니는 날마다 풀어야 하는 산수 연산훈련 학습지를 신청해 주셨습니다. 그런데 저는 그 학습지가 지겨워서 학습지 하기 싫다고 하자, 어머니는 말없이 바로 학습지를 중단시키셨습니다. 저는 그때는 신났지만, 나중에 중학교, 고등학교에 올라가자 수학은 제 학교 성적을 괴롭히는 과목이 되었습니다. 그랬던 저이기에 제 아이 수학 교육에 대한 집념은 특별했습니다.

'내 아이만큼은 수학에 자신감을 갖게 해야지.' 큰아이 영채는 초등학교 입학 전부터 수학 학습지를 6개월 정도 했는데, 초등학교 1학년이 되자 말했습니다.

영채: 엄마, 나 학습지 하기 싫어.

엄마: 왜 하기 싫은데?

영채: 매일 하루에 몇 장씩 하는 게 힘들어.

엄마: 영채야, 엄마 어렸을 때 할머니가 학습지 하라고 하셨는데 엄마가 너처럼 하기 싫다고 했더니 할머니는 바로 학습지를 끊어 버리셨거든. 그래서 엄마가 수학을 못했어. 엄마가 싫다고 해도 할머니가 계속하라고 했으면 엄마가 수학으로 힘들지 않았을 거야. 엄마는 네가 엄마처럼 되는 게 싫어. 그래서 '싫어도 해야 돼.'가 엄마 답이야.

영채: 알… 았… 어… 요.

그렇게 1년이 지났습니다. 초등학교 2학년이 된 영채가 또 물었습니다.

영채: 엄마, 나 학습지 끊으면 안 돼?

엄마: 영채야, 이미 돈 냈어. 한 달에 3만 원이면 일 주일에 7천 원이거든. 그럼 하루에 천원, 3장씩이니까 한 장에 333원이야. 지금도 하루에 한 장씩 안 풀고 남기면 그 돈 그냥 버리는 거야. 다른 거는 다 끊어도 수학 학습지는 안 돼.

또 1년이 지나고 초등학교 3학년이 된 영채가 다시 물었습니다.

영채: 엄마, 저요 진짜 학습지 안 하고 싶어. 너무 지겨워요.

아마 그때 제가 아훈 교육을 받고 있지 않았다면 말했을 것입니다. '또 그 얘기야. 엄마가 안 된다고 했지. 수학은 기본이야. 너 과학 좋아하지. 과학하고 싶으면 수학은 꼭 해야 돼. 엄마 답은 여기까지야.' 했을 텐데. 저는 아훈에서 배운 대로 먼저 아이를 충분히 이해하려고 말했습니다.

엄마: 영채야, 학습지가 지겨워서 그만하고 싶다고.
영채: 네. 엄마. 저 학습지는 과학만 하고 싶어요.
엄마: 그래. 네가 과학은 재미있게 하더라. 그런데 영채가 학습
　　　지를 그만두고 수학공부를 어떻게 할 계획인지 궁금하네.
영채: 음. 문제집을 풀게요. 학습지는 같은 문제를 계속 풀어야
　　　해서 한숨이 나오거든요. 엄마가 문제집을 학습지처럼 하
　　　루에 몇 장씩 하라고 요일을 써 줘요. 그렇게 문제집 풀면
　　　단원평가 공부도 되고 더 재미있을 거예요. 네? 엄마!!
엄마: (놀라워서) 영채가 어떻게 공부할지 연구했는데 엄마가 반
　　　대할 이유가 없네.
영채: 진짜죠. 엄마 고마워요. 저 문제집 계획대로 풀어 볼게요.
　　　드디어 내가 이제 할 수 있다니!!!

그렇게 결심한 영채는 계획대로 지키다가 또 못 하다가를 반복했고 저는 그냥 기다렸습니다. 그렇게 문제집 풀기를 6개월 정도 지난 어느 날이었습니다.
"엄마, 저 아무래도 학습지 다시 해야 되겠어요. 문제 풀 때 푸는 방법은 맞는데 계산이 자꾸 틀려서요."
아이의 말에 저는 '그것 봐라, 그것 봐. 엄마가 너 후회할 줄 알았

어. 당장 다시 시작해. 다시는 학습지 못 끊어!!' 하고 윽박지르고 싶었지만 저는 생각하며 말했습니다.

"그래. 영채가 하겠다고 하니 엄마는 이제 걱정 안 해도 되겠네. 엄마가 학습지 선생님께 연락할게."

잠깐!! 여기서 '연락할게.'보다 '연락할까?' 하고 아이의 결정을 기다리면 어떨까? '연락할게.'는 엄마의 뜻이지만 '연락할까?'는 '네 의견이 중요해. 네가 선택하는 거야.'의 의미가 담겨 있기 때문이다.

"그래. 엄마는 영채가 계획한 네 뜻을 따를게. 엄마가 학습지 선생님께 연락할까?"로 말한다면 영채는 자신의 선택에 더 큰 책임감을 갖게 되며 결심의 강도도 더 확고해질 것이다.

그렇게 영채의 계획대로 4학년까지 학습지와 문제집 풀기를 병행해 왔는데 4학년 2학기부터 친구들이 수학 학원을 다니기 시작했고 겨울방학이 되자 엄마인 제 마음이 조급해졌습니다. 아마도 제가 배우지 않았다면 조급한 마음에 다음처럼 아이와 대화했을지 모릅니다.

'영채야, 안되겠다. 다른 애들은 다 학원 다니는데. 수학 공부방이라도 갈래? 엄마랑 집에서 하니까 아무래도 안 되겠지. 어디라도 다니자. 어디 갈래?'

'엄마, 제가 하는 게 얼마나 많은데요. 수학 학원까지 가면 숙제가 너무 많아서 저 잠도 못 자요. 영어도 매일 숙제 하고 나면 11시

인데. 정말 저 안 다녀요.'

'네가 하는 게 뭐가 그렇게 많다고 그래. 다른 애들은 4학년 시작할 때부터 수학 학원까지 다 다니던데. 너는 논술도 안 하고 그렇다고 집에서 책을 많이 읽는 것도 아니고. 숙제도 놀다가 저녁 9시부터 시작하니까 11시에 끝나지. 너 진짜 엄마가 너무 봐 줬지. 그렇게 하는 거 많으면 수학 학원만 가.'

'내가 한다니까. 엄마는 저 못 믿어요? 하면 되잖아요. 지금까지도 했잖아요. 아! 진짜.'

그러나 저는 마음 모아 말했습니다.

엄마: 영채야, 엄마가 너랑 의논할 일이 있어. 5학년이 되면 수학이 많이 어려워진다고 하는데 엄마는 걱정이 돼. 그래서 엄마는 네 생각이 어떤지 궁금해.

영채: 아, 엄마 저 학원은 안 가고 싶어요. 지금 영어 시작한 지 얼마 안돼서 숙제도 많고. 저 영어에 집중하고 싶어요. 음.

저는 아이의 말을 중간에 끊고 '그럼 수학 학원 안 가는 대신, 수학 문제집 하나 더 사서 하루에 4페이지씩 두 권을 풀자. 문제집은 네가 골라도 돼.' 하고 말할까 망설이는데 아이가 말했습니다.

영채: 음. 수학 학원 안 가는 대신, 수학 문제집 하나 더 사서 하루에 4페이지씩 두 권을 풀게요. 문제집 제가 골라도 되죠?

엄마: 그럼. 엄마는 영채가 수학에 대해서 그렇게 연구하고 있으

니 마음 놓고 네 뜻을 따를게. 문제집은 어떤 걸로 살까?

아이가 제 생각 속에 들어왔다 나온 듯했습니다. 아이는 제가 하고 싶은 말을 다 하더라고요. 저는 아이도 자신의 일을 계획하고 있다는 것을 알게 되었습니다. 또 그렇게 영채의 계획대로 수학을 공부하며 5학년을 맞이했습니다. 저는 채점하던 문제집에 오답이 많으면 답답하기도 했지만 아이를 믿고 아이의 공부 속도와 계획에 맡겼습니다. 어느 날 영채가 말했습니다.

> 영채: 엄마, 수학 오답노트를 보니까 내가 뭐가 부족한지 알았어요.
>
> 엄마: 그래? 네가 알게 된 게 뭘까?
>
> 영채: 두 가지인데요. 하나는 문제를 대충 읽는다, 그리고 또 하나는 어려울 것 같은 문제는 못 하겠다며 그냥 넘어간다는 거예요. 앞으로는 문제를 잘 읽고, 잘 모르는 문제도 풀 수 있다고 생각할 거예요. 다시 생각해 보고 생각해 보면 풀 수 있을 것 같아요.

정말로 제가 꼭 해 주고 싶었던 말이었습니다. 문제를 자신이 찾아낼 때까지 기다리고 기다린 보람이었습니다. 초등학교 5학년, 아직은 어리지만 영채는 자신의 문제를 스스로 파악하고 있었습니다.

> 엄마: 우와~~~ 우리 영채, 문제집으로 공부하면서 중요한 걸 배웠네. 혼자 한다고 했을때 조금은 걱정되었는데 공부하

는 방법을 스스로 알아내다니. 멋있다. 영채야!! 혹시 엄마 도움이 필요하면 언제든 말해 줄래?

영채: 네. 엄마, 저 영어 숙제 하고 문제집 풀게요.

엄마: 그래. 엄마는 우리 영채 좋아하는 국수 맛있게 준비할게.

영채는 어리지만 자신이 하고자 하는 대로 선택한 데 대한 결과를 책임지고 있다. 그 선택은 자신에게 도움이 되기도 하고, 후회를 낳기도 한다. 그 결과는 자신의 선택에 따른 것이므로 누구에게도 불평하지 않는다. 영채는 잘못된 선택을 수정하면서 차츰 선택의 중요성을 배워가고 있다. 영채의 과외 없는 공부는 지금부터 시작되는 게 아닌가. 또한 영채는 수학문제를 스스로 푸는 훈련을 하면서 앞으로 펼쳐질 또 다른 자기 인생의 문제까지 스스로 푸는 훈련을 함께하는지도 모른다.

미국의 대통령 에이브러햄 링컨은 말한다.

"사랑하는 사람에게 해 줄 수 있는 가장 나쁜 일은 바로 그들이 할 수 있고 해야 하는 일들을 대신해 주는 것이다."라고.

18

엄마는 왜 맨날 나한테만 화내!

저희 집 남매인 다섯 살 아들과 일곱 살 딸 이야기입니다. 누나인 윤미는 내성적이면서 자기표현이 서툴고 동생인 윤재는 자기 감정이 올라가면 곧바로 즉각적인 반응을 드러낼 때가 자주 있습니다. 그날 누나는 동생이 퍼즐 맞추는 것을 지켜보고 있었습니다. 윤재가 윤미에게 말했습니다.

"야! 저리 가!! 쳐다보지 말고 가라고!!"

이제 또 시작이구나. 저는 아이들이 다투는 게 싫어서 아예 처음부터 싸움을 차단하려고 '윤미야, 너! 동생 하는 거 쳐다보지 말고 저리 가!' 하고 윤미에게 소리치고 싶었지만 그냥 지켜보았습니다. 윤미는 말없이 계속 보고 있었습니다.

"가!! 내 꺼 보지 말라니까. 아, 진짜!!"

드디어 윤재가 제게 도움을 요청했습니다.

"엄마, 누나가요, 내가 가라고 말했는데도 안 가고 자꾸만 봐요."

저는 누나에게 말하고 싶었습니다.

'윤미야, 동생이랑 떨어져 있어!!' 그리고 동생에게 '김윤재! 너 누나한테 야! 라고 했어? 혼날래?' 하고요. 그랬다면 대화는 아마 다음과 같이 이어졌을 것입니다.

윤재: 누나가 내 말을 안 듣잖아요.
엄마: 누나가 그 퍼즐 좀 보면 어때서? 누나랑 같이 해.
윤재: 싫단 말이에요. 누나는 다른 거 하고 놀면 되잖아요.
엄마: 퍼즐이 네 꺼야? 너도 하지 마! 치워, 빨리!! 싸우면 갖다 버린다.
윤재: 아, 왜요. 엄마는 왜 맨날 나한테만 화내!!
엄마: 내가 언제? 언제 너만 혼냈어. 네가 너밖에 모르니까 그렇지.
윤재: 누나랑 다시는 안 놀아. 누나 땜에 나만 혼났잖아.
엄마: 그만 해라. 어? (누나에게) 너도 말을 해야 알지. 동생에게 화가 나면 화난다고 말해. 네가 가만히 있으니까 동생이 저러잖아.

위의 내용은 저와 아이들 사이의 평소 대화이고 다음은 제가 배운 대로 생각하며 나눈 실제 대화입니다.

윤재: 엄마, 누나가요, 내가 가라고 말했는데도 안 가고 자꾸만 봐요.
엄마: (윤재에게) 그래서 엄마가 도와달라고?

윤재: 네. 누나가요, 가라는데도 안 가고 자꾸만 보잖아요.

엄마: 네가 퍼즐을 맞추는 걸 누나가 보고 있으면 불편하다는 말이지?

윤재: 네. 저는 혼자서 하고 싶단 말이에요.

엄마: 그래. 잠깐만. 엄마가 누나에게 부탁해 볼게. (누나에게) 윤미야, 윤재가 퍼즐 맞추는 걸 보고 싶었구나.

윤미: 네. 동생이 지난번보다 더 어려운 걸 맞추길래 저는….

엄마: 그렇구나. 동생이 어려운 걸 맞추는 게 기특하고 예뻐서 보고 싶었구나. 그런데 어떡하지. 지금은 동생이 혼자서 하고 싶다고 하네.

윤미: … 그럼, 안 볼게요. 그리고 저도 여기까지만 보고 가려고 했어요.

엄마: 윤미야, 동생을 이해해 주고 엄마 얘기 들어 줘서 고마워. (윤재에게) 윤재야, 윤재가 누나를 때리지 않고(평소에 때리면서 말한다.) 말로 표현해 줘서 엄마 마음이 놓였어. 고마워. 엄마는 너희 둘이 사이좋게 놀 때 가장 기쁘고 행복해.

이렇게 조용히 사건이 해결되었습니다. 정말 신기했습니다. 역시 아이들 사이의 일은 어른이 어떻게 도와주는가에 따라서 지혜롭게 해결되기도 하고 엉망으로 사건이 꼬이기도 한다는 것을 알 수 있었습니다.

이렇게 엄마가 누나에게 부탁하는 대화가 계속 이어진다면 남매간의 우애에 어떤 변화가 올까. 처음 대화와 두 번째 대화의 차이는 별로 크지 않지만 두 번째 엄마가 윤미와 나눈 대화에서는 윤미가 동생이 만드는 것을 지켜보는 이유를 말한다. '지난번보다 어려운 걸 맞추길래.' 엄마가 다시 말한다. '동생이 어려운 걸 맞추는 게 기특하고 예뻐서 보고 싶었구나.' 이 말은 동생이 지금 잘하고 있다는 것을 동생에게 전달하게 된다. 누나의 말을 들은 윤재도 누나에게 이유가 있었고, 좋은 뜻이었구나를 느끼면 누나에게 너그러워질 수 있다. 그러면 윤재가 '엄마는 왜 맨날 나한테만 화내?' 하지 않을 것이다. 물론 이 사건을 잘 풀었다고 해서 지금 당장 남매간의 우애가 돈독해 진다고 할 수는 없지만 이러한 대화가 사건마다 이어진다면 남매간의 우애가 더 깊어질 수 있다.

반면 '누나가 그 퍼즐 좀 보면 어때서? 누나랑 같이 해. 퍼즐이 네 꺼야? 너도 하지 마! 치워, 빨리!! 싸우면 갖다 버린다.'라는 말은 남매간의 관계에 어떤 결과를 가져올까?

그리고 위의 대화에서 어머니는 마지막에 누나인 윤미가 '그럼 안 볼게요.' 했을 때 '그래. 윤미야, 고맙다. 엄마의 부탁을 들어줘서. (윤재에게) 윤재야 이제 됐니?' 하는 말을 하면 엄마의 뜻이 더 명확해 진다. 그리고 어머니는 윤재에게 덧붙여 말한다.

'윤재야. 엄마는 윤재가 누나한테 아까처럼 야!! 야!! 하고 말하면 엄마 슬퍼. 엄마는 너희들이 서로 사이좋게 놀 때 가장 기쁘고 행복해.' 라는 말로 누나에게 함부로 대하지 않도록 엄마의 엄격한 모습도 보여 줘야 한다.

다음의 대화도 이어진다.

    저는 어린이집을 운영하고 있습니다. 저희 어린이집에 다니는 일곱 살 채현이는 1남 3녀 중 둘째입니다. 그날 귀가하는 차 안에서 제게 말했습니다.

채현: 원장님, 동생이 있는 건 좋은 거예요, 나쁜 거예요?

    저는 잠깐 생각하며 말했습니다.

원장: 글쎄, 좋기도 하고 나쁘기도 하겠지. 너는 어때?

채현: (투덜대며) 동생한테 나눠 주고 양보해야 돼요.

원장: 채현이가 동생한테 나눠 주고 양보해야 한다는 말을 하다니. 채현이는 동생들한테 나눠 주고 양보해 줄 수 있니?

채현: 네.

원장: 일곱 살밖에 안 되었는데 그런 말을 할 수 있다니, 채현이가 대견스럽네.

    채현이가 빙그레 웃었습니다. 제가 배운 것을 생각하지 않았다면 채현이의 질문에 '그것도 몰라, 당연히 좋은 거지. 동생을 사랑하는 마음을 가져야지.' 하며 설득, 설교, 훈계, 도덕적 행동을 요구하는 말투를 썼을 텐데 그 말을 하지 않아 채현이가 스스로 도덕적 판단을 할 능력을 키울 기회를 줄 수 있었습니다. 그런데 제 대화에 뭔가 부족한 듯해서요. 부족한 게 뭐죠?

    위 대화를 약간 수정하여 다음과 같은 대화였다면 채현이는 남매 간의 우애에 대해 어떻게 생각하게 되었을까?

채현: 원장님, 동생이 있는 것은 좋은 거예요, 나쁜 거예요?

원장: 그래? 동생이 있는 게 좋은지 나쁜지 궁금하다고?

채현: 네. (투덜대며) 동생한테 나눠 주고 양보해야 돼요.

원장: 그렇구나. 원장님은 동생이 있으면 기쁘고 행복하다고 생각해.

채현: 왜요?

원장: 왜냐면, 기쁜 마음으로 동생에게 나눠 주면 나눠 주는 사람도 기쁘고 받는 사람도 기쁘거든. 그리고 동생이랑 재미있게 놀 수 있고. 그래서 동생이 있으면 기쁘고 행복하다고 생각해.

채현이는 위의 두 대화에서 각각 어떤 생각을 하게 될까. 채현이가 '정말 그런가?' 하고 완전히 이해하지 못할 수도 있다. 그러나 원장님의 '동생이 있으면 좋기도 하고 나쁘기도 하겠지.' 하는 말과 '동생이 있으면 기쁘고 행복하다고 생각해.' 하는 말은 한 알의 씨앗이 되어 채현이의 마음에 심어질 것이다. 그리고 이 생각은 평생 마음 안에 남아 채현이의 삶을 서로 다른 두 갈래의 길로 이끌어 가게 될 것이다.

'동생이 있는 것은 좋은 일이기도 하고 나쁜 일이기도 하다.'는 씨앗과 '기쁜 마음으로 동생에게 나눠 주면 나눠 주는 사람도 기쁘고 받는 사람도 기쁘거든.' 이 '말'의 씨앗은 분명 다르기 때문이다.

심리학자 에리히 프롬은 형제자매간의 우애야말로 '사랑'의 기본이라고 했다.

"형제자매간의 우애는 모든 인간에 대한 사랑이며 또한 동등한 자 사이의 사랑이며 사랑의 모든 형태의 바탕에 놓여 있는 가장 기본적인 사랑이다."

부모는 자녀에게 모든 인간관계의 출발점인 형제자매간의 우애를 어떻게 지혜롭게 가르쳐야 할까. 모든 부모의 숙제다.

19

사내 XX가 염색은 무슨?

수능시험 끝나던 날, 하나밖에 없는 고3 아들이 그동안 하고 싶지만 못 했던 여러 일들을 해 보고 싶다고 했습니다. 제가 이 교육을 받지 않았더라면 '그 점수 받고도 네가 하고 싶은 걸 할 생각이 나냐? 네가 염치가 있냐?' 했을 겁니다. 그러나 어쨌든 애쓴 아들이 하고 싶은 걸 해 주고 싶은 마음이 들었습니다. 아들은 가장 먼저 하고 싶은 게 머리 염색이었습니다. '고작 생각한다는 게 그거냐.' 하고 싶었지만, 시험 잘 못 봤다는 본인 마음도 편치 않을 거라는 생각으로 제가 먼저 용기를 내서 미장원에 데리고 갔습니다. 염색을 하고 집에 온 그날 저녁, 남편이 아들을 보며 말했습니다.

"야!! 너 염색했냐? (더 큰 소리로) 아니, 그것도 미장원에서? 그 비싼 염색을 왜 한 거야? 머리가 하얗길 해? 노랗길 해? 건강에 좋지도 않은 염색을 왜 비싼 돈을 들여서 하냔 말이야? 사내 XX가?"

아버지의 눈빛을 보던 아들이 말없이 방으로 들어가 버렸습니다.

저도 말문이 막혔습니다. 초라하게 방으로 들어가는 아들이 안쓰러웠습니다. 참으려던 저는 남편에게 한마디 했습니다.

"아니, 요즘 아이들 다 염색도 하고 멋도 내요. 저는 아들이 처음 하는 건데 염색이 잘못되어서 우스운 꼴 될까 봐 미장원에 데리고 가서 했어요. 왜요? 뭐가 잘못됐어요? 아니 엄마가 제 돈 벌어서 아들 위해서 그래 5만 원도 맘대로 못 쓴단 말이에요?"

하고 싶은 말이 더 많았지만 일단 거기서 멈추었습니다. 남편이 또 말했습니다.

남편: 당신, 아이한테 돈의 가치를 제대로 가르쳐야지. 난 비싸서 집에서 염색하잖아.

엄마: 아니, 당신은 치킨, 맥주, 맘대로 사드시면서, 뭘 애가 염색 한 번 한 걸 가지고 그래요? 나 원 참!!

저는 한 번 더 남편에게 쏘아붙이고 아들 방으로 들어갔습니다. 그리고 아들에게 말했습니다.

엄마: 아들 ~ 아들 기분 좋게 해 주려고 한 게 아빠에게 야단맞게 되어서 어쩌지? 미안하네. 아빠께 미리 말씀드리고 할 걸 그랬네.

아들: 엄마, 너무 상심 마세요. 아빠 화내실 수 있어요.

엄마: 이해해 줘서 고마워. 우리 아들 많이 컸네. 아빠는 절약하면서 살아야 한다는 뜻으로 그러신 건데. 다정하게 말씀하셨다면 더 좋았겠지만.

아들: 네.

이민정 선생님, 남편과의 대화는 별로였지만 아들과의 대화는 잘 끝난 것 같습니다. 뭐가 잘못된 건가요? 나중에 생각해 보니까 제가 잘못 말한 부분도 몇 군데 있긴 하더라고요. 그런데 어딜 어떻게 고쳐야 하죠?

우리는 처음으로 돌아가서 함께 생각해 본다. 대화 속에 아내는 남편을 배려했는가? 염색한 후에 아들의 머리를 처음으로 보는 아버지의 마음을 헤아렸는가? 아버지와 아들이 좋은 관계이기를 원한다면 아내가 남편에게 염색하기 전에 미리 얘기했더라면 어땠을까? 남편을 설득하는 데 시간이 걸린다 하더라도 함께 의논했더라면 아들과 아버지와의 관계는 어떻게 되었을까.

"그러네요. 남편은 요즘 염색하면서 얘기해요. 염색하지 않을 때가 좋은 때라는 걸 몰랐다고요. 남편은 머리 염색이 건강에도 도움이 되지 않을 거라고 불평하면서 미용실에서 한 번 염색하더니 비싸다면서 집에서 해요. 그러네요. 제 생각만 했네요. 염색이 건강에도 안 좋고 비싸기만 하다고 불평하는 남편이 아무리 세상이 바뀌었다 해도 아들의 머리 염색을 쉽게 받아들이기 어려울 텐데요. 제가 아들의 머리 염색을 받아들이려고 저 자신을 설득시키는 데도 시간이 걸리고 그동안 배운 결과인데, 남편에게는 하루아침에 그걸 받아들이라고 하다니요. 정말 미안하네요."

만약 아내가 이런 마음으로 준비했다면 미장원에서 비싼 돈을 들여가면서 염색했다고 나무라는 남편과의 대화가 어떻게 이어졌을까?

'여보, 죄송해요. 당신이랑 상의도 없이 제 마음대로 허락하고 아들 머리 염색하게 해서 죄송해요. 그것도 당신처럼 집에서 하지 않고 미용실에서 비싸게 해서요. 시험 끝난 아들 하고 싶다는 거 해 주고 싶어서, 또 처음 하는 염색이라 잘해 주고 싶어서 제가 당신과 상의도 없이 염색하게 했네요. 죄송해요.'

이런 대답을 들은 남편의 마음은 어떻게 달라지고 아들에게는 어떻게 말했을까.

또한 남편이 아내에게 다음의 말을 했을 때,

'당신, 아이한테 돈의 가치를 제대로 가르쳐야지. 난 비싸서 집에서 염색하잖아.'

'여보, 비싼 염색을 제 생각만 하고 해 주어서 죄송해요. 저는 아이가 처음 하는 염색이라 전문가의 솜씨로 멋지게 해 주려는 마음으로 그랬어요. 당신 불편하게 해서 정말 미안해요.'

라고 했다면, 그리고 방으로 들어간 아들에게도,

'아들아, 미안해서 어쩌지. 엄마가 생각이 부족해서 네가 아버지에게 언짢은 말을 듣게 해서 말이야. 네 머리 염색에 대해서 엄마가 아빠랑 먼저 의논할 걸. 아빠랑 네게 미안해서 어쩌지.'

라고 했다면 아들은 또 어떠했을까? 아빠를 이해한다는 아들과의 대화도 이렇게 상상해 볼 수 있다.

'아빠를 이해한다고! 아들, 고마워. 엄마가 아빠에게 사과할게. 그리고 앞으로 조심해서 너와 아빠가 더 좋은 관계가 되도록 노력

할게.'

'저도 죄송해요. 제가 아빠께 미리 의논드리지 못했다고 사과할 게요.'

'아들, 고맙고 또 고마워. 엄마도 앞으로 생각하면서 행동할게.'

선생님, 이렇게 사소한 일들은 계속 벌어지더라고요. 그날은 간단한 욕실 공사가 있는 날이었습니다. 제가 직장 일로 밤늦게 퇴근했는데 화장실 욕조 안과 바닥에 시멘트 가루가 여기저기 묻어 있고 거울에는 하얀 먼지가 뽀얗게 뒤덮여 있었습니다. 저는 당연한 듯 남편에게 말했습니다.

아내: 여보, 화장실 안 보고 당신 뭐 했어요?
남편: 응? 왜?
아내: 아니, 오늘 제가 회사에서 큰 행사가 있는 거 당신 잊었어요?
남편: 그래서?
아내: 너무 피곤하다고요. 늦었는데 너무 하는 거 아니에요?
남편: 뭘? 어떡하라고?
아내: 제가 이렇게 늦으면 당신이라도 청소를 해야죠.
남편: 당신만 피곤해? 그리고 청소는 당신이 해야지.

저는 속으로 '허, 헐~ 내가 미쳤지. 저런 사람하고 결혼하다니. 좀만 더 기다려. 황혼 이혼으로 복수해 줄 테니. 으이그.' 했습니다. 이렇게 해도 그냥 살아야 해요?

그냥 살아야 하는지 아닌지는 본인이 결정할 문제다. 하지만 그 전에 문제의 원인을 생각해 본다. 그러니까 남편이 아내보다 일찍 들어왔는데도 화장실 청소를 안 했으니까 화가 났다는 것인가. 그러면 남편이 아내보다 늦게 들어오거나 아내보다 직장에서 더 피곤한 일이 있었다면 괜찮다는 뜻인가. 상대방을 배려하는 데에 누가 먼저라는 게 있을까?

혹시 화장실 문을 열어 보고 남편이 화장실에 들어오려면 불편했겠네 하는 생각은 들지 않았을까. 그리고 화장실 청소는 꼭 그 시간에 해야 하는가. 두 사람 다 피곤하면 다음 날 하면 안 되었을까. 또 둘 다 정말 피곤하고 힘들어서 청소하기 어렵고 시간이 없다면 청소를 도와주시는 분에게 부탁하는 방법도 생각할 수 있지 않을까.

아내가 먼저 이렇게 말했으면 어땠을까?

아내: 여보, 당신 화장실에 가서 불편했겠네요. 오늘은 많이 피곤해서 쉬고 청소는 내일 해도 되겠죠.

물론 남편도 이렇게 말할 수 있다.

남편: 여보, 화장실 청소가 안 되었는데 오늘은 피곤해서 내일 청소하면 안 될까?

누가 먼저 상대방을 이해해야 할까. 아훈에서는 내가 먼저 상대방을 이해하라고 배운다. 이런 일로 황혼 이혼과 복수를 결심해야 한다면 결혼의 의미는 무엇인가.

그러자 다른 수강자가 질문한다.

"선생님, 왜 아내만 잘못했다고 해야 하나요, 이런 사건에서 남편은 잘못이 없나요?"

그럴 때면 나는 말한다.

"내가 먼저 배웠으니까 배운 내가 먼저 실천하면 그 영향으로 차츰 남편도 변화하는 날이 올 것입니다. 때로는 시간이 걸리더라도 노력하면 실력은 반드시 쌓이고 인간관계는 아름답게 변한다는 것이 제가 29년째 강의하면서 얻은 결론입니다."

20

욕해서
진심으로는 사과 안 했어요

중 3 아들을 둔 제가 강의 준비를 하고 있는데 전화가 왔습니다. 저는 모르는 번호여서 궁금한 채로 받았습니다.

직원: 저는 지하철 직원인데 영민이 어머니시죠.

엄마: 네?!

직원: 아이가 성인 요금을 내야 하는데 어린이 요금을 내다 걸려서 ○○역 사무실에 있습니다. 이렇게 요금을 내다가 걸리면 정상 요금의 30배를 내야 아이를 내보낼 수 있습니다. 알려 드리는 계좌번호로 4만 2천 원 입금 부탁드립니다.

엄마: 네?

'아니, 어떻게 이런 일이?!' 순간 당황스러워서 머리가 하얗게 되는 것 같았습니다. 실수한 아이에 대한 분노로 어떻게 대답해야 할지 막막했지만 강의를 준비하는 중이라 조금은 더 빨리 제 감정을 절제하고 말할 수 있었습니다.

　　엄마: 아, 네. 저희 아이가 요금을 제대로 내지 않았다고요. 죄송
　　　　　합니다. 제가 돈을 입금해 드리겠습니다. 그리고 제 아이
　　　　　바꿔 줄 수 있나요?

　　전화를 받은 영민이는 풀이 죽은 듯 힘이 없는 목소리였습니다.

　　영민: 엄마….

　　'야, 너 몇 살이야? 몇 살인데 어린이표를 사느냐고. 너 생각이
있어, 없어? 너 글씨 안 보여? 네가 어린이인지 성인인지 그것도
몰라서, 4만2천 원 생돈 나가게 생겼잖아. 내가 못 살아!!!' 머리 속
에서 떠오르는 말들이 많았지만 저는 자신을 진정시키며 말했습니
다.

　　엄마: 영민아, 네가 지하철 표를 그렇게 끊은 이유가 있었지.

　　영민: 네. 친구들이 성인 요금과 어린이 요금만 있으니까 학생은
　　　　　어린이 요금 끊어도 된다고 해서 샀어요.

　　'뭐?! 중 3인데 친구가 죽으라고 하면 죽을 거야? 자기 일은 자기
가….' 하고 싶었지만 영민이 입장에서 이해하려고 애썼습니다. '교
통카드도 잃어버리고 친구들 중에서 혼자만 걸렸으니 얼마나 창피
하고 놀랐을까.' 저는 위로할 말을 찾으며 말했습니다.

　　엄마: 그랬구나. 네가 처음 하는 일이라 친구들의 얘기를 듣고 어
　　　　　린이 표를 샀구나. 중요한 걸 배웠네. 그리고 이럴 땐 아저
　　　　　씨에게 사과드려야 하는데 사과드렸니?

　　뭔가 더 말해야 할 것 같은데, 도움이 안 될 것 같아 전화를 끊었

습니다.

 그날 밤 학원 수업이 끝나고 밤 10시가 넘어 집에 들어온 영민이에게 말했습니다.

 엄마: 영민아, 오늘 승차권 사건으로 새로운 걸 배웠겠네.
 영민: … 다음부터는 안내문을 잘 읽고 표를 끊어야 된다는 걸요. 그런데 아저씨가 내가 모르고 어린이 요금 끊었다고 하는데도 제 얘기 끝까지 듣지도 않고 '개XX'라고 욕했어요. 거짓말했다면서 계속 욕했어요. 전 정말 거짓말하지 않았어요. 처음이라 잘 몰랐어요. '개XX'라며 욕해서 진심으로는 사과 안 했어요.

 '몰라서 해도 그건 너의 실수니까 욕하는 말 들어 당연하지.' 평소 하던 말이 튀어나오려는 걸 참고 다시 정신을 차렸습니다.

 엄마: 그랬어. 네가 모르고 한 일인데 욕하는 말 듣고 억울했겠네.
 영민: 아니, 별로요. 그리고 벌금은 제가 낼게요.

 아이의 대답에 할 말이 없었습니다. 그리고 계속 생각했습니다. '왜 욕을 듣고도 별로 억울하지 않았을까.' 혹시 자신이 진심으로 사과하지 않았기 때문에 억울하지 않았다고 하는 게 아닐까. 모르고 처음 실수한 아이에게 거짓말했다고 '개XX'라고 욕을 하다니. 그래서 아이들이 어른을 싫어하게 되는 게 아닌가. 저는 아이에 대한 아쉬움도 컸지만 지하철 직원에게도 한 마디 해야 할 것 같은 찜찜함이 계속 남았습니다.

　다음 날 연구소에서 이민정 선생님의 조언을 듣고 꼼꼼히 적어서 그날 오후에 담당직원에게 전화를 했습니다.

엄마: 안녕하세요. 어제 지하철 요금 문제로 통화했던 영민이 엄마입니다. 어제 제 아들의 잘못으로 불편하게 해서 죄송합니다.

직원: 아, 네.

엄마: 그리고 드릴 말씀이 있습니다. 저의 아이가 역 사무실에 갔을 때 거짓말한다고 '개XX'라는 욕을 들었다고 들었습니다.

직원: (당황한 목소리로) 아, 아닙니다. 제가 그렇게 말한 적 없습니다. 16년 동안 지하철에서 근무했지만 걸린 아이들에게 그렇게 욕하지 않았습니다.

엄마: 네. 그러세요. 그렇다면 저의 아이가 거짓말을 하고 있다는 건데, 저희 아이는 그런 일로 거짓말하지 않습니다. 이번에 교통카드를 잃어버려서 처음 승차권을 끊느라 몰라서 그랬는데, 거짓말했다면서 본인의 말을 끊고 '개XX'라고 욕을 들어서 진심으로는 사과할 수 없었다고 하더라고요. 제 아이의 잘못을 인정합니다. 그래서 잘못에 대한 책임으로 30배의 요금인 4만 2천 원을 냈습니다. 그러나 욕까지 들을 이유는 없다고 생각합니다. 욕을 들은 제 아이에게 사과해 주시기 부탁드립니다. 그럴 수 없다면 제가 정식으

로 회사에 이의를 제기할 생각입니다.

직원: 그날 다른 공익요원도 있었는데 혹시 그 사람이 말했나 물어보고 다시 전화 드리겠습니다.

잠시 후, 전화를 끊었던 직원에게서 다시 전화가 왔습니다.

직원: 공익요원은 아무 말도 안 했다고 하네요. 아이는 들었다고 하고 그 자리에 공익요원과 저만 있었으니까 제가 무의식적으로 했을 수도 있을 것 같네요. 아이가 상처 받았다면 제가 사과 전화하겠습니다.

엄마: 전화해 주신다니 감사합니다. 제 아이만을 위해서 전화 드린 건 아닙니다. 이런 일로 아이들이 공무원인 어른을 믿지 못하게 되지 않기를 바라는 마음입니다.

직원: 네. 알겠습니다. 다음부터는 더 신경 써야겠네요. 죄송합니다. 학생이 들어오는 시간에 맞춰 전화하겠습니다.

직원에게서 약속한 시간에 전화가 왔고 아이와 통화 후 저도 통화했습니다.

엄마: 제 아들에게 전화해 주셔서 감사합니다. 공무원 아저씨를 대하는 마음이 많이 달라질것 같습니다. 고맙습니다.

직원: 아닙니다. 학생이 상처 받고 억울한 일을 당했는데요. 저도 중학생과 초등학생 아이를 키우는 사람인데 어머니 말씀 들으면서 많은 것을 배웠습니다. 감사합니다. 앞으로 학생들에게 이런 일 생길 때 조심해야겠다는 생각을 했습

니다. 서운한 마음 있으시면 푸셔요.

엄마: 덕분에 걱정했던 마음 많이 풀리네요. 제 얘기 들어 주시고 이해해 주셔서 감사드립니다.

전화를 끊자 마음이 뿌듯했습니다. 배우지 않았다면 아들에게 화내고 그 직원과도 다투고 속으로만 욕하며 억울해했을 텐데 속 시원하게 얘기할 수 있었습니다. 그런데 아들이 그 직원의 전화를 받고 제게 말했습니다.

영민: 엄마, 뭘, 안 해도 되는 전화를 하셨어요. 전 그 아저씨랑 통화하기 싫었단 말이에요.

엄마: 그래. 바로 그 이유로 전화했어. 네가 그 아저씨를 싫어하게 될까 봐. 다른 아이들도 같은 실수를 했을 때 욕 들으면 너처럼 공무원 아저씨를 믿지 못하게 될까 봐 전화했어. 그랬더니 그분이 너에게 미안하다며 당신도 자녀를 둔 부모라면서 앞으로 조심하겠다고 하셨어. 그리고 엄만 네가 누군가에게 이유 없이 무시당하면 절대로 가만있지 않을 거야. 너는 무시당할 사람이 아니거든.

아이는 더 이상 말하지 않고 조용히 자기 방으로 들어갔습니다.

다음 날 영민이는 제 지갑에 4만 원을 넣어 놓았습니다. 영민이가 벌금은 자기가 낸다고 넣은 것입니다. 저는 친구들과 물놀이를 떠난다는 아들에게 "이 돈은 자기 행동에 대한 결과를 자신이 책임지겠다는 너를 보며 고마운 엄마 마음의 선물이야." 하는 편지와 함께 5만 원을 담은 봉투를 주었습니다. 영민이는 "고맙습니다." 반듯하게 인사하며 가벼운 발걸음으로 외출했습니다.

아마도 예전 같았으면 요금을 잘못 낸 아들을 훈계 설득하며 따끔한 잔소리가 아이에게 유익하다고 믿으며 길게 늘어 놓았을 것입니다. 이번 사건은 저에게도 자신을 절제하는 훈련의 기회가 되었습니다.

우리는 생각한다. 만약 지하철 직원이 요금을 잘못 낸 영민이의 사정을 다 듣고 친절하게,

"그랬구나. 네가 거짓말한 것이 아니라 모르고 그랬다고. 그런데 법으로 정한 규칙에는 이런 경우에 정상 요금의 30배를 내야 돼. 하지만 이번은 처음이라 모르고 했으니까 다시 가서 성인 요금으로 지하철표 한 장 사 올래. 너의 정직함을 믿고 이번 일은 아저씨가 책임지고 처리할게."

했더라면 어땠을까? 그러면 불공정한 일이 되거나 아이의 나쁜 버릇을 부추기는 일이 될까? 아니면 아이가 스스로 깨닫고 정직하고 책임 있는 시민으로 성장할 수 있는 좋은 기회가 될까? 그럼에도 영민이를 이해하고 사과해 준 그 직원에게 감사드린다.

II

"여보, 당신은 60만 원이 넘는 자전거를
준호에게 사 주는 게 걱정되는 거죠."
"그렇지. 중학교 2학년이 어떻게 66만 원짜리 자전거를
사느냐고. 나는 중학교까지 형이 타던 고물 자전거를 타다가
고등학교 때도 중고를 샀다고. 도저히 이해가 안 돼."
"그래요. 당신은 준호가 당신이 살았던 만큼만
살라고 하는 건 아니죠. 여보, 저는 준호가
자기가 정말 바라는 것을 얻기 위해 많은 연구와 고민 끝에
우리에게 말했다고 생각해요. 그런데 안 된다고 하면 준호는
앞으로 자신이 하고 싶은 일이 있어도
'연구해 봐야 안 될 텐데.' 하고 아예 포기해 버리는
계기가 될까 봐 걱정돼요."

21

내 옷 살 때는 좀 … 물어보고 사지

평소에 옷을 잘 사지 않는 남편을 위해 홈쇼핑 채널에서 발견한 멋진 가을 점퍼를 얼른 주문했습니다. 택배가 도착하기 전에 이미 제 마음은 남편이 기뻐할 상상으로 가득했습니다. 상상 속에서 펼쳐진 남편과의 대화는 이랬습니다.

아내: 여보~ 이 옷 어때요? 마음에 들어요?

남편: 와~ 여보, 고마워. 매번 이렇게 받기만 해서 어떻게 해. 고마워서. 오늘 저녁은 내가 준비할게. 뭐 먹고 싶어?

아내: 늘 가족 위해서 애쓰시는 우리 남편, 다음엔 더 좋은 걸로 선물할게요.

남편: 아니야, 아니야~. 이 정도도 충분해. 정말 고마워~. 내일은 자기 예쁜 구두 하나 사러 가야겠네.

아내: 당신 말만 들어도 벌써 선물 받은 기분이에요. 정말 고마워

요.

남편: 자~ 오늘은 내가 저녁 준비할게요.

저는 이렇게 남편이 옷을 받으며 기뻐할 상상으로 잔뜩 부풀어 있었습니다. 드디어 택배가 도착하고 저는 두 딸과 남편 앞에서 택배상자를 열어 남편에게 옷을 보이며 말했습니다.

아내: 여보~ 이 옷 어때요? 마음에 들어요?

남편: … 여보, 내 옷 살 때는 좀… 물어보고 사지.

아내: ('뭐라고요? 아무리 맘에 안 들어도 그렇지. 고맙다는 말 한마디 안 하고.' 하고 싶었지만)… 반품하면 돼요.

남편: 그 색깔 내가 안 좋아하는 색인데.

아내: … 반품할게요. 맘에 안 들어 할 줄 알았어.

마침 두 딸의 양말도 두 개를 각각 다른 걸로 샀는데 둘 다 한 양말이 마음에 들었는지 서로 갖겠다고 다투고 있었습니다.

아내: 내가 다시는 가족들 것 사나 봐라. 배려하는 마음으로 샀는데 아무리 맘에 안 들어도 그렇지. 고맙다는 말 한 마디도 안 하고. 내가 다시는 사나 봐라. 절대로 안 사!

제가 참지 못하고 버럭 화를 내자, 남편은 슬그머니 부엌으로 가더니 설거지를 했습니다. 애들도 풀이 죽어서 일찍 잠자리에 들고 남편도 자고. 저는 복잡한 마음에 잠이 오지 않아 새벽 2시가 넘어서야 겨우 잠이 들었습니다.

다음 날 아침 일찍 남편이 저를 깨우며 말했습니다.

남편: 여보~내가 서울 명동에 가서 자기 좋아하는 곰탕 사 왔어.
아내: ('어머… 여보 감동예요. 저 좋아하는 곰탕을 이 새벽에 그
　　　멀리까지 가서 사 오다니요. 정말 고마워요. 어제의 서운
　　　한 마음이 깨끗이 사라지네요.' 해야 하지만) 꼭… 안 먹어
　　　도 되는데 잘 먹을게요.

아침까지 마음이 무거운 저는 하루 종일 그 기분으로 꾸물댔습
니다. 새벽에 분당에서 서울 명동까지 가서 내가 좋아하는 곰탕을
사 왔는데. 밤새 부산에서 사 왔다고 해도 먹고 싶지 않은 마음이
여전히 꿈틀댔습니다. 그러나 한 입 두 입 곰탕을 먹으면서 남편이
미안해하는 마음과 사랑이 느껴지기 시작했습니다.
　'그래. 원래 섬세한 사람인데. 마음에 안 들어 할 수도 있다는 걸
알고 샀는데. 혹시 안 좋아할 수도 있다는 걸 알면서도 미리 보여
주지 않고 산 내 잘못이지. 다음에는 꼭 물어보고 사야겠네.'
　저는 마음을 정리하고, 그날 저녁 용기를 내어 남편에게 제 마음
을 말하려고 하자 남편이 먼저 말했습니다.

남편: 내가 먼저, 아훈 식으로 말할게. 여보~ 당신한테 상처 주
　　　는 남편이라서 미안해. 나 위해서 옷 사 줬는데 고맙다는
　　　말도 없이, 맘에 안 든다고 그렇게 표현해서 미안해. 이제
　　　당신도 아훈 식으로 대답해야지.

아내: ('알면 됐어요.' 하고 싶었지만) 저도 아훈 식으로 말할게요. 여보, 저도 당신 맘 이해하지 못하고 화내서 미안해요. 당신 맘에 들지 않을 수도 있다는 걸 생각하고 샀는데도 고맙다는 말을 못 들으니까 많이 서운해서 화가 났어요. 다음에는 당신 옷 함께 가서 골라요.

저는 남편과 함께 웃으면서 말했습니다.

"여보, 제가 아훈 식으로 생각해 볼게요. 제가 다시 생각하면 당신 옷을 주문하기 전에 당신에게 미리 사진으로 보이며 물어보는 거예요. '여보, 이 옷 어때요? 마음에 들어요?' 당신이 '음, 이건 내가 안 좋아하는 색인데.' 하면 제가 '그럼 다른 걸로 골라볼게요.' 하거나 '그래요. 그럼 이번에 패스 할게요.' 말하고. 그러면 당신이 말하겠죠. '여보, 늘 나를 생각해 줘서 얼마나 고마운지. 고마워서 오늘 저녁은 내가 할게. 뭐 먹고 싶어?' 했을 텐데요. 그렇죠?"

남편이 웃으면서 말했습니다.

"그렇지. 그게 아훈인데. 그러면 내가 말하겠지. '내 점퍼는 두고 내일은 당신 예쁜 구두 한 켤레 사 주고 싶어.' 했을 거야. 그러면 당신이 말하겠지. '당신 말만 들어도 벌써 선물 받은 기분이에요. 정말 고마워요.' 하고 말이야."

"그럼 제가 말하겠죠. '그럼, 우리는 둘 다 아훈 강사가 되겠네요.' 하고요."

저희 부부는 이렇게 행복하게 이야기를 나누며 다시 아훈 식으로 대화하는 부부가 되었습니다.

선생님, 이런 얘기해 주셨죠. 아메리카 인디언들이 전해 주었다는 지혜의 말요.

"내 가슴 속에는 두 가지 본성이 싸우고 있네. 하나는 사악하고 하나는 신성하네. 하나는 사랑하고 하나는 증오하니, 내가 먹이를 주는 쪽이 이길 것이네."

저희는 오늘도 미움과 증오가 아닌 사랑에 먹이를 주었습니다.

선생님, 제 얘기도 할까요? 경기도에 사는 저는 가족들과 친정인 서울에 다녀오는 길이었습니다. 톨게이트를 멀리 보며 남편이 제게 말했습니다.

남편: 여보, 돈!

나　: 돈이요? 없는데요.

남편: 뭐? 돈이 없어?

저는 허둥지둥 돈을 찾는데 남편이 거칠게 차를 한쪽으로 세우고 다시 물었습니다.

남편: 돈이 없어?

나　: 잠깐만요. (지갑과 차 속을 샅샅이 뒤져서 660원(톨게이트 요금은 1,000원)을 보이며) 이거밖에 없네요. 어쩌죠?

남편: (어이없어 하며) 왜 돈이 없어?

그 다음에 벌어질 일이 상상되시나요? 그때부터 일이 벌어지죠. '왜 돈이 없냐, 돈을 챙겼어야지.'

'당신은 챙겼냐, 왜 나만 갖고 야단이냐.'

'당신 차인데 비상금이라도 놓고 다녀야지.'

'내가 원래 털털한 거 모르냐, 뭘 잘했다고 큰소리야.'

'누구는 잘했냐.'

그리고 뒷좌석에 있는 아이들에게 괜히 '너희들 조용히 안 해!!' 소리 질렀을 것입니다.

그런데 순간, 저는 생각했습니다. '나는 어디에 먹이를 줄 것인가. 그렇지, 먼저 이해하고 사랑하는 데 먹이를 줘야지.' 그리고 말했습니다.

나 : 여보, 돈을 미리 준비 못 해서 미안해요. 당신을 당황스럽게 했네요.

남편: 그러게 돈을 미리 준비했어야지.

나 : 그러게요. 준비하지 못했네요.

남편: 어쩔 수 없지. 가서 말해 보자. (남편은 나중에 돈을 내는 후불증을 받아 왔습니다.)

나 : 제가 실수해서 친정 다녀오는 행복한 기분이 깨졌네요.

남편: 기분 깨지긴, 당신만 나무라지 말고 나도 비상금을 꼭 챙겨야겠다. 나도 배웠지.

나 : 여보! 이해해 줘서 고마워요.

남편: 당신이 고맙지.

뒷좌석 아이들도 덩달아 신나게 웃었습니다. 선생님 저도 사랑에 먹이를 준 거 맞죠?

"'너 때문에'로 시작하는 말은 상대에게 칼을 갈고 방패를 준비하게 한다."

독일의 심리학자 배르벨 바르데츠키의 말이다.

발생한 문제의 원인을 상대방 탓으로 돌리는 것은 결국 상대방이 먼저 변해야 한다는 말이다. 나는 변하지 않고 상대방이 내 마음에 들도록 바꾸기를 바란다면 영원히 그 숙제는 풀리지 않을 것이다. 아훈에서는 내가 먼저 상대방을 이해하고 나의 실수를 인정하면 상대방도 자신의 잘못을 인정하고 자신의 행동을 바꾸려 한다고 배운다.

'이렇게 저도 사랑에 먹이를 준 거 맞죠?' 하고 질문하면서 아훈의 꿈을 이루어 가는 그들에게 나는 대답했다.

"그렇죠. 아름다운 여러분, 아훈을 배우고 훈련해 줘서 고맙습니다."

22

정직하게 말해서
용서해 주신다고 하셨어

그날 늦은 오후, 온 가족이 집을 나섰다가 돌아오는데, 여덟 살 아들 준혁이가 자전거를 타고 주차장을 한 바퀴 돌고 오겠다고 했습니다. 잠시 후 자전거를 타던 아들이 심상치 않은 표정으로 아파트 옆길을 왔다갔다 하는데 무슨 일이 있는 것 같았습니다. 한참 후 남편이 제게 다가와서 말했습니다.

"준혁이가 자전거를 타고 어느 자동차 옆을 지나갔는데 다시 돌아가서 보니 그 차에 긁힌 자국이 있는데 자기가 그런 것 같다고 하네."

"어떡해!! 많이 긁혔어요? 준혁이가 한 거 맞아요?"

"응. 준혁이 자전거 핸들을 보니까 핸들 옆 고무보호대가 벗겨져서 쇠 부분이 조금 나와 있는데, 아마 그리로 긁은 것 같아."

"준혁아, 주차장이니까 조심하랬잖아~. 왜 좁은 차 사이를 지나가냐고!"

저는 화난 목소리를 가까스로 낮추면서 아들에게 말하고 얼른 긁혔다는 자동차로 가 보았습니다. 차는 금방 뽑은 새 차 같았습니다. 자동차는 뒷바퀴 위쪽 부분 두 군데에 약 10센티미터 가량 긁힌 자국이 보였습니다. '이걸 수리하려면 돈이 얼마야?' 생각이 먼저 들었습니다. 저는 또 아이에게 말했습니다.

"준혁아, 저기 넓은 길이 있는데 왜 이렇게 좁은 자동차 사이에서 자전거를 타느냐고. 아까 주차장에서부터 말했잖아. 자전거 탈 때 조심하라고!!"

'차라리 긁었다는 말을 하지 말던가.' 저는 살짝 이런 생각도 스쳤지만 얼른 지우고 스스로를 타일렀습니다. 아이가 자전거로 지나간 길이 왼쪽은 용달트럭, 오른쪽은 그 차가 주차되어 있던 터라 두 차의 간격은 약 70센티미터였고, 자전거 핸들을 옆으로 틀어야 겨우 지날 수 있는 아주 좁은 공간이었습니다.

"지나 올 수 있을 줄 알았어요."

"아니! 봐 봐. 저기 저렇게 넓은 공간도 많은데. 여긴 이렇게 좁은 게 보이는데 왜? 왜?"

좁은 공간을 본 저는 큰 소리 내지 않으려고 조곤조곤 말했지만 제 말 속에 화가 가득 들어 있었습니다. '돈! 돈이 들잖아!?' 그러나 저는 배운 대로 멈추고 생각했습니다. '아이는 혼날지도 모르면서 정직하게 말했는데 그걸 몰라 주었구나. 그래. 돈이 얼마가 들더라도 화내지 말고 해결하자.' 마음을 단단히 먹었습니다. 그리고 아이에게 말했습니다.

"준혁아, 미안해. 너 자신을 속이지 않고 정직하게 말했는데 엄마가 화내서 미안해. 아빠 엄마는 돈이 들어도 정직하게 말해 준 네가 고마워. 차 주인을 찾고, 그분을 만나면 우리 함께 정중히 사과드리자."

아이는 천천히 고개를 끄덕였습니다. 그런 아이를 보자 제 화도 차츰 잦아들었습니다. 말없이 우리 이야기를 듣던 남편이 차에 적힌 전화번호를 찾아 전화했습니다.

잠시 후 50대 초반으로 보이는 아주머니 한 분이 나오셨습니다. 남편이 말했습니다.

"죄송합니다. 아이가 자전거를 타고 지나갔는데 자동차가 긁혔다고 하더라고요."

"어? 그래요. 두 군데 다 긁혔네요."

"죄송합니다. 새 차 같은데 고쳐야 하는 불편함을 드려서 너무 죄송합니다."

"(긁힌 부분을 만져 보며) 어…. 긁혀서 고치긴 해야 될 거 같은데 남편과 상의하고 연락드릴게요. 자동차를 새로 뽑아 얼마 안 됐는데…."

"그러게요. 저희도 보니 새 차 같아서…. 아, 너무 죄송합니다. 저희도 저희 차 트렁크에 짐 싣는다고 아이를 못 봤는데 아이가 와서 자기가 그랬다고 말해 줘서 알게 되었습니다."

그러자 남편 옆에 서 있던 아들이 머리를 푹 숙이며 말했습니다.

"죄송합니다."

아주머니는 인사하는 아이를 가만히 바라보시며 머리를 쓰다듬더니 저희에게 말했습니다.

153

"어… 그래, 그래. 얼마 전에도 누가 차 뒤를 긁어 놓고도 말을 안 했더라고요. 이렇게 전화해 주셔서 감사합니다. 어떻게 할지 연락드릴게요."

"당연히 알려 주셔야지요. 결정하시는 대로 연락해 주시면 바로 수리해 드리겠습니다. 번거롭게 해서 정말 죄송합니다."

저는 집으로 돌아와서 한 번 더 정직하게 말한 아들에게 고맙다고 했습니다.

"준혁아, 정직하게 말해 줘서 정말 고마워."

"엄마, 정말 죄송해요. 다음부턴 더 조심할게요."

"그래. 준혁이의 결심을 들으니까 돈이 드는 것보다 더 중요한 걸 배웠다는 생각이 드네."

"엄마, 아빠, 고맙습니다."

남편이 알아보니 자동차 수리비는 긁힌 부분 전체를 도색해야 하기 때문에 40~50만 원 정도는 들 거 같다고 했습니다. 한편으로는 배운 대로 잘한 것 같은데 돈 생각을 하면 역시 마음은 무거웠습니다. 차 주인에게서는 다음 날 정오가 지나도 연락이 없었습니다. 오후 5시쯤 되었을까 저희 가족이 아파트 놀이터에 있는데 남편이 누군가와 길게 통화를 했습니다. 통화를 마치고 남편은 놀라워하며 제게 말했습니다.

"여보, 차 주인인 우리와 만났던 그분이 차량 컴파운드로 닦아 보니 많이 표시나지 않으니 그냥 타신다고 하셔. 그리고 준혁이에게 정직하게 이야기하면 어른은 정직한 사람을 용서해 준다는 얘기를 꼭 해 달라고 하시네."

눈물이 핑 돌았습니다. 용서받은 기쁨이 이런 것인가.

"여보, 어떡해! 어떡해! 그렇게 말씀하시다니. 그렇게 감사한 분이 계시다니. 그래도 차 수리비는 드려야지. 찾아 뵙고 감사인사 말씀드립시다."

그리고 아이에게 말했습니다.

"준혁아, 차 주인인 아주머니와 아저씨께서 정직하게 말한 너를 용서해 주신다고 하셨어. 그래서 차 수리하는 돈은 받지 않겠다고 하셔."

"(눈을 동그랗게 뜨고) 어잉?"

"이렇게 훌륭한 분을 만나다니. 이렇게 너그럽게 용서해 주시는 분을 찾아 뵙고 감사 인사드리러 가자."

우리는 그분 댁을 찾았고, 아주머니가 나오셨습니다.

"전화 받고 왔습니다. 너그럽게 용서해 주신다구요. 그 마음을 감사히 받고 자동차는 수리해 드리겠습니다. 새로 산 차인데요."

"아닙니다. 제 남편에게 아이가 자기가 실수한 것을 정직하게 부모님에게 말해서 저에게 전화가 왔다고 했어요. 우리는 아이가 계속 바르게 크기를 바라면서 정직하게 말한 결과가 어떤 것인지 평생 기억하기를 바라는 마음으로 수리는 우리가 나중에 하기로 했어요."

"감사합니다. 아이도 기억하겠지만 저희들도 평생 이 감사함을 잊지 않겠습니다. 그리고 이렇게 주신 큰 가르침을 기억하며 저희들도 베풀며 살겠습니다."

"감사합니다."

옆에 있던 준혁이가 큰 소리로 인사하고 자신이 직접 드리고 싶다며 들고 있던 무거운 수박을 드리고 나왔습니다.

저는 돌아오며 생각했습니다. 아마도 제가 배우지 않았더라면 아이에게 큰 소리로 '그러게 조심하랬잖아. 이렇게 하면 엄마가 다시 자전거 타라고 하겠어.' 하며 비난만 했을 것입니다. 어쩌면 긁힌 걸 말하는 아이를 야속해하며 어물쩡 넘어갔을지도 모릅니다. 그랬다면 아주 특별한 분을 만날 기회도 없었을 것입니다.

"어른으로서 정직함의 결과가 어떤 것인지 아이가 평생 기억하기를 바라는 마음입니다."

이렇게 말하는 그분들. 우리는 교과서에서나 만날 수 있는, 우리가 꿈꾸는 부모 모습, 어른 모습, 이웃 모습을 그대로 보여 주신 분, 돈으로 계산할 수 없는 큰 선물을 준혁이와 그 가족, 또 우리 수강자들에게 안겨 주신 분, 뵙지는 못했지만 아름다운 그분들께 마음 모아 감사의 마음을 전한다. 또한 여덟 살 준혁이의 정직한 태도, 그의 정직함을 키워주는 준혁이 부모. '이렇게 아름다운 분들을 만나다니.' 오늘도 아훈을 배운 것처럼 살아가는 차 주인과 아훈에서 배운 대로 끝까지 실천하는 준혁이 가족에게 박수를 보내며 힘을 얻는다.

23

사랑 가득한 우리 엄마 사랑해요

　말괄량이 천방지축 세 자매의 엄마인 저는 외출하고 집에 돌아오면 제가 없는 사이에 아이들이 무엇을 어떻게 했는지 아이들의 행동을 한눈에 다 볼 수 있었습니다. 현관에는 신발이 여기저기 날아가 있고, 화장실 앞에는 가방이 누워 있고, 식탁의자에는 외투가 반쯤 걸쳐져 있고, 식탁에는 먹다 남은 간식과 간식 먹으면서 본 만화책이 엎어져 있고, 소파 앞에는 뒤집힌 양말이 굴러다니죠. 아이들 방은 폭격 맞은 듯 난리입니다. 화가 난 저는 도움이 안 되는 말만 골고루 다 섞어서 씁니다.

　"너희들 저녁 먹기 전에 이것들 다 제자리에 갖다 놔! 안 그러면 바닥에 있는 건 몽땅 다 쓸어다 버릴 테니까 알아서 해."(지시, 명령, 경고, 위협하는 말)

　"정리정돈 잘해 놓으면 뭐가 어디 있나 한눈에 볼 수 있어서 뭘 찾느라고 시간 낭비할 일도 없어. 주변 정리 안 된 사람은 사는 것

157

도 어지러운 거야. 정리 좀 하고 살아!"(설득, 설교, 훈계, 충고하는 말)

"이러니까 맨날 칠칠맞지 못하게 '교복 넥타이 어디 있냐? 실내화 없어졌다.' 찾으러 다니는 거 아냐. 어떻게 엄마가 하는 말은 다 귓등으로 듣냐고."(평가, 비판, 비난하는 말)

"엄마는 네 나이 때 교복 운동화 다 스스로 빨아서 다려 입고 다녔어."(비교하는 말)

"왜 이렇게 말을 안 들어. 엄마 속 썩이고 싶은 거야? 도대체 뭐가 불만이냐고?"(탐색, 질문, 심리 분석하는 말)

"으이그~ 이게 어디 사람 사는 방이냐? 계속 이러다가 나중엔 아예 돼지우리 되겠다."(빈정거림, 부정적으로 예언하는 말)

위의 말들처럼 모든 대화에 방해되는 말을 했습니다. 그러니까 아이들과 다투고, 아이들의 행동은 달라지지 않았습니다. 제가 아훈 프로그램을 공부하면서 제 대화가 잘못되었다는 것을 알게 되었습니다. 다음은 같은 상황에서 방해되는 말을 했을 때와 하지 않았을 때의 차이를 저에게 느끼게 해 준 사건입니다. 중 3인 작은딸 예담이의 중간고사가 끝난 며칠 뒤에 있었던 일입니다.

예전의 대화

예담: 엄마, 저 피아노 배우고 싶어요.

엄마: (오잉? 이게 뭔 말이래?) 얘, 얘, 얘! 너 지금 중 3이야. 피아노 배우던 아이들도 전공할 게 아니면 그만두는 때라고. 초등학교 때 그렇게 배우라고 보내도 안 가고 빼들거리더

니 이제 와서 무슨 피아노를 배운다고 그래. 공연히 시간 낭비하지 말고 학교 공부나 열심히 하서.

예담: 그때는 이론 공부를 지겹게 시키니까 어렵고 재미없어서 그랬죠.

엄마: 그때 지겹던 이론 공부가 이제 하면 재미있을 것 같냐? 해 보나 마나 분명히 한 달도 못 채우고 그만두게 될 거다.

예담: 제가 알아 봤는데요, 이 학원은 이론보다는 실제 연주 중심으로 재미있게 레슨하는 학원이래요.

엄마: 아이고~ 됐네요, 됐어. 어쨌든 지금은 안 돼. 그렇게 배우고 싶으면 대학 간 다음에 취미로 배우든가.

예담: (깊은 한숨을 쉬며 혼잣말로) 기대를 한 내가 잘못이지.

지금의 대화

예담: 엄마, 저 피아노 배우고 싶어요.

엄마: 우리 딸이 피아노 연주하고 싶어졌구나.

예담: 네, 엄마.

엄마: 그래~ 초등학교 때 배우다 만 피아노를 이제 치고 싶어진 이유가 있나 보다.

예담: 네. 그때는 이론 공부를 하도 시켜서 지겨워서 그만둔 거죠. 피아노 연주하는 것은 좋아했었어요. 시험 공부하다가 생각이 난 건데요. 공부 스트레스는 피아노를 치면 확 풀리겠구나 싶더라고요.

엄마: 그랬구나…. 그런데 이번에도 이론 공부가 또 지겨워지면

어쩌나?

예담: 그래서 제가 알아 봤는데요. 이론보다는 잘 알려진 연주곡 위주로 쉽게 연주할 수 있도록 가르쳐 주는 학원이 있더라고요. 우리 집에서도 아주 가까워요.

엄마: 그래. 우리 딸, 혼자서 다 알아 보았네. 그런데 주중에는 과외 하고 주말에는 학원 가고. 피아노 배울 시간을 낼 수 있을까 엄마는 그게 걱정되네.

예담: 제가 시간을 살펴보니까 평일 오후 5시와 6시 사이가 비어요.

엄마: 그래. 우리 딸이 벌써 계획을 다 세우고 준비했구나. 엄마가 걱정할 필요도 없네. 그럼 엄마는 예담이 연주 기다릴게.

예담이는 이렇게 5월 말부터 시작한 피아노 학원을 10월 말까지 다니고 더 다닐 필요가 없다고 했습니다. 자기가 치고 싶은 곡을 치는 것이 목표였다고 하면서요. 요즘 저희 집 일요일 아침은 '아드린느를 위한 발라드'로 시작됩니다. '교육은 계속되는 대화'라고 하더니 올바른 대화는 저희 집을 낙원으로 만들더라고요. 이유 없는 반항은 없었습니다.

그렇다. 예담이 어머니가 예전처럼 방해되는 말로 예담이를 사랑했다면 예담이가 스스로 공부 스트레스를 푸는 방법을 적용할 수 있었을까. '엄마, 저 피아노 배우고 싶어요.' 하는 아이에게 '얘, 얘,

애! 너 지금 중 3이야. 피아노 배우던 아이들도 전공할 게 아니면 그만두는 때라고. 초등학교 때 그렇게 배우라고 보내도 안 가고 뺀들거리더니 이제 와서 무슨 피아노를 배운다고 그래. 공연히 시간 낭비하지 말고 학교 공부나 열심히 하셔.' 이 말은 어떻게 보면 다 현실적인 충고다. 예담이에게 도움이 되라고 하는 말이다. 하지만 과연 그럴까. 예담이는 어머니의 사랑의 말이 납득이 될까. 예담이의 생각을 듣기도 전에 결론부터 내린다. 그렇게 연구하고 준비한 계획이 무시되면 예담이도 주저앉게 된다. 서로를 비난하게 된다. 스스로 목표를 세우고 구체적인 계획을 세우고 직접 실천에 옮기는 기회를 박탈당한 예담이가 그럴 기회나 연습 없이 앞으로 인생에서 자신의 삶을 계획하고 실천할 수 있을까. 부모가 자녀를 돕는다는 것은 피아노 학원을 다닌다, 안 다닌다보다는 자신의 삶을 계획하는 삶의 근본적인 방법을 제공하는 기회를 주는 것이다. 이제 고등학교 1학년이 된 예담이는 금년 어머니 생일에 어머니에게 편지를 썼다.

"항상 수준 높은 대화와 좋은 말씀 해 주시는 엄마가 정말 존경스러울 따름이에요. 인정 많고 사랑 가득한 우리 엄마 사랑해요."

나도 요즘엔 주일이면 아이들에게 존경받는 엄마가 되는 것이 꿈인 예담이 어머니가 꿈을 이루고 듣는다는 음악, '아드린느를 위한 발라드'를 함께 듣는 상상으로 아침을 시작한다.

24

이 아저씨가 성추행했어요

선생님, 제 친구 얘기인데요. 이런 경우엔 뭐라고 말하고 어떻게 행동해야 하죠? 아훈 강사 한 분이 그 사정을 얘기했다.

그의 형부는 성추행범으로 신고되어서 지금 경찰에서 조사를 받고 있다. 그날 형부는 아파트 한쪽 구석 CCTV에도 잡히지 않는 위치에서 담배를 피우고 있는 남녀 한 무리의 청소년들을 보았다. 평소와 다르게 그날은 술을 한 잔 해서였는지 형부는 아이들을 큰 소리로 나무랐다.

"야!! 이놈들이!! 어디서 함부로 담배를 피우는 거야!! 담뱃불 꺼!!"

형부의 말을 듣고 일행 중 한 명이 112에 신고했다. 지나가던 이상한 아저씨가 자기들 친구를 성추행했다고. 그래서 형부는 지금 경찰서에서 조사를 받고 있다는 것이다. CCTV도 없는 곳이어서 여러 명이 "이 아저씨가 성추행했어요." 하는 말에 해명할 방법이 없다는 것이다. 그 아이들 손 한 번 잡은 적이 없는데 성추행범이라니, 황당하다는 것이다.

이 말을 듣고 주변 사람들은 각각 자신의 의견을 말한다.

"그러니까 아는 체하지 말아야지. 그냥 두는 거야. 괜히 뭐라 말했다가 난처한 일 당하지 말고 그냥 모르는 척하는 거야."

"아니지, 그래도 어른이 말해야지. 그냥 두면 걔네들은 그런 행동을 계속하잖아."

"그러니까 성추행범으로 몰려서 경찰서에 왔다갔다 힘들지. 얼마나 억울하고 창피하겠어. 그냥 모르는 척하는 거야."

"그럼 이 사회가 어떻게 되겠어. 그런 아이들 천지가 되는 거 아냐."

이런저런 의견들로 작은 토론회가 이어졌다.

이런 경우 우리는 생각하게 된다. 형부는 청소년들을 가르치고 싶었을 것이다. 청소년에게 불량한 행동으로 다른 사람에게 피해 주지 말고 집에 돌아가서 학생다운 생활을 하라고 충고하고 도와주려는 뜻이었을 것이다. 그러나 아이들은 엉뚱한 거짓말로 형부를 난처한 상황으로 몰고 간 것이다. 그렇다면 어른들은 아이들의 잘못된 행동을 말없이 보고만 있어야 하는 것일까. 그러면 아이들은 자신의 잘못된 행동을 묵인하는 어른들 앞에서 무엇을 생각할까. 자신의 그릇된 행동을 고치려고 할까.

아훈 강사인 이 선생님은 친구에게 제안했다고 했다. 만일 형부가 아이들을 좋은 방향으로 변화시키려는 따뜻한 마음을 다음과 같이 표현했더라면 아이들이 형부를 성추행범으로 신고했을까.

'얘들아, 잠깐만. 아저씨 한 마디 해도 될까? 그동안 여러 번 여기서 너희가 담배 피우고 있는 모습을 봤거든. 조심스러워서 말은 못했지만 냄새도 나고 담배꽁초도 치워야 해서 많이 불편했어. 그래서 오늘부터 이후로는 여기서 담배를 피우지 말아 달라고 부탁하려고 해.'

친구는 동의하면서도 늘 담배 피우는 못마땅한 아이들에게 그렇게 차분하게 좋은 마음으로 얘기할 수 있느냐고 반문했다고 한다.

그렇다. CCTV가 없는 곳에서 담배 피우는 청소년들을 보면 거부감부터 생기는 것이 어른들의 반응일 것이다. 그러나 아이들을 이해해 본다. '저 아이들은 왜 이 시간에 아파트 구석에 모여 담배를 피우며 시시덕거릴까. 아이들의 건강은? 아이들을 어느 만큼의 애정으로 이해해야 '너희들에게 조심스러워서 말을 못 했지만 담배 피우지 말아달라고 부탁하려고 해.' 하는 말을 할 수 있을까. 위의 얘기를 또 약간 수정해서 다음과 같이 말한다면 아이들의 반응은 어땠을까.

"얘들아, 잠깐만!! 너희들이 여기서 담배 피우는 이유가 있지. 그런데 아저씨 부탁이 있는데 말해도 될까? 그동안 너희들이 여기서 담배 피우고 있는 걸 몇 번 봤거든. 말하기가 조심스러워서 기다렸는데 냄새도 나고, 담배꽁초도 치워야 해서 많이 불편하거든. 그래서 부탁하려고 해. 부탁해도 될까?"

'얘들아, 아저씨 한 마디 해도 될까?'와 '얘들아, 아저씨 부탁이 있는데 말해도 될까?'는 다르다. 만일 남편이 '여보, 내가 한마디 해도 될까?'와 '여보, 내가 부탁이 있는데 말해도 될까?'의 차이와 같다.

또 '조심스러워서 말은 못 했지만'과 '말하기가 조심스러워서 기다렸는데'에도 차이가 있다. 말을 못한 것과 기다린 것의 차이다. 기다린 것은 지켜보고 있었다는 의미가 포함된다. 이렇게 수정한 대화로 아이들에게 말했다면 '성추행범'으로 신고했을까. 물론 변화된 대화를 했다고 하더라도 곧바로 아이들이 '죄송합니다. 이런 일이 없도록 하겠습니다.' 하지 않을 수도 있다. 그러나 앞으로 어른을 보면 주춤거릴 수 있다. 주춤거림이 불편함이 되어 조금씩 생각이 바뀌고 행동까지 바뀔 수 있다. 어른에게 반항심과 혐오감까지 갖던 아이들에게 변화의 계기가 될 수 있다.

미국 대통령 빌 클린턴은 그의 자서전에서 다음의 네 사람에게 책을 바친다고 썼다.
"나에게 삶에 대한 사랑을 주신 어머니
사랑의 삶을 준 힐러리
모든 것에 기쁨과 의미를 부여해 준 첼시
사람들이란 크게 다르지 않으므로

경멸받는 사람들을 존경하라고 가르쳐 주신 외할아버지께
이 책을 바친다."

외할아버지에게서 배운 대로 사람들을 배려하고, 경멸받는 사람
까지도 존경하려고 애썼던 마음과 행동이 그가 대통령이 되는 데
뒷받침 되지 않았을까. 그렇다면 아파트 한구석에서 담배 피우는
청소년들을 존경하기는 어렵더라도 존중하기만 했더라도 마음으로
부터 말할 수 있지 않았을까.

"얘들아… 아저씨가 말하는 게 조심스러워서 기다렸는데… 부탁
해도 될까?"

물론 이렇게 아이들을 존중하는 태도로 정중하게 말해도 아이들
은 항의하듯 말할 수 있다.

"웬 참견인데요? 아저씨가 뭔데요?" 하고.

그렇다면 대답한다.

"아저씨가 뭐냐면 아저씨는 너희들을 걱정하는 어른이야."라고.

큰 소리로 야단치는 어른이 무서워서 바뀌는 행동과 마음으로부
터의 결심에 따른 변화는 근원적으로 다르다.

영국의 철학자 버트런드 러셀은 말한다.

"야단맞은 덕에 자신이 더 나은 사람이 됐다고 믿는 것이 체벌의
가장 나쁜 결과다."라고.

나의 경험도 생각난다. 나는 그날 새로 개관한 영화관에 갔다. 주
홍색 카페트가 깔려 있는 입구에서 남편을 기다리고 있는데 고등

학교 2학년 쯤 된 여학생 5~6명이 하얀 팝콘이 가득한 봉지를 들고 들어가고 있었다. 그런데 한 학생이 멈칫 넘어질 뻔하면서 굵은 팝콘 여러 개가 주홍색 카페트 위에 하얗게 떨어졌다. 나는 당연히 팝콘을 주울 것이라 생각했는데 그 학생은 팝콘을 떨어뜨린 채 그냥 안으로 걸어갔다. 몇 발자국 들어가는 학생을 보며 나는 말하고 싶었다. '잠깐, 학생 이것 봐요. 이 팝콘 떨어진 거 안 보여? 어떻게 카페트 위에 팝콘을 이렇게 떨어뜨리고 그냥 가? 학교에서 그렇게 배웠어? 어느 학교 몇 학년이야?' 등 할 말이 많았지만 마음을 정리하고 생각하며 말했다.

"학생, 잠깐만요…."

말하려는데 5~6명의 학생이 한꺼번에 멈춰 서서 나를 쳐다봤다. 아니 싸늘하게 노려보는 것 같았다. 나는 멈칫했다. 그러나 이어서 말했다.

"여기 팝콘이 떨어졌는데 그냥 가네요."

팝콘을 떨어뜨린 학생이 멋쩍게 팝콘을 주웠다. 나는 말했다.

"학생 고마워요."

학생이 살짝 웃었다. 웃는 학생이 진심으로 고마웠다.

또 한 학생이 생각난다.

중학교 2학년 학생들에게 '어머니'라는 제목으로 글을 쓰게 했다. 학생들의 글 중 20편을 뽑아 작은 책자를 만들었다. '어머니' 하면 떠오르는 단어를 '잔소리'라고 쓴 학생들과 그의 글은 달랐다.

"'어머니' 하면 나를 사랑해 주시는 어머니 모습이 떠오른다. 초등학교 2학년이었던 것 같다. 정말로 갖고 싶은 장난감 총을 엄마는 너무 비싸서 사 줄 수 없다고 했다. 어느 날 놀이터에서 유치원생 동네 아이가 가지고 있는 총은 바로 내가 갖고 싶은 그 총이었다. 한 번만 만져 보자고 사정사정했지만 막무가내로 안 된다고 했다. 내 인내심은 바닥이 났고 결국 그 아이를 넘어뜨리고 우는 아이를 두고 집으로 왔다. 아나나 다를까 잠시 후, 집으로 들이닥친 그 아이 어머니는 소리소리 지르고 나의 어머니는 죽을 죄를 지은 사람이 되어 사과하고 또 사과했다. 속으로 후회했다. 엄마를 저렇게 비참하게 만드는 게 아니었는데. 그들이 돌아가자 어머니에게 당할 두려움으로 나는 또 가슴이 두근거렸다. 그런데 엄마는 다음 날 아침까지 한 마디도 하지 않으셨다. 다음 날, 학교에서 돌아와 몇 번을 망설이다 죽을 각오로 현관으로 들어섰다. 현관에서 나를 쳐다보던 엄마는 등 뒤에서 상자 하나를 꺼내며 말씀하셨다.

'이 총이 네가 그토록 갖고 싶던 총 맞니?'

아! 나의 엄마, 바로 그 총이었다. 비싸서 사 줄 수 없다던 그 총. 하늘보다 높고 바다보다 깊은 어머니 사랑, 나는 그날을 영원히 잊을 수 없다. 나를 사랑해 주시던 우리 엄마를."

다른 아이를 넘어뜨렸다고 엄마에게 벌을 받거나 종아리 몇 대를 맞았다면 다시는 그러지 않겠다고 굳은 결심을 하게 되었을까. 어머니의 사랑을 느낄 수 있었을까. 사랑은 이해였다. 어머니는 그토록 갖고 싶은 총을 한 번만이라도 만져 보고 싶은 아이의 마음을 이해한 것이었다. 그 엄마는 다음 날 자신의 낡아서 해진 블라우스를 새로 사려던 돈으로 아들 총을 샀을지도 모른다. 그래서 사랑과 이해는 같은 것인가 보다. 팝콘을 떨어뜨린 학생들에게 야단쳤으면 그 미소를 볼 수 있었을까. 길가에서 담배 피우는 청소년들을 이해하려는 마음이 있다면 따뜻한 말이 나올 수도 있지 않을까.

나 또한 오늘도 나를 돌아본다. 나는 경멸받는 사람들을 존경하고 있는가. 존중하려고 의식하고 있는가.

25

당장 거래를 끊는다고 할 걸

저는 유치원의 모든 행사나 활동들을 촬영해서 앨범을 만들어 납품하는 일을 하고 있습니다. 저는 아이들의 생생한 체험을 고스란히 담아 그들이 어른이 된 뒤에 사진 속에서 어린 날의 기쁨을 찾을 수 있도록 하는 것이 제 목표입니다. 그러한 노력은 '아이들이 사진에서 금방이라도 나올 것 같아요.', '사진 예쁘게 찍어 주셔서 감사해요.' 하는 피드백을 들으면서 큰 기쁨으로 다가옵니다.

앨범을 만들려면 사진을 인화하는 현상소의 도움이 필요합니다. 그런데 최근 2년 동안은 제가 거래하는 현상소와 여러 어려움이 있었습니다. 사진의 색이 정확하지 않아 두 번, 세 번 다시 인화를 요청하면서 스트레스를 많이 받았습니다.

한 달 전에도 가족사진을 인화할 일이 있었는데 세 번을 인화했지만 기대와는 너무나 거리가 멀었습니다. 유치원의 중요한 행사

170

사진 역시 제대로 나오지 않았습니다. 저는 혹시나 해서 다른 현상소에 의뢰해 보았습니다. 결과는 너무나 달랐습니다. 그동안의 모든 문제가 보완된 만족스러운 사진이었습니다. 예전의 저라면 당장 거래처를 바꾸었을 것입니다. 그러나 10년 동안 거래해 온 거래처에 대한 고마움을 잃고 싶지 않고, 그렇다고 만족하지 못하는 제품을 제공받고 싶지도 않았습니다. '어떻게 덜 서운하게 정리할 수 있을까?' 저는 배운 것을 생각하며 할 말을 연구했습니다.

'어려운 말씀드리게 되었습니다. 그동안 고맙게 잘해 주셨는데…. 몇 번 말씀 드렸던 사진 인화 문제를 고민하다 다른 곳에 의뢰했는데 가격은 더 높았지만 만족스러웠습니다. 가격을 올리더라도 이 수준으로 만들어 주시면 거래를 계속하고 그렇지 않으면 계속할 수 없겠습니다. 더 이상 고객과의 신뢰가 깨질까 봐 불안하고 두렵고 미안한 마음으로 일하고 싶지 않기 때문입니다.'

한편으로는 '왜 내가 할 말도 제대로 못하고 이렇게 힘들게 고민을 해야 하나?', '이렇게 하면 진짜 잘 될까?' 강한 의구심까지 들었습니다만 준비한 내용을 연습하고 또 연습해서 담당자를 만났습니다.

나　　　: 어려운 말씀드리게 되었습니다. 그동안 제가 여러 가지로 감사하게 생각하고 있는 것 아시죠? 한편으로 저 역시 그동안 감수하고 갔던 부분도 있는 것 아시죠?
담당자: 아~ 그럼요. 알죠.

나 　 : 이번에 중요한 사진이라 제가 다른 업체에 의뢰해 봤는데 제가 원하던 결과물을 받았습니다.

담당자: 제가 봐도 될까요? (보더니) 네. 우리 것보다 더 좋네요. 시간을 주시면 이 견본으로 직원들과 의논해서 내일 다시 만나면 안 될까요. 저 혼자 결정할 문제가 아닌 것 같아서요.

나 　 : 내일 오전 12시까지는 괜찮습니다. 원하는 결과가 나오기를 기다리겠습니다. 더 이상 고객에게 불안하고 미안한 마음을 갖고 싶지 않아서요.

　그날 저녁, 담당자로부터 어떤 방법으로든 최선을 다하겠다는 전화를 받고 마음이 더 가벼워졌습니다. 준비한 대로 단어 몇 개만 말했는데도 내가 하고 싶은 말을 하고, 듣고 싶은 말을 상대방이 하는 것을 보면서 참으로 놀라웠습니다. 어려운 얘기를 했을 때 피곤하고 진이 다 빠지던 것과는 다른, 뭔가 뿌듯하고 가슴이 꽉 찬 느낌이었습니다. 하지만 문제는 쉽게 해결되지 않았습니다. 다음 날 만난 담당자는 제게 새로 뽑아 온 사진을 보이며 말했습니다.

　"음, 자연광에서 보니까 큰 차이는 없어 보이네요."

　본인이 보기에도 별 차이가 없는, 문제의 원인이 시정되지 않은 채 거의 같은 상태로 다시 뽑아 온 사진을 보자 저는 이제까지의 결심이 한꺼번에 무너져 터져 나오는 분노를 주체할 수가 없었습니다. 아무 생각도 나지 않았고 그 자리를 외면하고 싶었습니다.

나   : 인화지를 바꾸지 않으셨네요?

담당자: 예, 말씀하신 인화지는 저희 회사에 있는 것이 아니라 새
        로 주문해서 오는 데 시간이 걸려서요.

나   : (인내의 한계를 느끼며) 어느 정도 시간이 소요되는데
        요?

담당자: 며칠 걸리겠죠.

나   : 그래요. 그럼 며칠 후에 다시 검토하는 게 좋겠네요.

얼른 헤어지고 나오는데 어제와 다르게 상대방에게 휘말려 버
린 느낌이 들어 불편하고 혼란스러웠습니다. '당장 오늘 거래를 끊
는다고 할 걸. 아니면 약속은 그쪽에서 지키지 않았으니 며칠 후에
결과를 보고 최종 결정하겠다고 말하고 오면 될 걸. 할 말 못하고
우물거리다 온 것 같고 간단하게 끝낼 일을 내가 배운다는 이유로
나만 힘들게 고민하고 시간을 썼구나.' 하니 억울하기까지 했습니
다. 그리고 잠시 후 약속하고 찾아 온 새로운 업체 담당자가 보여
주는 사진과 콘텐츠를 보며 '그야말로 신세계가 여기 있구나. 우리
는 퇴보만 하고 있었구나.' 하는 생각이 들었습니다. 저는 이전 업
체와 거래를 정리해야겠다고 결심하고, 용기를 내어 전화를 했습
니다.

나   : 오늘, 결과를 확인할 수 있을 거라 예상했는데 그러지 못
        해 매우 아쉬웠습니다. 이 문제로 더 괴로워하기보다는
        거래를 정리하고 싶습니다. 제가 업체를 바꿔도 될까요?

담당자: 아니, 그건 실장님이 결정할 문제이긴 한데 우리 입장에

서도 무엇이 문제인지 확인해야 될 부분이 있어서 한 번
만 더 기회를 주시면 해 보고 싶습니다. 전화 주시겠습
니까, 제가 다시 할까요?

나   : (지금 바로 결정하고 싶다고 하고 싶었지만) 네 그러시
        죠. 제가 지방에 가야 해서 다음 주 수요일까지요.

통화를 마치고 또 제 실력의 한계를 느꼈습니다. 어설픈 제 실력
에 실망했습니다. '(견본 제품 보여 주며) 제가 바라는 것은 이렇게
수정하는 것이었는데 이 수준이 안 되면 업체를 바꾸겠습니다.' 하
고 확실하게 내 의견을 표현하고 끝낼 걸. 나는 왜 이렇게 마음 좋
은 척 끌려 다니는 것일까. 어찌 되었든 일단 말을 했으니 수요일
까지 기다려봐야지. 배운 대로 하는 게 이렇게 어려운 일인가. 다
음 주 수요일, 인화지를 바꿔 새로 사진을 준비해 올 줄 알았던 담
당자로부터 전화가 왔습니다.

담당자: 생각 좀 해 보셨습니까?

나   : ？？？ 무슨 생각을요? 저는 새로운 인화지로 만들어서
        오늘 가지고 오시는 것으로 알고 있는데요.

담당자: 아, 저는 다시 전화를 드리겠다고 해서 전화 드렸습니
        다.

나   : ('생각이 이렇게 다르구나.' 하며 단호하게) 그럼 새로 사
        진을 준비해서 월요일 오후 4시에 만나죠.

저는 담당자의 안일한 태도에 화가 났지만 어정쩡한 저 자신에게

도 화가 났습니다. 그러면서 자신을 돌이켜 보았습니다. 그동안 사진이 잘못 나왔을 때 업체를 탓하면서도 그냥 미흡한 채로 받아들이지 않았는가? 만약 그럴 때 그냥 넘어가지 않고 구체적으로 수정하고 보완할 것을 요청했다면 어땠을까? 나의 이런 모습이 거래 담당자의 안일한 태도를 만드는데 일조한 것은 아닌가? 여기에 생각이 미치자 마음이 가라앉고 사태가 명확히 보이기 시작했습니다. 이제라도 내가 할 수 있는 최선을 다하기로 마음먹었습니다. 약속했던 월요일 오후, 담당자를 다시 만났습니다.

담당자: 실장님 덕분에 저희 기계와 저희가 사용하는 인화지에 대해 여러 가지를 알게 되었습니다.
나   : 그렇게 말씀해 주시니 저도 고맙습니다.

그리고 그가 준비한 데이터를 봤습니다. 기존의 인화지와 새로운 인화지 세 종류로 여섯 가지를 가지고 왔는데 하나만 견본과 비슷하지만 완벽하게 맞지는 않았습니다.

담당자: (견본과 맞추면서) 이게 맞네요. 다시 한 번 테스트 해 보고 괜찮으시면 이걸로 컴퓨터 세팅해서 진행해도 될까요?

'뭐라고요? 염치가 있어요?' 하고 싶었지만 저는 잠시 고민했습니다. 품질이 조금 떨어지지만 지금까지 함께 작업해 온 기존 업체와 거래할지 아니면 품질이 나은 새 업체와 거래를 할지 말입니다. 지금이 책임자로서 명확히 판단하고 확실히 의사표현을 할 때라 생각했습니다. 저는 신중히 말했습니다.

나   : 제가 이번 일을 하면서 제 안일함을 보았습니다. 이제
       까지 저는 쉽고 편한 쪽으로만 생각했는데 그게 바람직
       한 길은 아니었던 것 같습니다. 저는 제 사진을 이 견본
       처럼 만드는 것이 목표입니다. 제 고객이 사진을 보면서
       그 순간을 오래도록 기억하고 싶은 결과물을 제공하고
       싶습니다. 그래서 다른 업체에 맡기기로 결정했습니다.
담장자: 실장님이 그렇게 생각하신다면 저희는 따라야죠. 그동
       안 감사했어요. 이번 일로 저희 사정도 여러 가지로 알
       게 되었어요. 개인적으로 안부 전화 드려도 되죠. 안 받
       고 그러지 마세요. 개인적으로 감정이 있는 건 아니니까
       요.
나   : 그럼요. 저도 늘 좋은 업체로 기억하고 있을게요.
담당자: 혹시 그 쪽에서 불편한 점이 생기면 우리에게 다시 기회
       주세요.
나   : 그럼요. 그래야죠. 저도 안부 전화 드릴게요.

  별것 아닌 사건을 잘 해결해 보려다가 참 우여곡절이 많았습니
다. 첫날에는 '말을 많이 안 해도 되네.' 하며 기뻤고, 중간에는 '안
되는 걸 괜히 시작했나, 아는 만큼만 할 걸.' 후회했고, 마지막 날에
는 '꼭 해야 할 말은 다 했다.'는 느낌과 상대방을 불편하게 하지 않
으면서 나도 아쉬움 없이 문제를 풀었구나 하는 생각이 들었습니
다.
  그 일을 마치고 몇 주가 지났지만 미련이나 아쉬움이 없는 걸 보

면 그만큼 편안했습니다. 배운 대로 실천하는 데에 고통은 있었지만, 그 고통은 앞으로 펼쳐질 행복한 미래를 위한 준비였습니다. 별것 아닌 사건이 아니라 참 중요한 사건이었다는 생각이 듭니다.

나는 어렵게 실천한 실장님을 축하하며 위 사례에서 실장님이 어려움을 더 줄이려면 상대방이 전혀 수정되지 않은 제품을 보였을 때,

'인화지를 바꾸지 않으셨네요?'

대신에

'그러니까 수정되지 않은 처음 그대로네요. 이제 업체를 바꿔도 될까요.'

라고 했다면 상대방이 어떤 반응을 보일까? 만일 상대방이 여전히

'예, 말씀하신 인화지는 저희 회사에 있는 것이 아니라 새로 주문해서 오는 데 시간이 걸려서요.'

'제 입장은 오늘까지인데 하루만 더 시간을 드리면 되겠습니까?' 로 정리했다면 덜 힘들고 또 상대방에게 끌려 다니는 느낌은 덜 들지 않았을까.

인간관계는 만남과 헤어짐의 연속이 아닌가. 만날 때는 조심스러워하면서 헤어질 때의 뒷모습에 대해서 얼마나 의식하고 있는가. 김 실장은 "그 일을 마치고 몇 주가 지났지만 미련이나 아쉬움이 없는 걸 보면 그만큼 편안했습니다."고 말한다. 이런 경험을 하면

서 편안하게 헤어지는 것도 실력이 있어야 함을 깨닫게 된다. 그는 다시 말한다.

"배우고 훈련하는 고통은 있었지만 그건 행복한 미래를 만드는 고통이었습니다. 배움의 어려움은 이렇게 오락가락하나 봅니다."

오락가락하는 고통은 있었지만 행복한 미래를 만들 수 있다고 했다. 불편한 헤어짐에 묻혀 한동안 괴로웠을 것을 열심히 준비해서 편안한 행복을 맛볼 수 있다면 어떤 선택을 해야 할까. 편안함의 자유로움을 경험한 사람들은 그래서 계속 배우려고 한다. 김 실장은 헤어진 뒤에 악취로 남는 사람이 아니라 향기로 남는 사람이 되고 싶어 했다. 이러한 목표는 우리를 아름다운 사람으로 만들 수 있는 힘이 된다. 김 실장에게 박수를 보낸다.

26

명절에 왜
시댁 생각만 해야 하는데요?

결혼하고 일 년 뒤, 군인이었던 남편이 2년간 근무하게 된 강원도로 이사하게 되었습니다. 그곳에서 맞게 된 첫번째 추석과 설 휴가 일주일을 대부분 시댁인 대전에서 보내고 친정인 논산에는 마지막 날 하루만 지냈습니다. 왠지 억울했습니다. 큰아이 산후 조리를 해 주신 친정할머니의 아쉬운 듯 애틋한 표정은 제 마음에 아픔으로 남았습니다. 다음 해 다시 맞는 추석 휴가에 대전으로 가는 차 안에서 그동안 묻어 두었던 서운함과 불만을 남편에게 쏟아 냈습니다.

아내: 여보, 명절마다 집에 내려가면 왜 대전에서 일주일 내
~~~~내 있다가 올라올 때, 겨우 그것도 겨우 딱! 하루만
친정에 들러야 해요?

남편: 그랬나? 그건 어머니가 많이 편찮으시니까 어머니랑 가능
한 오래 있어 드리려고.

아내: 그렇지만 친정엄마도 우리 보고 싶어 하신다구. 더구나 할
　　　머님은 내가 산후조리할 때부터 큰아이 돌보시면서 아이랑
　　　정이 많이 들어서 우리 아기 언제 오냐고 엄청 기다리신다
　　　고요. 명절에 우리 내려오는 거 다 아시고 엄청 기다리시
　　　는데 불공평해요.

남편: 그래서 어떻게 하자고?

아내: 어떡하긴. 공평하게 딱 반씩 나눠서 3일씩 있다 오는 거죠.

남편: … 알았어.

　저는 우리의 얘기가 잘된 것이라 생각했습니다. 시댁에서 3일
을 지내자 남편은 짐을 챙기며 논산으로 가자고 했습니다. '내일 가
도 되는데.' 제 말은 듣는 둥 마는 둥 서두르는 남편을 따라 어정쩡
시댁을 나섰습니다. 친정에 도착해서 저녁식사를 마치자 시댁에서
전화가 왔고 남편은 어머니가 편찮으셔서 대전으로 가야 한다며 서
둘렀습니다. 친정부모님은 시어머님 건강을 걱정하시면서 급하게
쌀과 잡곡 등을 챙겨 주셨고, 남편은 말없이 다 받아서 자동차 트
렁크에 싣고 빨리 가자고 재촉했습니다.

아내: 어머님이 많이 편찮으시대요? 아까는 괜찮으셨는데요. 더
　　　구나 시간도 이렇게 늦었는데 내일 가면 안 돼요?

　내 말에는 들은 척도 하지 않던 남편이 차가 출발하자 말했습니
다.

남편: 그게 아니라 큰형이 화가 나서 전화했어. 어머니 몸도 안
　　　좋으신데 뭐가 급하다고 처가에 벌써 갔냐고.

아내: 뭐라고요?! (기가 막혀 분노를 참다가) 에이그, 효자 나셨
네요. 큰아주버님 정말 대~ 단, 하, 셔, 요!!

남편: 무슨 말을 그렇게 해?

아내: 나는 어머님 편찮으시다 하길래 갑자기 어머님이 엄청 위
독해지셨나 했어요. 우리 아버지, 큰아주버님에게는 사돈
어르신 아닌가요? 자기 동생이 지금 사돈 어르신과 할머님
까지 계신 걸 알면서도 싸그리 무시한 거 아니냐고요. 뭐
요? 편찮으신 어머님 두고 뭐가 급해서 처가에 갔냐고요?
거기 편찮으신 당신 어머님 계시면 여기엔 팔순 넘으신 할
머님 계셔요. 그렇게 어머님 생각 지극한 효자면 당신네나
잘 살라고 그래요. 맨날 사네, 못 사네, 싸움질만 멈춰도
어머님 오~래 사실 거예요!

남편: … 그만하자.

아내: 당신도 정말 대단해요. 그렇게 나오면서도 쌀가마 실어 주
시는 장인 장모님에게 전혀 미안한 생각도 없어 보이던데
요?!

남편: ….

그렇게 싸늘한 분위기로 다시 간 시댁에서 시부모님은 왜 금방
다시 돌아왔나 놀라하셨고 저는 큰 아주버님과는 눈도 안 마주쳤습
니다. 그렇게 사흘을 지내는 동안 저는 누구와도 말 한 마디 나누
지 않고 강원도로 돌아왔습니다. 그리고 다음 해 명절에는 남편의
부대에서 긴급 상황이 생겨 휴가가 없다고 거짓말을 하고 시댁과
친정 어느 쪽도 가지 않았습니다. 그리고 저는 남편과 한동안 불편

하고 어색한 시간을 보냈습니다.

지금 돌이켜 보면 그때, 그렇게 하지 않아도 되었을 것을요. 저는 아훈을 배우고 나서 남편과 21년이 지난 그 일을 그날로 돌아가서 대화를 다시 나눴습니다. 다음은 그 내용입니다.

아내: 여보, 설이 다가오는데요. 당신과 미리 상의할 일이 있어요.

남편: 뭔데?

아내: 어머님 건강이 좋지 않아서 당신 어머님과 많은 시간 함께하고 싶죠.

남편: 그렇지.

아내: 저도 편찮으신 어머님 두고 친정에 가려면 마음이 편치 않아요. 그래도 명절 휴가 기간 대부분을 대전에서 보내니 친정에서 기다리는 부모님이랑 할머님 생각이 많이 나요.

남편: 그랬어?

아내: 네. 더욱이 팔순 넘으신 할머님은 저 산후에 큰아이를 봐주시면서 정이 많이 드셔서 우리 아기 언제 오나 많이 기다리시고요.

남편: 아, 그러시겠구나.

아내: 그래서요. 이번 명절에도 많이 기다리실 텐데요. 논산에 가는 날을 하루나 이틀이라도 앞당기면 어떨까요?

남편: 그래야겠네. 그 생각을 미처 못했어. 토요일에 대전 내려가니 논산에는 목요일쯤 가면 될까?

아름다운 부모들의 이야기 2

아내: 네. 이해해 줘서 고마워요. 친정부모님도 할머님도 더 많
　　　이 기뻐하시겠네요. 고마워요.
저희는 마주 보며 웃었고, 저는 남편에게 말했습니다.

아내: 당신은 배우지 않았는데도 제가 배워서 하는 것처럼 하시
　　　네요.
남편: 당신 말을 들으니까 그냥 그런 대답이 나오더라고. 그리고
　　　당신 어깨 넘어 배운 거지. 우리도 이제 진정한 의미의 결
　　　혼생활을 시작하는 것 같아. 당신 열심히 배우고 또 가족
　　　들에게 실천해 줘서 고마워.
아내: 저도요. 당신 고마워요.
배운 지 3년이 되었지만 배운 만큼 될 때도 있고, 또 불쑥불쑥 심
술이 날 때도 있습니다. 간호사였던 저는 집에 아픈 사람이 있으
면 뒷바라지는 언제나 제 몫입니다. 이번에도 친정어머니가 위암
판정을 받고 검사, 수술, 회복하기까지 모두 제 몫이었습니다. 기
쁜 마음으로 돌봐 드려야지 하면서도 때로는 '형제가 많은데 왜, 나
만…?' 하는 생각이 들 때도 있습니다. 며칠 전에도 휴대전화를 집
에 두고 외출했다 돌아와 보니 친정어머니로부터 여러 번 부재 중
전화가 와 있었습니다. 저는 걱정이 되면서도 '또 무슨 일이야?' 하
는 생각이 들었습니다. 아마 예전의 저라면 이렇게 무심하게 말했
을 것입니다.

나　　　　: 무슨 일로 전화하셨어요? 전화기 두고 나갔는데요.

친정어머니: 응. 다음 검진 날짜가 언제인가 물어보려고 전화 했
　　　　　　 었지.
나　　　　 : 6개월마다 한다고 했잖아요. 아직 멀었어요. 내년 2
　　　　　　 월이고요. 병원에서 연락해 줘요.
친정어머니: 알았다.
그러나 이번에 저는 마음을 가다듬고 전화를 걸었습니다.

나　　　　 : 어머니, 전화하셨죠. 죄송해요. 전화기를 두고 나가
　　　　　　 서 전화 받지 못했네요.
친정어머니: 응. 다음 검진 날짜가 언제인가 물어보려고 전화 했
　　　　　　 었지.
나　　　　 : 네. 그게 궁금하셨어요. 내년 2월 15일에 CT 검사하
　　　　　　 고 18일에 결과 보고 나서 진료받아요.
친정어머니: 그렇지. 아직 멀었다고 하는데, 네 아버지가 자꾸
　　　　　　 물어보라고. 그리고 통화가 안 되니까 이런저런 일
　　　　　　 로 전화해서 네가 귀찮은 모양인가 보다 하시더라.
나　　　　 : 에그, 딸내미에게 짐 될까 봐 걱정되셨어요? 그러려
　　　　　　 면 굉장히 오 ~ 래 사셔야 할거예요.
친정어머니: 그래. 고맙다.

　전화를 끊자 왈칵 눈물이 쏟아졌습니다. 마지막 어머니의 목소리
에 정겨움이 가득 묻어 있었습니다. 지금까지도 어머니의 깊은 사
랑을 나누며 살 수 있음이 얼마나 감사한지요. 남편과 아이들, 부

모님이 살아 계셔서 얼마나 감사한지요. 돌아보면 가족을 비롯한 친척들이 병원에 갈 일이 있을 때 저는 마치 심부름꾼처럼 뛰어다녀야 했습니다. 그 때 편안한 마음으로 도와드린 적은 손꼽을 정도입니다. '괜히 간호사가 되어서.' 하며 불편하고 귀찮게 생각했습니다. 그러나 지금은 제가 다른 분들에게, 특히 가까운 분들에게 도움되는 일을 할 수 있다는 것이 얼마나 의미 있는 일인지를 생각하게 됩니다. 의논하는 분들에게 말 한마디여도 따뜻하게 도와드리고 나면 제가 더 행복합니다. 사람이 이렇게 바뀔 수 있다니요. 배움의 힘인 것 같습니다.

엘리자베스 퀴블러 로스와 데이비드 케슬러가 쓴 『인생수업』에서는 이런 말이 나온다.

"배움에서 얻게 되는 것은 갑자기 더 행복해지거나, 부자가 되거나, 강해지는 것이 아니라 인생을 더 깊이 이해하고 자기 자신과 더 평화롭게 지내는 것을 의미한다."

나 자신이 평화로울 때 상대방을 더 깊이 이해하고 사랑하게 되는 것을. 살아가면서 더 많이 배워야 하는 이유인가 보다.

27

애 비쩍 말랐는데
어딜 데리고 다녀?

일곱 살 딸 신비가 다니는 학원에서 이번 금요일은 특별 상담이 있어서 학원이 쉰다는 말을 듣고 저는 딸과 친정어머니와 다 같이 나들이를 가고 싶었습니다. 저는 집에 오신 친정어머니에게 말씀드렸습니다.

"엄마, 이번 주 금요일에 날씨도 좋다고 해서 OO랜드 갈 건데 엄마도 같이 바람 쐬러 가실래요?"

"애 비쩍 말랐는데 어딜 데리고 다녀? 집에서 쉬어~."

'이렇다니까. 나는 날씨도 좋다고 하고, 친정어머니도 오랜만에 바람 쐬고 정말 좋을 거라고 생각하고 제안했는데, 결국 부정적인 결과로 답이 돌아오다니.' 감정이 올라간 저는 말했습니다.

"엄마, 엄마 말을 들으면 신비랑은 아무데도 못 가고 집에만 있어야겠네요."

늘 부정적으로만 말씀하시는 어머니에게 통명스럽게 대답했지만 저도 마음은 편치 않았습니다. 저는 할 말이 많았지만 참았고 그렇게 헤어졌는데, 어제 저녁에 또 친정어머니에게서 문자가 왔습니다.

〈낼 영하 3도. 바람도 엄청 불고 춥다는데. 황사도 있고. 어디 가지 마라.〉

순간 또 감정이 올라왔지만 문자를 어떻게 보낼까 궁리하다가 생각해서 문자를 보냈습니다.

〈그렇잖아도 낼 날씨 보고 결정하려고 했어요. 어차피 내일 오전에는 집에서 할 일이 있어서 집에서 점심 먹고 상황 보고 결정하려고요.〉

'제발, 더 이상 문자가 오지 않기를.' 빌고 있었는데 또 문자가 왔습니다.

〈오늘 비온 뒤 엄청 추워진대. 황사에 바람도 엄청 불고 다음에 가자.〉

'그러니까 낼 결정한다고요. 그걸 꼭 지금 결정해야 해요? 제가 알아서 할게요. 늘 어디 간다고 하면 부정적으로 말씀하셔서 기분 망치게 하고…,' 등등 보내고 싶은 문자가 너무나 많았지만 배운 대로 보낼 만한 문자는 생각나지 않고, 또 이렇게 보내면 친정어머니 마음도 상하게 될 것 같고. 저는 꾹 참고 잤습니다.

아침에 일어나서도 계속 고민이 되었습니다. 문자는 조심스럽게 보냈지만 마음은 복잡하고 불편했습니다. 한편으로는 문자의 앞부분에 '걱정해 주셔서 고맙습니다.' 한 마디를 했어야 하는 건 아닌

가. 그런데 제 마음이 고맙지 않아서 고맙다고 말하기 싫었습니다. 그럴 때는 제가 어떻게 해야 할까요?

물론 친정어머니는 딸과 몸이 약한 손녀딸이 걱정되어서 하는 말씀이리라. 그런데 친정어머니의 그 걱정이 왜 그렇게 싫은지. 이제 한 아이의 엄마가 되었는데 친정어머니는 여전히 어린 딸에게 하는 것처럼 명령만 하려고 하시다니. 우리는 연구했다. 여전히 당신에게는 딸인 신비어머니가 친정어머니에게 어떻게 말해야 할까. 처음으로 돌아가서 대화를 나눠 본다.

"엄마, 이번 주 금요일에 ○○랜드 갈 건데 엄마도 같이 바람 쐬러 가실래요?"
"애 비쩍 말랐는데 어딜 데리고 다녀? 집에서 쉬어~"
"엄마, 신비랑 저를 걱정해 주시는 거죠. 엄마의 사랑을 이해하려고 하는데 엄마 말씀을 들으면 엄마랑 바람 쐬러 가려던 좋은 마음이 왠지 쓸쓸함으로 변하네요."
이렇게 말했다면 어땠을까?

〈낼 영하 3도. 바람도 엄청 불고 춥다는데. 황사도 있고. 어디 가지 마라.〉 했을 때도,
'엄마, 걱정하고 챙겨 주셔서 고맙습니다. 엄마의 문자를 보면 제가 언제쯤 엄마의 걱정을 덜어드릴 수 있을지, 지금은 제가 엄마 걱정해 드릴 사십이 다 되는 나이인데 아직도 중 고등학생 딸인 것

같아서 고맙고 또 씁쓸하네요.'

이렇게 문자를 보냈다면 아래와 같은 답장이 왔을까.

〈오늘 비온 뒤 엄청 추워진대. 황사에 바람도 엄청 불고 다음에 가자.〉

신비 어머니는 어머니를 배려하고 이해해야 한다. 그리고 반드시 자신의 생각이나 느낌도 표현해야 한다. 신비 어머니는 친정어머니를 배려해야 하지만 자신의 느낌도 표현해야 상대방이 나를 이해하게 된다. 상대방을 배려한다고 해서 나의 의사를 밝히지 않으면 상대방의 행동을 계속하게 하는 동조자가 된다. 그러므로 상대방을 배려하면서 나를 표현하는 방법을 배워야 한다.

이러한 관계는 어렸을 때부터 계속 이어진다. 이렇게 이어지면서 엄마가 된 수강자들은 아이들의 글을 읽으며 억울해하기도 하고 또 참회도 한다. 다음은 초등학교 2학년 아이가 쓴 편지다.

"엄마, 제가 스스로 할 수 있어요. 엄마가 공부를 시키고 화내고, 소리 지르고 해서 힘들었어요. 그래서 조금씩 쉬었다가 공부를 하고 싶어요. 그리고 엄마가 남들과 비교해서 더 잘하게 하려고 시켜서 하니까 많이 힘들었어요. 저도 스스로 할 수 있어요. 저도 스스로 할 수 있게 해 주세요."

내 강의에 참가했던 학생들은 다음과 같은 상황에서 부모님과 갈등을 경험했다고 이렇게 털어 놓는다.

* 나는 부모님이 차라리 때렸으면 좋겠다. 왜냐하면 우리 엄마는 말로써 상대방의 자존심을 한 번에 뭉개 버릴 수 있는 힘을 가졌기 때문이다. 말로써 두렵게 만든다. 그리고 다툼이 있을 때 무언가를 집어 던진다.

* "최선을 다하면 된다. 점수에 구애받지 마라."고 하면서 평균 90점을 넘지 않으면 휴대폰 뺏는다고 협박하고 말 안 듣는다고 휴대폰 빼앗을 때, "네가 이러니까 성적이 이 모양이지." 하면서 시험이 끝나고 다음 시험까지 내내 들들 볶을 때.

* 비교하지 않는다고 하면서 동생은 착하고 너는 이기주의라고 차별할 때, 부모님이 없을 때 동생이 얼마나 이중인격자인지 모르면서.

* 공부를 했는데도 성적이 떨어졌을 때 성적표를 가져가면 "네가 하는 게 다 그렇지." 하면서 부모님 생각대로 단정지어 말할 때, 때리지는 않지만 "네가 내 자식이냐?" 라고 말할 때.

* 할머니와 같이 사는데, 어느 한 분이 나를 꾸짖기 시작하면 부모님과 할머니까지 합세해서 나를 나무라신다. 그리고 나를 믿지 않는다. 내 친구들은 담배 피우고 술 마시는 불량한 친구가 없는데도 있을지 모른다고 하면서 내가 거짓말한다고 의심한다.

아름다운 부모들의 이야기 2

* 운동하고 늦게 왔는데도 그 따위 짓을 하느라고 늦었느냐고 할 때.

* 툭 하면 "엄마 집 나간다." 하는 말을 할 때, 열심히 청소했는데 "돼지우리냐, 다시 청소해." 하고 큰 소리로 말할 때, "넌 애가 누굴 닮아서 그러냐?" 할 때.

* 친한 친구가 집에 왔을 때 친구에게 평균 점수 물어보고 친구는 잘하는데 너는 왜 그 모양이냐고 계속 비교할 때.

* 내가 공부할 때에는 보는 척도 하지 않다가 컴퓨터를 켜자 마자 "넌 왜 컴퓨터를 하니, 하라는 공부는 안 하고!" 하며 나무랄 때.

* 방에서 공부에 집중하라고 막 소리지르고 거실에선 텔레비전 엄청 크게 틀어 놓고 볼 때, 소리 줄여 달라고 하면 공부도 안 하면서 별걸 다 신경 쓴다고 할 때.

위와 같은 억울한 사연은 끝없이 이어진다. 그리고 무엇인가를 할 의욕을 잃게 된다고 아이들은 말한다. 그렇다고 부모님을 싫어하는 것은 아니다. 부모님과 잘 지내고 싶어서 자신의 마음을 솔직하게 표현하면, 부모에게 덤빈다고 몰아붙이면서 상황은 더욱 더 악화된다. 그러니 입 다물고 살아야 한다. 그리고 부모님 몰래 자신의 답답함을 풀어 간다.

　그러나 배움에 참가한 수강자의 아이들은 달라진다.
　유치원생이 참관학습 시간에 엄마에 대해 발표했다.
　"우리 엄마가 가장 예쁠 때는 언제인가요?"
　"거울보고 화장하실 때."
　"우리 엄마가 제일 잘 만드시는 음식은 무엇인가요?"
　"볶음우동."
　"엄마가 가장 고마울 때는 언제인가요?"
　"저를 위해 공부해 주셔서 감사해요."

　초등학교 4학년 지훈이가 어머니 생일에 편지를 보냈다.
　"엄마에게,
　안녕하세요? 엄마의 사랑하는 첫째아들 지훈이에요. 엄마, 제가
못한 일, 그리고 잘못했을 때도 '이 일로 무엇을 배웠지?'라고 다독
여 주셔서 고맙습니다. 엄마가 아훈을 하면서 우리들을 기쁨이 넘
치게 하고 언제나 용서해 주시고 다독여 주셔서 감사하고 고맙습니
다.
　그리고 우리를 낳아 주셔서 고맙습니다. 엄마 덕에 이 세상에 태
어나 이 기쁨을 누릴 수 있게 되었어요. 앞으로도 엄마께 효도하는
효자가 될게요. 엄마 사랑해요.
　첫째아들 지훈이가."

그리고 지훈이는 나에게도 편지를 보내 주었다.

"사랑하는 이민정 선생님께,

선생님 자주 뵙지는 못하지만 언제나 저의 마음은 선생님과 함께 있다고 생각해요. 선생님의 교육 덕분에 우리 가족은 행복해요. 알면 알수록 아름다운 사람, 마음을 치유하는 사람이 될게요. 고맙다는 말 많이 하고 들어서 선생님처럼 훌륭하고 지혜로운 사람이 될게요. 선생님 고맙고도 사랑해요. 영원히.

아훈 모델 지훈 올림."

28

뚜껑 없는 주전자 산 날의 추억

금년 여름휴가는 친정식구들과 함께 어느 사찰 근처로 여행을 하게 되었습니다. 친정부모님과 오빠네 가족, 두 언니네 가족까지 모두 열여덟 명이었습니다. 사찰 주차장에 도착한 우리는 차를 세우고 절까지 가는 버스를 타고 꼬불꼬불 언덕길을 한참 돌아 절에 도착했습니다. 저는 장난이 심한 작은아이 주원이에게서 눈을 떼지 못한 채 이곳저곳을 둘러보고 있었습니다. 유난히 호기심이 많은 일곱 살 주원이는 늘 감시(?) 대상입니다. 신이 나서 폴짝폴짝 뛰어다니던 주원이가 혼자 기념품 가게 안으로 들어갔습니다. '혼자서 가게에 들어가다니?' 약간 걱정하며 가게로 따라 들어서는데 "쨍그렁!!" 하는 소리가 들렸습니다. '혹시나?' 하며 가게 안으로 들어갔습니다. 아니나 다를까 역시나였습니다. 아이는 시무룩한 표정으로 서 있고 그 옆에는 깨어진 도자기 주전자 뚜껑이 바닥에 나뒹굴고 있었습니다. 그 주전자는 차나 물을 끓이는 주전자였는데 흔히 보는 스테인레스 주전자가 아니라 어느 도예가가 만든 작품이었습니다.

"어? 어떻게 된 거야? 어? 죄송합니다.… 어?"

"이게 죄송하다고 되는 일이 아니에요. 그러니까 애들을 조심시켜야지. 이럴까 봐 곳곳에 조심하라고 써 놓은 거예요. 이거 사셔야 돼요."

제 말도 끝나기 전에 점원은 잔뜩 찌푸린 얼굴로 목소리를 높였습니다. 순간 '아니, 이 녀석이 그렇다니까. 정말 못 살아! 아니지, 이 문제를 어떻게 풀지? 주전자 뚜껑을 깨뜨린 아이의 엄마인 내가 어떻게 해야 하지? 그렇지. 내가 할 일은 하나야.' 저는 얼른 생각을 정리하고 직원에게 말했습니다.

"네, 제 아이가 깨뜨렸으니까 제가 사겠습니다."

"!?…."

"얼마죠?"

"(조금 당황해하며) 14만 원입니다."

큰 소리로 화를 낸 게 쑥스러웠는지 점원의 목소리는 잦아들었습니다.

"네, 사겠습니다."

사겠다고는 했지만 사실 약간 억울했습니다. 주전자가 비싸봐야 5-6만 원 정도일 거라 생각했기 때문입니다. 그러나 '산다고 했으면 140만 원이어도 사야 하는 것 아닌가, 140만 원이 아니어서 얼마나 다행인가.' 속으로 생각하는데 갑자기 불안한 표정으로 엉거주춤 옆에 서 있는 주원이가 그제야 눈에 보였습니다. '그렇지, 주원이가 제일 중요하지. 주원이에게는 뭐라고 말해야 하나? 화내지 않고, 혼내지 않으면서 아이가 스스로 책임감을 깨닫도록 하려면 어떻게 말해야 할까?' 저는 생각한 끝에 이렇게 말했습니다.

> 엄마: 주원아, 이거 뚜껑이 깨져서 사야 돼. 그래서 엄마가 사려고 해. 14만 원이라고 하네.
>
> 주원: (눈을 크게 뜨고) 엄마, 그거 만 원이 열네 장이 있어야 하잖아요.
>
> 엄마: 그렇지. 우리 한 달 식비가 30만 원인데 14만 원이면 한 달 식비에 반 정도 돼.
>
> 주원: 엄마, 죄송해요. 전 주전자 물 따르는 연습해 보려고 했는데 뚜껑이 떨어졌어요.
>
> 엄마: 그랬구나. 그래, 우리 주원이는 뭘 배웠지?
>
> 주원: 엄마, 물건을 함부로 만지면 안 된다는 걸 배웠어요.
>
> 엄마: 그래. 중요한 걸 배웠네.

일곱 살 아이가 알아들을 수 있게 이야기를 끝낸 저는 신용카드를 꺼내 점원에게 내밀었습니다. 그러자 점원이 말했습니다.

"여기서는 카드가 안 돼요. 현금으로 주셔야 해요."

"네? 카드는 안 된다고요? 현금 14만 원이 없는데요."

"버스 타고 저 아래 주차장으로 내려가서 현금으로 바꿔 오세요."

저는 또 멈추었습니다. '카드여서 계산이 안 된다니. 주차장에서 꼬불꼬불 길을 한참 올라왔는데 다시 내려갔다 오라니.' 속에서 감정이 치밀어 올랐기 때문입니다. 그러나 잠시 후에 감정을 다시 가라앉히고 말했습니다.

"알겠습니다."

가게 밖으로 나와 가족들에게 사실대로 말씀드렸습니다. 다행히 친정어머니가 현금을 가지고 있어서 그 돈을 받아서 계산대로 갔습니다. 돈을 내밀자 점원이 주저하며 말했습니다.

"저, 그냥 원가만 내세요."

"네? 원가가 얼마죠?"

장부를 펼치고 한참을 찾더니

"9만 8천 원만 내세요."

저는 10만 원을 내고 거스름돈을 받았습니다. 점원은 처음과는 다른 태도로 주전자를 정성스레 포장해 주고는 제 주소를 적어 달라고 했습니다.

"주소를요?"

"네. 작가님께 연락해서 뚜껑만 주문할 수 있으면 댁의 주소로 보내 드리겠습니다. 혹시 안 될지도 모르지만요."

"배려해 주셔서 고맙습니다."

정성스럽게 포장된 주전자를 받으며 저는 밝은 얼굴로 인사했습니다. 사려고 하지 않았던, 게다가 뚜껑 없는 9만 8천 원짜리 주전자를 들고 나오는데도 마음은 가벼웠습니다.

계산하는 제 옆에서 조용히 그 모습을 지켜보던 주원이가 저를 따라 나오며 정말 미안한지 제게 감겨 왔습니다. 자신이 사고 싶은 장난감 구입 비용을 일 년에 10만 원으로 정해 그걸 지키는 훈련을 작년부터 하고 있는 아이는 만 원이 어느 정도인지 배우고 있는 중이었습니다. 저는 제게 감기는 주원이의 마음을 알 것 같았습니다. 자기가 한 일에 대한 책임감을 깨닫고 저한테 미안함과 고마움을 느끼고 있었습니다. 저는 말없이 아이를 꼬옥 안았습니다. 아이가 제 가슴으로 파고들었습니다.

그날 뚜껑 없는 9만 8천 원짜리 주전자가 저희 가족에게는 왠지 정말로 작품처럼 느껴졌습니다. 아마도 제가 제 기분대로 했더라면 저 한 사람의 태도로 열여덟 명 가족 모두의 기분을 깨고 여행을 망쳤을 것입니다. 예전에는 그랬으니까요. 주원이가 깬 주전자 뚜껑을 보며 큰 소리로 아이를 나무랐을 것입니다.

'그러게 뭐라고 했어? 집에서 나올 때부터 조심하라고 했지. 까불지 말라고 했. 말 안 들으면 너만 집에 보낸다고 했지. 너 혼자 집에 가?!! 나 너 땜에 못 살아, 못 산다고!!' 아니 화를 참지 못하고 아이 엉덩이를 몇 대 때렸을지 모릅니다.

그리고 목소리를 높이는 점원에게도 더 큰 소리로 말했을 것입니다. '뚜껑만 깼는데 왜 주전자를 다 사야 해요?', '아니 현금을 내라며 주차장에 갔다 오라는 게 말이 되나요?' 하며 크게 언성을 높이면서 싸웠을 것입니다. 만약 제가 그랬다면 기분 좋게 떠난 모두의 여행을 엉망으로 만들었을지도 모릅니다. 그러나 저는 그런 저 자신을 이겨냈습니다. 그동안 조금씩 배우고 훈련한 실력이 쌓이고 쌓여서 온가족의 여행을 이번 사건으로 망치지 않고 오히려 사건이 있어 즐거운 여행으로 만들 수 있었습니다. 저희 가족들에게 그곳은 재미있고 아름다운 추억이 깃든 장소로 기억될 것입니다.

나는 그 주전자에 자신의 이름과 주전자 산 날짜를 적어 달라는 주원이의 얘기를 들으며 먼 훗날 주원이의 모습이 그려졌다. 어머니가 세상을 떠나고 머릿결이 희끗희끗해진 아들이 어느 날 그 절을 찾는다. 그 가게에 들러 나열된 도자기 주전자들을 보며 그날, 주전자 뚜껑을 깼던 그날, 어머니는 가슴 조이는 나의 눈을 다정하게 쳐다보며 말씀하셨지. '주원아, 이거 뚜껑이 깨져서 사야 돼. 그래서 엄마가 사려고 해. 14만 원이라고 하네.' 그리고 9만 8천 원을 선뜻 내면서도 화내지 않았던, 그리고 '물건을 함부로 만지면 안 된다는 걸 배웠어요.' 하는 내게 '중요한 걸 배웠네.' 하셨던, 그리고 꼬옥 안아 주시던, 그 가슴에 묻혀 눈물 흘렸던 개구쟁이 어린 시절을 떠올리게 되리라. '이 주전자 아직도 갖고 있는데.' 하며 점원에게 한 마디 농담을 하지 않을까. '이 주전자 얼마죠? 저는 이 주전자의 원가를 아는데요.' 그렇게 말하고 돌아서서 눈물을 닦지 않을까. 이런 상상을 하면서 또 다른 어머니 얼굴이 떠올랐다.

　선생님, 제 아이가 시험 보고 왔는데 몇 문제 틀렸더라고요. 제가 가르쳤죠. 정말 좋은 마음으로 인내로, 또 인내로, 화내지 않으려고 노력하며 가르쳤어요. 정말 안 되더라고요. 제 목소리가 점점 높아졌어요. 더 이상 계속하면 매를 잡을 것 같아서 그만하자고 했습니다. 그리고 시간이 조금 지난 후에 아이가 많이 반성했을 것이라고 생각하며 말했습니다.
　"네가 오늘 엄마랑 공부하면서 뭘 배웠어?"
　저는 아이가 '다음부턴 엄마 말씀 잘 들어서 열심히 배워야겠다는 생각이 들었어요.'라는 말을 할 것이라고 기대하며 물었습니다. 그러나 아이는 말했습니다.

"네 엄마. 저는요, 제가 엄마 말을 잘 알아듣지 못해서 빨리빨리 이해하지 못하면 엄마가 크게 분노한다는 걸 배웠어요."

멍해서 할 말이 없더라고요.

아이를 가르치는 것과 아이가 배우는 것은 다른 것이다. 아이를 사랑하는 것과 아이가 사랑을 느끼는 것이 다른 것처럼. 나는 두 어머니의 이야기를 들으며 생각했다.

훗날 이 아이들은 각각 엄마를 어떤 모습으로 기억할까. 엄마들은 어떤 모습으로 기억되길 원할까.

29

엄마가 시키는 대로만 해야 해!

지금은 초등학교 6학년인 제 아이 주호가 네 살 때 일입니다. 슈퍼마켓 앞을 지나는데 캐러멜을 손으로 가리키며 말했습니다.

"엄마, 맘마, 맘마 저거 주세요."

하는 것이었습니다. 아직 발음도 정확하지 않은 아이가 세상에 태어나서 처음으로 그 작디작은 손으로 자신의 의사를 밝힌 첫 번째 사건이었습니다. 그러나 저는 '지금이야, 바로 지금이 교육의 기회야.' 그때 아이 교육에 모든 관심을 쏟고 있던 저는 어릴 때부터 확실히 선을 그어 주어야 한다고 생각했습니다.

'세상은 네가 하고 싶은 대로 하는 곳이 아니야. 치과에도 몇 번 갔던 네게 캐러멜은 어림도 없어. 그런 음식은 먹는 게 아니야. 엄마가 아니라면 아닌 거야. 그걸 확실히 알아야 한다고. 너는 아빠 엄마가 시키는 대로만 해야 해.'

그렇지 않은가요. 아이들은 자기한테 뭐가 좋은지 무엇이 옳은지 모르니 아빠와 엄마가 시키는 대로만 해야 하는 거 아닌가요. 그렇게 키워야 하는 거 아닌가요.

그래서 저는 아이의 말을 못 들은 척 앞장서서 걸었습니다. "앙~." 등 뒤로 아이의 울음소리가 들렸지만, 슬쩍슬쩍 뒤돌아보며 그냥 걸었습니다. 아이는 엄마가 멀어지면 쫓아오다 울고, 또 따라오다 울었습니다. 그렇게 집으로 돌아왔습니다. 저도 마음이 아팠지만 아이를 위해서였습니다. 그때 아이는 깨달았던 것 같습니다.

'그래, 엄마는 내 말을 들어주는 사람이 아니야. 앞으로 어떤 요구를 해도 소용없을 거야.' 그렇게 다짐을 했는지 그날 이후 아이는 한 번도 뭘 사 달라고 조르지 않았습니다. 저는 아이를 절제력이 뛰어나고 예의 바르게 가르치고 있다는 자부심으로 흐뭇했습니다.

하지만 그것은 끊임없이 성장하고 발전할 아이의 호기심과 욕구의 문을 단 한방에 닫아걸게 만든 사건이었습니다. 저는 그것을 4년 후, 아이가 여덟 살이 되었을 때야 비로소 깨달았습니다. 저는 아이에게 사과했습니다.

"주호야, 엄마 너에게 미안한 일이 많아. 네가 어렸을 때 엄마는 네 마음을 몰라주고 엄마 마음대로 하면서 너를 억울하게 해서 미안해. 정말 미안해."

제가 진심으로 아파하며 눈물을 흘리자 아이도 눈물 그렁그렁한 눈으로 저를 안으며 "괜찮아요." 하는 것입니다. 그 뒤로 아이는 조금씩, 조심스럽게 자신의 욕구를 표현하기 시작했습니다. 그리고 4학년 때 "엄마, 저 축구선수 되고 싶어요. 축구부 들어가게 오디션 보도록 해 주시면 안 돼요?" 하는 것입니다. 저는 아이의 말을 들으며 '뭐라고? 축구 좀 한다고 다 축구선수 되는 줄 알아? 공부나 열심히 하지.'라며 한마디로 거절할 남편의 얼굴이 떠올랐습니다. 그러나 저는 남편과 의논했고, 아이는 축구하면서 성적을 올리겠다는 약속과 함께 아빠의 허락을 받았습니다. 아이는 전국에서 축구 잘한다는 아이들이 모인다는 이웃 초등학교 축구부 오디션에 합격했습니다. 초등학교 4학년 아이가 새벽 여섯 시에 스스로 일어나 공부했고, 밤 열두 시까지 계획을 세워 공부하고 연습했습니다. 성적도 오르고 여름방학에 13박 14일의 축구 전지훈련도 다녀왔습니다. 축구 경기하다 쓰러져 병원으로 실려 간 적도 있습니다. 그리고 또 1월 동계 훈련을 다녀온 아이가 말했습니다.

"엄마, 저 축구는 취미로 할래요. 축구는 취미로 하는 게 나을 것 같아요. 이제 공부할래요. 공부하는 것이 세상에서 제일 쉬워요."

참으로 듣고 싶었던 말입니다. 몸이 약한 외동아들의 축구부 생활은 남편과 저에게 큰 모험이었습니다. 특히 쓰러져 병원에 실려 갈 땐 남편보다 제가 더 강하게 당장 그만두라고 하고 싶었습니다. 그러나 저와 남편은 기다렸고 아이는 스스로 선택을 했습니다.

자신의 꿈을 향해 열정적으로 뛰었던 아들, 자신을 믿고 응원해 준 엄마, 아빠에 대한 고마움, 아이의 축구부 생활은 저희 가족 모두에게 많은 사랑과 신뢰를 남겨 주고 끝이 났습니다. 그러나 아직도 갈 길은 멀었습니다. 초등학교 5학년이 된 아들은 어느 날 또다시 우리 부부를 시험에 들게 하는 한마디를 했습니다.

"엄마, 저랑 제일 친한 친구 재신이 아시죠. 캐나다에 있는 친구요. 저 3개월만 그 친구 집에 가고 싶어요. 보내 주시면 안 될까요?"

'야, 너 또 엄마 아빠 시험하냐. 캐나다는 그냥 가냐? 돈이 얼마나 많이 드는지 알기나 해? 친구네 부모님은 얼마나 부담되실지 알아? 영어공부라면 한국에서도 얼마든지…. 너 지난번에 축구도 그렇게 목을 매더니, 봐라, 그렇게 끝났잖아.' 등등 하고 싶은 말이 많았죠. 그러나 침착하게 말했습니다.

"그래? 아빠랑 연구해 봐야겠네."

이렇게 대답은 했지만 어떤 결정을 내려야 할지, 또 남편에게 어떻게 동의를 구해야 할지 까마득했습니다. 그런데 며칠 후 아들의 일기장을 보게 되었습니다.

"재신아~ 잘 지내고 있지? 그동안 축구부 하느라 못 한 영어공부 너한테 가서 만회하고 싶어. 엄마는 괜찮다고 하실 것 같은데 아빠가 반대하실 것 같아. 우리 아빠가 허락해 주시도록 기도해 줄래? 너 있는 캐나다에 꼭 가고 싶다. 죽을 만큼 가고 싶다. 나를 응원해 줄래?"

저는 아이의 일기를 빌미로 남편을 적극적으로 설득했습니다. 그렇게 아이는 3개월 동안 캐나다에 다녀오고 지금은 초등학교 6학년이 되었습니다. 캐나다에서 스키를 타다 다친 일도 있지만 많은 경험을 하고 돌아온 아이는 훨씬 여유로우면서 너그러워졌습니다. 죽을 만큼 하고 싶었던 경험에서 많은 걸 배웠기 때문인 것 같습니다. 얼마 전에 남편이 말했습니다.

"여보, 요즘 주호가 활짝 웃는 모습을 자주 봐. 예전엔 별로 웃지 않았던 것 같아."

"그러네요. 정말 그러네요."

저도 놀랐습니다. 네 살 때 사라졌던 환한 웃음이 여덟 살, 4학년, 5학년 그리고 6학년, 이제 되살아나다니요. 부모됨의 의미를 깨닫지 못했다면 영원히 잃어버렸을지도 모를 보석 같은 아이의 환한 웃음을 다시 찾다니요. 그것은 아이를 키우며 겪었던 많은 고통들, 축구하면서 응급실에 실려 가던 날, 아폴로 눈병으로 고생하는 아이를 돌보던 날, 멀리 캐나다에서 스키 타다 다쳤다는 소식을 듣던 날 등, 애간장 태우며 기다렸던 인내의 결과가 아닌가 합니다.

특히 아이가 가장 크게 변한 것을 알게 된 것은 6학년 담임선생님의 말씀을 통해서였습니다.

"주호 어머니, 저는 주호 때문에 수업 시간이 재미있습니다. 제가 질문하면 가장 먼저 손을 들어 대답하는 아이가 주호입니다. 적극적으로 질문도 잘하고 대답도 잘해서 수업 분위기가 활력이 넘치거든요."

저는 놀랐습니다. 유치원 교사였던 저는 아이가 어렸을 때부터 똑똑하게 발표하기를 바라는 마음에서 집에서 아이가 말할 때 하나하나 바로 잡아 주었거든요. 그랬더니 오히려 주눅이 들어서 그런지 유치원부터 참관 수업에 가 보면 아이는 고개도 제대로 들지 못하더라고요. 선생님의 질문에 말 한 마디 못 하더라고요. 저는 급한 마음에 아이에게 반듯하게 발표하도록 윽박지르게 되더라고요. 그게 문제였다는 걸 아훈을 배우면서 알게 되었어요. 제 변화가 뒤늦게 아이의 변화로 나타나더라고요.

오스트리아 정신분석학자 빌헬름 라이히는 말한다.

"어머니들은 아이들을 의식적으로는 사랑하고 있다고 믿지만 무의식적으로는 죽이고 불구로 만든다."

주호 아버지와 어머니는 주호를 사랑했다. 그러나 그 사랑하는 방법이 주호의 웃음을 앗아가고 있었다. 주호는 웃음을 잃은 일생을 살 수도 있었다. 어쩌면 어린 영혼을 서서히 불구로 만들어 가고 있었는지도 모른다. 하지만 축구 오디션, 캐나다 여행, 아주 작은 욕구에서 큰 욕구까지 억누르지 않고 존중하며 스스로 선택하게 해 준 결정이 어떤 결과를 가져오는가. 아이는 스스로 선택한 삶에 대해 최선의 노력을 기울이며 얼마나 많은 것을 배우는지, 부모가 해야 할 가장 중요한 일은 아이가 스스로 선택하는 능력을 기를 수 있도록 도와주며, 그런 기회를 주는 여유로움이 아닌가. 그 모든 것들은 주호의 웃음을 다시 찾아주는 계기가 되었다. 어디서도 주눅이 들어 말 한 마디 못 하던 주호가 이제는 수업 분위기를 활발하게 만드는 주인공이 되었다. 주호는 당당해졌고, 환한 웃음을 되찾았고, 훨씬 성장했고, 세상이 아름다워졌다. 좋은 기회를 놓치지 않고 현명한 길을 선택한 부모님의 영향으로.

나는, 나를 뿌듯한 마음으로 채워 주고 주호의 환한 웃음을 되찾아 준 주호 부모님께 존경과 감사의 마음을 전한다.

30

다른 마음, 같은 마음

　유치원 교사인 저와 여섯 살인 제 딸 예지는 같은 유치원에 다닙니다. 그날은 유치원에서 아이가 집에 가기 위해 신발을 신다가 저를 보자 말했습니다.

　"엄마, 나 선우랑 시계 바꿨어요."

　예지는 아침에 차고 간 플라스틱 뽀OO 시계 대신 훨씬 비싸 보이는 헬로OO 시계를 차고 있었습니다.

　"엄마, 나도 선우 시계가 더 마음에 들고 선우도 내 시계가 마음에 든다고 해서 바꾸기로 했어요."

　저는 할 말을 찾기 위해 주춤했습니다. 이런 일들이 유치원에서 가끔 일어나는 일이기 때문입니다. 아이들이 서로 물건을 바꾸는데 때로는 엄마의 잃어버린 비싼 목걸이를 친구에게 줬다고 해서 문제가 되었던 적도 있었기 때문입니다. 저는 예전 같으면 얼른 '예지야, 안돼. 선우 엄마 아시면 선우 혼나. 그리고 이렇게 비싼 거랑 바꾸는 게 아니야. 어서 돌려 줘!!' 하며 선우 엄마가 알까 봐 걱정하며 다그쳤을 것입니다. 그러나 마음을 추스르며 말했습니다.

> 엄마: 그래. 둘이서 서로 가진 시계가 마음에 들어서 선우랑 바꿨다고. 그런데 선우 엄마도 이 사실을 알고 계실까?
> 예지: 응? … 몰라.
> 엄마: 그래. 엄마는 이런 시계는 선우랑 선우 엄마랑 같은 마음일 때 너희가 시계를 바꿀 수 있다고 생각해. 그리고 예지도 엄마랑 같은 마음이어야 하고.
> 예지: 왜요? 선우 시곈데. 선우도 내 시계가 더 좋다고 하고 나도 그래서 바꾼 건데, 왜 엄마랑 같은 마음이어야 해요?

저는 놀랐습니다. 여섯 살 아이가 시계는 자기 것인데 왜 자기가 결정할 수 없느냐고 저에게 논리적으로 설득해 왔기 때문입니다. 저는 배워서 준비했기 때문에 대답할 수 있었습니다.

> 엄마: 음 ~ 왜냐하면 선우도 너도 아직은 어려서 너희들이 산 것이 아니라 엄마가 사 주신 것이기 때문에 시계를 사 주신 엄마의 허락을 받아야 서로 바꿀 수 있는 거야.

아이는 이해는 되면서도 더 이상 저를 설득시킬 수 없다는 것을 알았는지 대답이 없었습니다. 집으로 돌아오는 내내 자신의 손목에 차고 있는 헬로OO 시계를 보며 시무룩한 표정이어서 집으로 올라가는 엘리베이터 안에서 말했습니다.

> 엄마: 예지가 그 헬로OO 시계가 많이 갖고 싶었구나. 그런데 시

계는 시계를 볼 수 있는 사람에게 필요한 것이거든.

예지: 나 유치원에서 시계 보는 법 배울 거야. 일곱 살 언니들은 배워. 나 배울 거니까 이런 시계 필요해요.

엄마: 그래. 그럼 내일 선우랑 얘기하고 나서 다시 얘기할까? 만일 선우 엄마가 선우랑 다른 마음이고, 예지가 다시 생각해 봐도 시계가 꼭 필요하다면 엄마가 사 주면 될까.

예지: (신나게) 네, 엄마.

다음 날 유치원에서 돌아온 예지가 말했습니다.

예지: 엄마, 선우랑 시계 다시 바꿨어요. 선우 엄마가 다른 마음이래요. 그런데 나 헬로OO 시계 갖고 싶어요.

저는 아이가 갖고 싶다는 시계를 사 주었고, 시계를 선물 받은 예지는 뛸 듯이 기뻐하며 시계 보는 법을 빨리 배웠습니다. 그 뒤, 아이가 가끔,

"엄마, 엄마도 나랑 같은 마음이야?"

할 때면 여섯 살 아이가 말하고 생각하는 수준이 달라졌구나 하는 생각이 듭니다. 저 또한 찜찜하게 끝냈을 사건이 좋은 배움의 기회가 된 것 같아 뿌듯했습니다.

예지는 다른 사람의 마음을 이해하고 배려해야 한다는 새로운 삶의 이치를 깨닫게 되었을 것이다. 자신에게 필요한 것과 아닌 것이 무엇인지, 엄마는 자신이 하고 싶은 것에 반대하는 게 아니라 다른 마음일 수 있으며, 다른 마음인 것은 그럴 만한 이유가 있기 때문

이라는 것을 어렴풋하게나마 배우는 계기가 되었을 것이다. 또한 아이는 엄마가 자신과 다른 마음이어도 자신을 사랑하는 것은 같다는 것도 이해하게 된다. 물론 부모도 새롭게 삶의 이치를 깨닫게 된다. 그렇다면 아이는 부모의 의식수준을 높이기 위해 태어나는 게 아닐까.

이번에는 성우 어머니가 말한다.

저희 집에서도 '엄마와 내가 다른 마음일까, 같은 마음일까.'를 배운 뒤 변화가 있었습니다. 초등학교 1학년인 동생의 친구들이 집에 오면 4학년 형 성우가 불편해했습니다. 자신이 아끼는 장난감들을 동생 친구들이 마음대로 갖고 놀기 때문입니다. 그러나 달라졌습니다. 친구들이 형의 장난감을 만지려고 하면 동생이 "잠깐만!"을 외치며 "잠깐 기다려. 우리 형도 같은 마음인지 물어보고 올게." 하며 형에게 말합니다.

"형! 이 장난감으로 내 친구들이 놀고 싶어 하는데 형도 같은 마음이지."

'같은 마음이야?' 질문하지 않고 '같은 마음이지.' 하는 동생의 마음을 알고 형도 '같은 마음'이라고 하면서 사랑스럽게 동생을 쳐다봅니다.

그런 성우가 어느 날 학교에서 돌아와서 제게 말했습니다. 얼마 있으면 외국으로 이민을 가는 친구에게 자기가 아끼는 장난감 로봇을 주기로 했다는 것입니다.

"형석이한테 이 로봇을 주기로 했는데 엄마도 같은 마음이죠?"

저는 깜짝 놀랐습니다. 그 건담 로봇은 얼마 전 결혼한 외삼촌이 신혼여행 다녀오면서 성우에게 준 특별한 선물이었습니다. 그런데 성우는 친구 형석이가 로봇 모으는 것을 특별히 좋아하는데 자신이 갖고 있는 건담 로봇을 사고 싶어 열심히 찾았지만 한정판이어서 살 수 없었다는 것을 잘 알고 있었습니다.

엄마: 어? 응? 엄마는 다른 마음이야.

성우: 왜요?

엄마: ('왜긴 왜냐? 네 삼촌이 선물한 하나밖에 없는 귀한 로봇이 잖아. 그것도 한정판이라는데.' 하고 싶지만) 삼촌의 신혼 여행 특별 선물이어서 그래. 삼촌한테 미안해서.

성우: 네. 그건 그런데요. 그래도 형석이가 다음 주에 필리핀으 로 가는데 그 로봇을 좋아해서요.

엄마: ('걔가 좋아한다고 아무거나 다 주냐?' 하고 싶지만) 그래서 형석이한테 선물하고 싶다고.

성우: 네. 엄마도 같은 마음이면요.

엄마: ('같은 마음이긴, 한심한 놈아.' 하고 싶지만) 그래. 엄마는 다른 마음이야. 하지만 성우가 이미 친구에게 주기로 약속 을 했고, 약속은 지켜야 하는 거니까 이번에는 같은 마음 으로 할게.

성우: (해맑게) 네. 엄마, 다음부터는 선물을 하더라도 엄마하고 먼저 얘기하고 난 다음에 친구랑 약속을 할게요. 그리고

삼촌한테는 제가 사정을 얘기할게요.

아이는 해맑게 얘기하는데 저는 여전히 떨떠름한 채, 로봇을 대충 포장해 주었습니다.

다음 날 성우는 선물로 들고 갔던 로봇을 다시 가져왔습니다.

성우: 엄마, 형석이가요. 이미 받은 거나 마찬가지라고 저한테 다시 줬어요.

엄마: 응? 형석이가 그렇게 갖고 싶어서 찾았다는 그 로봇을 안 받았다고?

성우: 네.

아이가 이유를 설명해 주었습니다. 형석이가 이거 어디서 산 거냐고 자기는 아무리 찾아 봐도 살 수 없었다고 해서 삼촌이 신혼여행 다녀오면서 선물로 사 준 거라고 했더니 그런 걸 그냥 줘도 되는 거냐고 해서 그렇다고 했더니 엄마가 줘도 된다고 했느냐고 묻길래 그대로 말했다고 했습니다. 엄마도 같은 마음일 줄 알았는데, 엄마는 다른 마음이지만 내가 약속을 했으니까 이번에는 엄마도 같은 마음으로 한다고 그랬다고요. 그랬더니 형석이가요, 그런 선물을 자기한테 주려고 한 것만으로도 이미 받은 거나 마찬가지라고 삼촌이 선물로 준 거니까 다시 가져갔으면 좋겠다고 해서 자기도 기쁘게 받아서 가져왔다고 했습니다.

엄마: 그래. 우리 성우 덕분에 우리 모두 많은 걸 배웠네~ ~.

마무리는 했지만 어딘가 마음 한구석이 허전해서 그날 저녁 아이에게 말했습니다.

> 엄마: 성우야, 하나밖에 없는 로봇을 친구에게 준다는 너와, 또 너의 마음을 알고, 받은 것으로 하겠다는 형석이의 우정이 참으로 아름다워서 엄마도 이제 같은 마음이 되었어. 엄마도 너랑 같은 마음으로 형석이에게 선물하고 싶은데 어떡할까?

성우: 네? 엄마, 정말요? 고맙습니다.

성우는 다시 예쁘게 포장한 선물을 다음 날 학교에 가져갔고, 선물은 다시 돌아오지 않았습니다.

그리고 지난 겨울방학. 필리핀에 갔던 형석이네가 한국에서 일주일간 머물렀는데 형석이는 바쁜 일정인데도 목동에서 분당까지 찾아와서 성우와 하루를 보냈습니다. 성우 선물은 물론 성우 동생 선물까지 가지고 찾아왔습니다.

그리고 성우 어머니는 말했다.

"선생님, 특별한 우정을 쌓고, 또 많은 걸 배울 수 있는 기회는 언제나 우리 곁에 있는 것을요. 그리고 그 기회를 모르고 그동안 얼마나 소중하고 귀한 기회들을 놓쳐 버렸는지요. 그러나 실천할 많은 기회가 남아 있음에 얼마나 감사한지요."

31

돌아보니
화내지 않고 부탁한 적이 없었네요

저와 남편 그리고 하나뿐인 딸아이까지 모두 함께 모처럼 외출하는 시간은 늘 분주합니다. 저는 식사 준비, 설거지, 아이 챙기기, 그리고 화장까지, 바쁘게 뛰어다니는데 남편은 본인 준비만 하고 소파에서 신문을 봅니다. 저는 언제쯤 남편이 좀 도와주려나 눈치만 살피다가 드디어 터집니다.

> 아내: 아!!! 진짜!!! 몇 번을 얘기해야 돼? 아침에 바쁠 땐 좀 같이
>   하자고!!!
> 남편: (황당한 표정으로) 뭘?! 뭘 같이 하자는 거야?
> 아내: 보면 몰라? 내가 바쁜 거 모르냐고?
> 남편: 그럼 말을 제대로 해!! 짜증내면서 말하지 말고!!
> 아내: 그걸 말을 해야 알아? 바빠서 정신없는 거 안 보여?
> 남편: 왜 또 아침부터 짜증이야.

아내: 아니, 그러니까 짜증 안 나게 좀 하라고!! 자기 생각만 하고 그렇게 이기적으로 행동하지 말고!!!

남편: 뭐? 이기적이라고? 당신 그렇게 함부로 말하지 마!!

'이기적인 말 안 듣게 해 봐! 으이그!!' 하고 싶지만 속으로 삼키며 참습니다. 그렇게 외출하면 외출하기 전부터 가족 모두의 기분은 엉망이 됩니다.

저희 부부는 하와이에서 만났습니다. 남편과 저는 서로 다른 이유로 연수를 갔고 거기서 만났습니다. 한국에 돌아오자 대구에 사는 남편과 경기도 분당에 사는 저는 매주 분당에서 만났습니다. 멀리서 올라오는 남편이 안타까워 제가 대구로 간다고 하면 제가 힘들다고 남편은 펄쩍 뛰면서 가끔 중간 지점인 대전에서 만나기도 했습니다. 그렇게 서로를 위하면서 결혼했고 저희는 행복했습니다. 아이가 태어나기 전까지는요. 그런데 아이가 태어나면서 제가 할 일이 많아지자 차츰 힘들기 시작했습니다. 물론 제가 하는 직장 일을 일주일에 두 번 정도로 줄이기는 했지만 여전히 할 일은 많더라고요. 할 일이 많아지자 짜증나는 일도 점점 많아지고 남편과의 거리도 조금씩 멀어지는 것 같았습니다. 그런데 아훈 프로그램에 참가하면서 제 행동에 변화가 생기기 시작했습니다. 자주 다투던 위와 같은 상황에서도 제가 배워서 준비한 대로 실천해 보았습니다. 결과도 달라지더라고요.

아내: 여보, 당신에게 부탁할 일이 있는데 지금 얘기해도 돼요?

215

남편: 그게 뭔데?

아내: 네. 일주일에 한두 번 있는 일인데요. 온 식구가 외출할 때요. 제가 외출할 준비를 하려면 식사 준비, 설거지, 아이 챙기는 일, 그리고 화장도 해야 하고. 이런 일들을 하면서 시간 맞추려면 혼자 하는 게 분주하거든요.

더 얘기하기도 전에 남편이 말했습니다.

남편: 그래? 그럼 내가 뭐 하면 될까?

'그걸 몰라서 묻냐?' 하고 싶었지만 이렇게 대답했습니다.

아내: 네. 아침 식사 후에 설거지나 아이 챙기는 거요.

남편: 알았어.

아내: 여보 고마워요.

남편: 나도 부탁 하나 해도 될까?

아내: 무슨 부탁요?

남편: 당신이 무슨 일이 있을 때 화내지 않고 지금처럼 말하면 나는 뭐든지 다 할 수 있어. 난 당신이 화내면 무서워.

'그럼 무서우라고 화내지, 기분 좋으라고 화내냐.' 하고 싶었지만 이렇게 말했습니다.

아내: 알았어요. 미안하고 고마워요.

돌아보니 화내지 않고 부탁한 적이 없었습니다. 정말 미안했습니다.

이렇게 간단하고 쉬운 것을요. 왜 그동안 이런 걸 몰랐는지요. 요즘은 남편을 하와이에서 처음 만났던 설레는 마음으로 살고 있습니다. 그동안 열심히 배우고 훈련한 결과를 실감합니다.

아름다운 부모들의 이야기 2

옆에 있던 수강자가 말했다.

초등학교 2학년인 제 딸이 엄마는 언제 가장 행복하냐고 묻더라고요. 제가 배우지 않았다면 무심코, 아니면 이때다 싶어 '네가 엄마, 아빠 말 잘 듣고, 공부 잘할 때.'라고 대답했겠지만 저는 물어보는 아이의 마음을 이해하고 제 마음 깊은 곳의 진실을 말했습니다.
"엄만, 네가 행복할 때 엄마도 가장 행복해."
아이가 활짝 핀 꽃처럼 웃더라고요. 제 마음에도 활짝 꽃이 피었습니다.

마음 깊은 곳에 감춰져 있는 귀한 선물을 꺼내지 않으면, 꺼내는 방법을 모르면 그냥 묻혀 버리는 게 아닐까. 남편은 자기 마음속에 가득 담겨 있는 아내에 대한 사랑을, 아내는 남편에 대한 깊은 애정을 꺼내지 않으면, 그 방법을 모르면 그냥 묻혀 버리지 않을까. 아이 또한 자신이 엄마 말을 잘 듣고 공부 잘할 때 엄마가 행복하다면 그렇지 않을 때 엄마는 불행하다고 오해하게 되지 않을까. 인간관계는 작은 사건 하나에서, 짧은 한 마디의 대화에서 행복할 수도 괴로울 수도 있다. 그것이 아훈을 계속해서 배우고 훈련해야 하는 이유다.

32

엄마는 네 말을 들으니까
생각해야겠네

신비 어머니는 말했다.

선생님, 저녁 식탁에서 밥을 먹으려는데 하나뿐인 딸 다섯 살 신비가 사탕을 가져와서 묻는 거예요.

"엄마, 저 이 사탕 먹어도 돼요?"

저는 아이의 질문을 받는 순간 '욱'하는 감정이 올라왔습니다. 뻔한 일입니다. 신비가 사탕을 먹으면 먹어야 할 밥을 제대로 못 먹기 때문입니다. 신비는 정말로 밥을 잘 먹지 않습니다. 또래 아이들에 비해 워낙 왜소해서 저의 친정어머니는 만날 때마다 야단입니다. '넌 애를 왜 저렇게 굶기고 다니냐, 왜 하나밖에 없는 딸이 저 모양이냐.' 하시기 시작하면 잔소리가 끝없이 이어집니다. 그래서 친정어머니를 만나는 게 두려울 때도 있습니다. 제가 평소에 하는 말은 다음과 같습니다.

신비: 엄마, 저 이 사탕 먹어도 돼요?

엄마: 안 돼!! 조금 있다가 밥 먹어야 돼.

신비: 이거 먹어도 밥 잘 먹을 수 있어요~ ~ .

엄마: 너 지난번에도 그렇게 말해서 과자 먹고 밥 잘 안 먹었잖
      아. 기억 안 나? 밥 먹고 나서 먹어!

신비: 싫어. 지금 먹을래.

엄마: 그래? 그럼 밥 먹지 마!!!

신비: 앙~ 나 사탕 먹을 거야.

아빠: 왜 애를 울리고 그래. 그냥 놔 둬.

엄마: 제가 울렸어요? 지가 우는 거지. 그럼 사탕만 먹고 밥 안
      먹어도 돼요?

아빠: ….

선생님, 이런 대화 말고 다른 대화가 있나요? '이 사탕 먹어도 돼
요?' 이 말에 '그래. 먹어도 돼.'라고 말할 엄마가 있을까요. 단란해
야 할 저녁 식사시간에 아이의 말 한 마디로 온 식구의 기분이 다
망가지고 엉망이 되다니요. 저도 아이를 임신하면서부터 다섯 살
이 되기까지 많은 공부를 했습니다. 자녀교육에 대한 책은 거의 빠
뜨리지 않고 보았습니다. 그런데 식탁에서 아이의 한마디에 제가
무슨 말을 어떻게 해야 하는지, 그 많은 책에서 답을 찾을 수가 없
더라고요. 이런 경우에 제가 어떤 말을 어떻게 해야 하죠?

신비 어머니는 위와 같이 자주 일어나는 상황에 대비해 배운 대
로 실천한 결과를 말했다.

신비: 엄마, 저 이 사탕 먹어도 돼요?

엄마: 아~ 신비가 지금 사탕 먹고 싶구나.

신비: 네, 엄마.

엄마: 그래. 엄마는 네 말을 들으니까 생각해야겠네.

신비: 왜요?

엄마: 여섯 시가 되면 저녁을 먹어야 하는데 사탕을 먹으라고 하
면 신비가 밥을 다 못 먹을 것 같고 먹지 말라고 하면 신비
가 서운할 것 같아서 엄마가 생각해야 해.

신비: … (한참 지난 뒤에) 아!! 그럼 이렇게 하면 되겠다.

엄마: 어떻게?

신비: 식탁에 놔뒀다가 밥 먹고 먹을게요.

엄마: 와아!! 그러면 되겠네. 우리 신비 생각하는 박사님이네.

아이가 활짝 웃으며 사탕을 식탁 한 쪽에 놓아두고 밥을 먹는 것
입니다. 정말 놀라웠습니다.

제가 '엄마가 생각해야 해.' 했을 때 한참 침묵하는 아이를 보면서
'그렇지. 다섯살인데. 아직 어려서 아이가 내 말뜻을 이해하지 못하
는구나.' 했습니다. 그러나 아이는 제 말뜻을 정확히 이해하고 있더
라고요. 이렇게 작은 사건으로 아이가 스스로 연구하고 자신의 욕
구를 절제하는 훈련의 기회가 되다니요. 신기했습니다.

그리고 이러한 사건들은 날마다 이어졌습니다. 신비가 여섯 살이
되었을 때 그날도 제가 젖은 머리를 말리고 있는 화장대 앞에 앉아
있던 신비가 제가 자주 사용하는 아이섀도를 바닥에 떨어뜨렸습니
다. 아이섀도는 산산조각이 나서 부서지고 가루가 여기저기 흩어

졌습니다. 평소 같았으면 제가 나오는 대로 불쑥 말했을 것입니다.

'아~~!! 신비야, 엄마 화장품 떨어지면 망가진다고 했잖아.'

'….'

'아, 아까워. 엄마 이거 새로 산 건데. 어떡해…. 신비야, 앞으로 조심해. 엄마 물건 함부로 만지면 안 돼, 알았어?… 왜 대답 안 해? 알았어, 몰랐어?'

'… 알았어요.'

예전 같으면 아이의 대답은 듣는 둥 마는 둥 속상한 마음을 눌러 참으며 물티슈를 가져와 닦으면서 짜증스럽게 '아~ 아까워.' 했을 텐데요. 순간 '이거는 아니야.' 하는 생각이 들었습니다. 저는 배운 대로 아이의 마음을 읽으며 말했습니다.

"신비야, 미안하지?"

아이가 눈을 비비며 울먹였습니다. 우는 아이를 보자 저는 또다시 정신이 번쩍 들었고 아이를 안아 주며 말했습니다.

엄마: 엄마가 미안해. 안쪽에 놔야 하는데 바깥에 놓은 엄마 잘못이야.

신비: 목말라요.

'어?! 이렇게 끝나도 되는 건가.' 저는 목마르다는 아이의 말에 각본대로 되지 않은 뭔가 부족한 듯한 찜찜함이 남아 있었지만 아이에게 물을 주고 다시 와서 머리를 말리고 있었습니다. 시간이 조금 지난 뒤, 아이는 소리 없이 제 곁으로 다가와서 말했습니다.

신비: 엄마 ~ 아까 화장품 떨어뜨려서 죄송해요.

엄마: (아이를 안아 주며) 신비야, 괜찮아~. 엄마가 화장품을 잘 놓을 걸. 미안해.

신비: 엄마가 친절하게 말해 줘서 정말 고마워요.

저는 정말 또다시 놀랐습니다. 여섯 살 아이도 무엇이 고마움인지, 무엇이 친절함인지 알고 있다는 사실에 놀랐습니다. 새삼스럽게 아이를 존중해야 한다는 준엄한 진실을 이해하는 기회였습니다. 아훈을 만난 행운이었습니다.

여섯 살 신비에 대해서 다시 생각해 본다.

밥 먹기 전에 사탕 먹고 싶은 신비에게 어떻게 밥 먹은 후에 사탕 먹도록 도와줄 것인가. 화내고 야단치면서 가르치면 아이가 스스로 통제할 힘을 기를 수 있을까. 화장품을 깨뜨린 아이의 불안과 두려움을 감싸안으면서 다음에 조심하고 싶도록 도우려면 어떻게 해야 하는가.

'엄마, 이 사탕 먹어도 돼요?' 했을 때, '안 돼. 이제 밥 먹을 거잖아. 지금 사탕 먹으려면 밥 먹지 마.' 등 야단을 치면 자신의 행동에 대해 객관적으로 생각할 여유가 없어진다. 화장품을 깼을 때도 '아~~!! 신비야, 엄마 화장품 떨어지면 망가진다고 했잖아. 엄마 물건 함부로 만지면 안 돼, 알았어? … 왜 대답 안 해? 알았어, 몰랐어?' 하고 야단맞으면 자신의 잘못을 판단할 힘을 잃는다. '네가 지금 사탕을 먹으면 밥을 다 못 먹을 것 같고 먹지 말라고 하면 신비

아름다운 부모들의 이야기 2

가 서운할 것 같아서 엄마가 생각해야 해.' 하면 신비는 '엄마가 내 편이 되어 나를 위해 연구해 주시는구나.' 생각하게 된다. 그래서 신비는 말한다. '그럼 이렇게 하면 되겠네.'에서 '그럼'이라는 단어는 어머니가 말한 내용을 이해했다는 뜻이다. 어머니의 마음을 이해했기 때문에 신비는 자신이 할 일을 생각하게 된다. '식탁에 놔뒀다가 밥 먹고 먹을게요.' 자신이 할 일을 자신이 결정하게 된다. 그리고 자신이 결정해서 한 말에 대해 책임을 지려고 노력하게 된다. 또한 신비가 어머니의 화장품을 실수로 깨뜨렸을 때, 어머니는 실수한 신비의 마음을 읽으며 말한다.

'엄마의 화장품을 깨뜨려서 미안하지.' 그리고 더하여 말한다. '엄마가 미안해. 왜냐하면 엄마가 떨어지면 깨질 화장품은 저 안쪽에 놨어야 하는데 바깥쪽에 놓았기 때문이야.' 이렇게 신비의 마음을 먼저 이해해 주고 엄마의 잘못인 부분을 인정하면 신비는 '그래도 제가 조심했으면 깨지지 않았을 거예요. 앞으로 조심할게요.' 하는 마음이 든다. 아주 작은 부분이라도 어머니가 먼저 잘못했다고 하면 아이도 자기가 조심했어야 한다는 생각을 하게 되고 결국 자신의 행동을 책임지게 되는 것이다. 그러므로 이러한 어머니를 만난 신비는 행운이다. 나 또한 아훈 프로그램의 효과를 입증해 준 신비 어머니를 만난 것은 행운이다.

33

왜 남편에겐
작은 일에도 화가 날까요?

선생님, 왜 작은 일에도 남편에겐 화가 많이 날까요? 오랜만에 남편과 마트에 갔는데 제가 잘 아는 길이어서 "여보, 왼쪽으로 가요." 했는데 제 말과는 반대로 오른쪽으로 가더라고요. 정말 화가 났어요.

아내는 말한다.

위와 같은 경우 큰 소리로 덤비면서 싸우든가, 며칠 말을 하지 않고 모았다가 어느 날 터트리든가, 영문도 모르는 아이들에게 쏟아 놓거나 하거든요. 왜 그렇죠?

위의 사건을 어떻게 풀었는지 소개한다.

저의 집에서 가까운 마트는 제가 늘 다니는 길이어서 샛길까지 잘 알거든요. 그날은 오랜만에 함께 간 남편이 운전대를 잡았습니다. 마트 주차장을 빠져나오면서 저는 빨리 집에 갈 수 있는 샛길을 남편에게 설명했습니다. "여보, 여기서 왼쪽으로 가요." 그랬는데 남편은 오른쪽으로 가더라고요. 결국 한참을 돌아서 집으로 갔어요. 화가 안 나겠어요. 저는 화가 났지만 이번만은 배운 대로 하려고 꾹 참으며 '문제가 무엇인가? 어떻게 풀까? 남편에게 뭐라고 말하면 이런 일이 반복되지 않을까?'를 연구했습니다. 남편이 내 말을 무시하는 이유는 뭘까? 내가 너무 까다롭게 대하는 건 아닌가, 생각하다 보니 감정이 가라앉긴 했지만 다시 비슷한 상황이 오면 다음처럼 말하면 될까요?

1) "당신이 왼쪽이라는 제 말을 무시하고 오른쪽으로 핸들을 돌리니까(상대의 행동), 저는 무시당한 느낌이 들어 서운하고 답답하네요(나의 느낌)."

2) "당신이 제 말에 대답 없이 운전대를 돌리니까(상대의 행동), 제가 무시당했다는 느낌이 들고 또 내가 투명인간인가 하는 생각에 답답하고 서운하네요(나의 생각이나 느낌)."

나는 이런 질문을 하는 수강자들을 좋아하고 또 사랑한다. 그들은 늘 깨어 있고 나날이 변화하는 사람들이다. 위 상황에서 "왼쪽으로 가요." 하는 아내의 말은 남편의 입장에서 명령으로 들릴 수 있다. 누구나 다른 사람의 명령을 기쁘게 받아들이기는 쉽지 않다.

다음과 같이 대화가 이어졌다면 어떤가?

'여보, 집으로 가는 빠른 샛길 제가 알고 있는데 말할까요?'

'어디로 가는데?'

'여기서 좌회전해서 삼거리에서 우회전하면 바로 집 앞길로 이어져요.' 했으면 남편이 말없이 우회전했을까. 그리고 '여보, 좌회전해요.' 했는데 우회전하면 아내는 멈추고 생각한다. 배우는 아내라면 남편이 우회전하는 이유를 금방 찾게 될 것이다. 그리고 말한다.

'여보, 제가 명령해서 미안해요. 여긴 제가 늘 다니는 길이라 빠른 샛길을 알고 있는데 알려 드리려고 했어요.'

이렇게 했다면 남편이 아내를 투명인간처럼 대했을까. 또한 아내가 어떤 시점에서 말했느냐도 중요할 수 있다. 운전하는 입장에서는 준비되지 않은 상태에서 갑자기 방향을 바꾸는 것은 위험하다. 운전자가 충분히 준비할 수 있게 말하는 방법도 필요하다. 만약 처음에 출발하기 전 다음과 같이 대화가 이어졌다면 어떨까?

아내: 여보, 집으로 가는 빠른 샛길 제가 알고 있는데 안내할까요?

남편: 어디로 가는데?

아내: 여기서 좌회전해서 삼거리에서 우회전하면 바로 집 앞길로 이어져요.

이랬다면 운전하는 남편에게 준비하는 시간도 주고 명령이 아니라 도움을 받는 느낌을 주지 않았을까? 그랬다면 남편이 아내 말을 무시하고 그냥 우회전했을까. 세상이 아무리 변해도, 아무리 가까운 부부관계라고 해도 변하지 않는 진리 중 하나는 내가 존중받기를 원한다면 상대방을 먼저 존중해야 한다는 것이다.

저는 배운 대로 잘 되는 것 같다가도 완전히 예전으로 돌아가 버리는데 왜 그럴까요. 그날은 차로 두 아이를 유치원 데려다 주는 길에 가벼운(?) 접촉 사고가 났습니다. 사람은 다치지 않았지만 제 차의 한 쪽이 눈에 띄게 찌그러졌습니다. 남편에게 문자를 보냈고, 아이들과 제가 괜찮냐고 묻는 남편의 문자에 고마웠습니다. 차의 망가진 부분을 사진으로 보내면서 정말 운전은 조심해야겠다고 다짐하고 또 다짐을 했습니다. 그런데 잠시 뒤 남편의 문자를 받았습니다.

〈방어 운전을 하지 않으면 정말 혹독하다. 그것만 명심해라.〉

남편의 문자를 보자 이상하게 고맙던 마음이 한순간 다 사라졌습니다. 하지만 저는 멈추고 생각했습니다. 저녁 식탁에서 '창피하게 저런 차를 끌고 다니지 말고 빨리 수리해라.'를 비롯한 남편의 계속되는 훈계, 설득, 충고도 꾹꾹 눌러 참았습니다.

다음 날 자동차 수리를 맡기고, 사고가 일단락 처리된 것 같아 마음도 놓이고 긴장도 풀려서 집에서 편히 쉬려고 했습니다. 그런데 갑작스럽게 남편의 전화가 왔습니다. 대학친구들 저녁모임이 집 근처에서 있는데 좋은 장소 아느냐고요. 괜찮은 장소를 알려 줬더니 남편은 이렇게 말했습니다.

남편: (약간 조심스럽게) 그럼 차는 집에서 마셔도 괜찮을까?

아내: 그럼 괜찮아. 나도 오랜만에 친구들 얼굴도 보게 집으로 와
　　　요.

저와 남편은 대학동창이라 남편의 대학친구들은 저에게도 친구
였습니다.

남편: 집 청소하고 준비하려면 힘들 텐데… 괜찮아?

아내: 청소 간단하게 하면 되고 차랑 과일만 있으면 되잖아요. 준
　　　비할게요.

어제 일로 많이 지쳐 있었지만 여기까진 기쁘게 하려고 했는데
남편은 또 말했습니다.

남편: 근데 밥도 집에서 먹으면 안 될까?

'집에서 밥을? 지금 어떻게 준비하라고?' 남편의 말을 듣는 순간,
저의 존재가 모두 무너지는 절망감을 느꼈다고 할까요?

남편: … 날씨도 추운데 나가기 그래서… 집에서 먹으면 안 될
　　　까?

아내: (화가 나서 큰 소리로) 정말? 진심으로 하는 얘기인가요?
　　　아니, 지금 나는 어제 교통사고 난 사람인데. 어떻게 식사
　　　얘기를 할 수 있지. 이해가 안 돼요.

남편: 아니, 못하면 그만이지 왜 소리를 높여!!

아내: 지금 나한테 어떻게 그런 얘기를 할 수 있냐고요.

남편: 됐어, 더 이상 얘기하고 싶지 않아.

전화가 끊겼고 저는 괴로웠습니다. 남편에 대한 실망감도 있었지

만 저 자신에 대한 실망감이 더 컸습니다. 사람이 변하기가 이렇게 어려운 것인지요. 한순간에 무너지더라고요. 평소에 자상하게 잘 도와주는 남편인데 조용히 말하면 될 것을요. 기회가 되면 사과하려고 준비하고 있습니다.

무엇이 잘못되었을까? 어떻게 말해야 했을까?
"근데 밥도 집에서 먹으면 안 될까?" 했을 때,
"당신 집에서 밥 먹고 싶은데 교통사고 후유증인가 몸이 많이 지쳐서 밥 준비할 힘이 없네요. 어떡하죠?" 남편을 이해하면서 자신의 느낌도 차분하고 솔직하게 얘기했다면 남편은 어떤 대답을 했을까. 흔쾌히 저녁식사는 밖에서 하고 집에서 아내의 차 준비도 돕는다고 하지 않았을까?

사랑으로 맺어진 부부관계지만 매 순간 상대방을 배려하는 마음을 지녀서 준비하지 않으면 한순간에 서로의 감정을 불편하게 한다. 그러므로 깨어서 준비하지 않고 하는 말은 언제나 우리를 후회하게 만드는 것을, 수강생의 얘기를 들으며 오늘도 나를 돌아본다.

34

아들이 당신처럼만 살라는 얘기죠

자전거를 잃어버리고 나서 일주일 후 중학교 2학년 아들인 준호가 제게 말했습니다.

"엄마, 저 자전거 사고 싶어요. 제가 봐 둔 자전거는 66만 원인데요. 제가 세뱃돈과 용돈으로 모은 36만 원과 아빠가 20만 원 엄마가 10만 원을 크리스마스 선물로 도와주시면 살 수 있어요."

'뭐라고? 66만 원짜리 자전거를 산다고? 중학교 2학년이? 너 그걸 말이라고 해? 아빠에게 말한다고? 아빠가 사 준다고 하실 것 같아?' 하고 싶었지만 본인이 모아 둔 돈과 또 크리스마스 선물이라는 말에 마음이 약해져서 말했습니다.

"그래, 66만 원짜리 자전거를 산다고? 아빠에게 어떻게 말하지? 엄마가 연구해 볼게."

저는 66만 원짜리 자전거라면 말도 못 붙일 것 같은 남편에게 뭐라고 말해야 할지 정말 난감했습니다. 그러나 연구해 보지도 않고 안 된다고 말하기엔 아들에게 미안한 마음이 들었습니다. 저는 연구소에서 이민정 선생님과 의논하고 준비한 다음 기회를 보다가 며칠 뒤 남편에게 말했습니다.

아내: 여보, 의논할 일이 있는데요. 당신이 따뜻한 아빠가 될 수 있는 얘기예요.

남편: 또 돈 얘기지?

'으이그, 그럴 줄 알았다고. 당신은 뭐든지 돈이야 돈? 돈밖에 모르지.' 생각이 꼬리를 물었지만 침착하게 말했습니다.

아내: 네. 그래요. 당신이 준호의 기억 속에 영원히 좋은 아빠로 남게 되는 이야기예요.

남편: 무슨 얘긴데?

아내: 준호가 사고 싶은 자전거가 66만 원인데 준호가 모아 놓은 돈 36만 원과 크리스마스 선물로 아빠가 20만 원, 엄마가 10만 원 도와주면 살 수 있다고 해요.

남편: 그러니까 66만 원짜리 자전거를 산다고?

아내: 네. 저도 걱정이 돼서 연구소에서 이민정 선생님과 의논했어요.

저는 선생님과 의논한 얘기를 남편과 나누었습니다. 준호가 66만 원짜리 자전거에 대해서 연구를 많이 했다고 했습니다. 자전거를 잘 보관할 방법을 연구했고, 대학생 될 때까지 탄다고 했고, 돈을 함부로 쓸까 봐 걱정하지 않아도 된다는 얘기 등 몇 가지 적어 놓은 내용을 열심히 얘기했습니다. 그러자 드디어 남편이 말했습니다.

남편: 알았어.

저는 초조하게 기다리는 아들에게 이 기쁜 소식을 전했습니다. 아들이 펄쩍 뛰며 좋아했습니다. 그런데 그 후 며칠이 지나도 남편은 준호에게 말하지 않았습니다. 말이 없는 남편과 초조하게 기다리는 준호 사이에서 저는 또 고민하며 생각하다 남편에게 말했습니다.

아내: 여보, 준호가 자전거에 대한 아빠의 대답을 많이 기다리고 있어요.

남편: 아무리 생각해도 이건 아닌 것 같아.

'당신 분명히 알았다고 했잖아요. 그건 사 준다는 얘기 아니었어요? 왜 남자가 이랬다저랬다 하는 거예요?' 하고 싶었지만 저는 또 마음을 가다듬고 말했습니다.

아내: 여보, 당신은 60만 원이 넘는 자전거를 준호에게 사 주는 게 걱정되는 거죠.

남편: 그렇지. 중학교 2학년이 어떻게 66만 원짜리 자전거를 사느냐고. 나는 중학교까지 형이 타던 고물 자전거를 타다가 고등학교 때도 중고를 샀다고. 도저히 이해가 안 돼.

'그러니까 당신 아들도 당신처럼 고물자전거만 타야 한다는 거죠. 아들이 당신처럼만 살라는 얘기죠. 당신이 살던 그 가난한 시절로 아들도 돌아가라는 거죠. 당신이 안 된다면 제가 사 줄게요.' 하고 싶었지만 준비한 내용으로 말했습니다.

아내: 그래요. 당신은 준호가 당신이 살았던 만큼만 살라고 하는
　　　건 아니죠. 여보, 저는 준호가 자기가 정말 바라는 것을 얻
　　　기 위해 많은 연구와 고민 끝에 우리에게 말했다고 생각해
　　　요. 그런데 안 된다고 하면 준호는 앞으로 자신이 하고 싶
　　　은 일이 있어도 '연구해 봐야 안 될 텐데.' 하고 아예 포기
　　　해 버릴까 봐 걱정돼요.

제 얘기를 가만히 듣던 남편이 마음의 결정을 내린 듯 잠시 뒤 아
들을 불렀습니다. 그리고 말했습니다.

남편: 준호야, 네가 연구를 많이 해서 자전거 산다고 하니까 네
　　　가 앞으로 경제 활동을 잘 할 거라는 생각이 들어. 금융회
　　　사에 다니는 아빠보다 더 잘 할 것 같아. 엄마 아빠는 그
　　　런 너를 축하해 주는 마음으로 기쁘게 자전거를 사 주고 싶
　　　어. 혹시 100만 원짜리를 산다고 해도 사 줄 수 있어. 그럼
　　　아빠가 60만 원 보태 줄게.

준호: (활짝 웃으며) 얏호!! 콜!!!

'아! 준호가 진짜로 100만 원짜리를 산다고 하면 어쩌지!' 저는 가
슴이 철렁했습니다. 그런데 잠시 후, 아들이 웃으며 말했습니다.

"장난이에요. 흐흐흐."

우리 모두는 유쾌하게 웃을 수 있었습니다. 저는 남편에게 준비
했던 말을 했습니다.

아내: 여보, 당신이 사랑을 가득 담아 준호에게 얘기해 줘서 당신
　　　참 존경스럽고 고마워요. 준호가 자전거 타면서 아빠를 다

른 데는 아끼시지만 자기가 원하는 건 아낌없이 사 주시던
고마운 아빠로 기억하겠네요. 당신 참 멋있네요.

남편도 제 말을 이어서 한 마디 했습니다.

남편: 당신이 배우니까 나도 아들한테 마음대로 말을 못 하겠네.
생각해서 말을 해야 하니 말이야.

아내: 그 덕분에 준호와 아름다운 추억을 많이 만들 수 있는 거
죠.

이 사건은 준호네 가족에게 어떤 영향을 주었을까? 우선 준호는
자신이 원하는 것을 얻기 위해 많은 연구를 했고 자신의 욕구도 절
제했다. 크리스마스 선물까지 동원되었다. 용돈에서 36만 원을 모
으기 위해서 부단한 노력을 하고 모자란 돈 30만 원은 부모님에게
의논한다. 그리고 30만 원에 대해서도 연구했다. 아버지와 어머니
각각 20만 원과 10만 원 도와주시라고 말하는 것도 부모님이 납득
할 수 있도록 연구한 결과다. 이 사건은 단순히 준호가 원하는 자
전거를 사느냐 안 사느냐의 문제가 아니다. 자신이 원하는 일을 위
해 열심히 준비한 일이 부모님의 "안돼!"라는 말 한 마디에 의해 좌
절되는 경험을 하면 앞으로 세상을 살아갈 준호는 어떤 가치관을
가지게 될까. '열심히 해 봐도 안 되더라고. 그러니 연구하고 노력
할 필요가 없다고.' 생각하게 된다. 이런 일이 몇 번 반복되면 '해
봐야 소용없어.' 하며 무력감이 생길 수 있다. 또한 이 사건은 준호
아버지가 오랜 세월 가지고 있던 가치관을 바꾸는 계기가 되었다.
'나는 중학교까지 형이 타던 고물 자전거를 타다가 고등학교 때도

중고를 샀다고. (그 비싼 자전거를 산다는 건) 도저히 이해가 안 돼.' 하는 준호 아버지의 소비에 대한 가치관이 변하게 된 것이다. 물질적으로 어려웠던 시절에 아끼고 절약하는 습관을 최고의 가치로 살았던 준호 아버지가 이제는 무조건 절약하기보다는 스스로 계획을 세워 소비하는 습관이 더 도움이 될 수 있다는 것을 이해하는 계기가 되었다. 준호 아버지가 변하게 된 것은 자식에 대한 사랑과 이해, 그리고 준호 어머니에 대한 신뢰가 있었기 때문일 것이다. 자전거 한 대를 사면서 준호 어머니의 말처럼 '준호의 기억 속에 영원히 좋은 아빠로 남게 되는' 추억을 만든다. 한 가지 사건을 통해 온 가족이 함께 배우는 준호네 가족에게 큰 박수를 보내지 않을 수 없다.

그 이후의 이야기입니다. 제 남편이 얼마나 변했는지요. 아들의 생일선물로 아이가 원하는 최신형 핸드폰을 선물로 사 주었습니다. 그리고 사흘 후에 아들이 제게 말했습니다.

준호: 엄마, 아빠가 정말 많이 변하셨어요. 아빠가 제 핸드폰 케이스를 제일 좋은 것으로 사라고 하셨어요.
엄마: 그랬어, 아빠가 우리 준호 생각하시는 마음이 특별하시네.
준호: 하긴, 제가 자전거 살 때도 36만 원이나 보태는 저 같은 아들이 없죠.
엄마: 그럼, 그렇게 아빠 엄마 배려하는 효자 아들 있어서 고맙지.

선생님, 저는 아들과 이렇게 대화를 마쳤는데 뭔가 부족한 듯 느껴졌습니다. 그 부족함이 무엇인가요?

그렇다면 다음의 대화로 바꾸어 본다.

준호 : 엄마, 아빠가 정말 많이 변하셨어요. 아빠가 제 핸드폰 케이스를 제일 좋은 것으로 사라고 하셨어요.

엄마 1: 그랬어, 아빠가 우리 준호 생각하시는 마음이 특별하시네.

엄마 2: 아빠가 준호의 소비 태도에 대해서 100% 신뢰하시네.

준호 : 하긴, 제가 자전거 살 때도 36만 원이나 보태는 저 같은 아들이 없죠.

엄마 1: 그럼, 그렇게 아빠 엄마 배려하는 효자 아들 있어서 고맙지.

엄마 2: 그럼. 그렇지. 네가 열심히 용돈을 모아서 36만 원을 준비하는 걸 보면서 아빠와 엄마의 마음도 바뀌게 되었으니까 준호가 효자 아들이지.

위에서 어머니의 두 대화의 뜻을 생각해 본다.

그렇다. 그 부족함이 무엇일까? "아빠가 제 휴대폰 케이스를 제일 좋은 것으로 사라고 하셨어요."를 어머니는 "아빠가 우리 준호 생각하시는 마음이 특별하시네."로 대답했다. 그 '특별함'이란 무엇인가. '특별함'은 추상적인 단어다. '특별함'의 구체적인 내용이 없다. 내용을 표현하면 '아빠가 너의 소비 태도에 대해서 100% 신뢰'

하는 특별함이다. 준호는 생각한다. '그렇지 아빠가 나의 소비 태도에 대해 100% 신뢰하시니 나도 그렇게 행동해야지.' 결심하게 된다. 또한 "자전거 살 때도 36만 원이나 보태는 저 같은 아들이 없죠."에서 "그렇게 아빠 엄마 배려하는 효자 아들 있어서 고맙지."는 단순히 '네가 효자 아들이야.'의 의미일 수 있다. 그러나 '네가 열심히 용돈을 모아서 준비하는 걸 보면서 아빠 엄마도 너에게 배우게 되었어. 쓰고 싶은 용돈을 쓰지 않고 모으는 너의 절제하는 모습을 배우게 되었다고. 그래서 마음을 바꾸게 된 거라고. 너는 아빠 엄마의 마음을 변화시키고 기쁨을 주는 아들이라고.' 하는 뜻을 품고 있다.

그렇다면 준호는 어머니와의 두 대화를 듣고 자신을 어떻게 생각할까. 이제 아빠는 자신에게 '제일 좋은 것으로 사 주시는 아빠'로 변했고, 또 자신은 '저 같은 아들이 없는' 효자가 되었다. 또는 '나의 소비 태도는 금융업에 종사하시는 아빠로부터 100% 신뢰하는 수준이야.' 그리고 '나는 부모님의 마음을 변화시키고 기쁨을 주는 아들이야.' 하는 생각을 하게 되는 준호는 앞으로 어떻게 변화할까. 자신감을 갖고 더 열심히 삶을 준비하게 되지 않을까.

35

엄마,
선생님이 맞춤법 똑바로 쓰래요

부모들은 모두 자기 아이가 어렸을 때는 천재인 줄 알았다던데 제 아이는 5세 반에 기저귀를 차고 유치원에 갔습니다. 여자애는 말도 일찍 잘한다는데 제 아이는 말도 느리고 6세부터 배운다는 영어는 시작도 못하고 7세가 되도록 한글도 다 익히지 못했습니다. 현재 초등학교 3학년이 된 아이는 아직도 맞춤법에 서툽니다. 그날도 학교에서 돌아온 아이가 말했습니다.

"엄마, 선생님이 일기 쓸 때 맞춤법 좀 똑바로 쓰래요."

아마 제가 아훈을 공부하지 않았더라면 제 마음이 복잡해졌을 겁니다. '왜 선생님이 우리 아이한테만 뭐라고 했을까, 선생님을 찾아뵙지 않아서일까? 한 번 찾아뵈어야 하나? 뭘 사가야지?' 등 모든 에너지가 모아져서 하루빨리 맞춤법을 익히거나 선생님을 찾아뵈어야겠다는 생각을 하며 아이에게 이렇게 말했을 것입니다.

엄마: 너한테만? 따로?

수정: 응. 일기장 나눠 주실 때 나한테 그러셨어.

엄마: 내가 너 한 번 혼날 줄 알았다. 이거 봐, 맞춤법 다 틀렸잖아.

수정: 내가 뭐 일부러 틀렸나? 엄마, 엄마는 왜 남의 일기를 엄마가 봐?

엄마: 엄마가 남이야? 그럼 이제부터 너 혼자 알아서 살아!

수정: ….

그러나 저는 배웠습니다. 진정한 격려가 무엇인지, 사고의 확장이 무엇인지, 오늘 친구들 앞에서 칭찬이 아닌 말을 듣고 우울했을 아이의 마음을 이해하는 것이 무엇인지, 그 마음을 엄마에게 하소연하려는 의미가 무엇인지 배웠습니다. 저는 아이가 쓴 일기를 보았습니다.

20**년 3월 30일 구름

엄마와 운동가는 날이었다. 몹시 추웠지만 잘 이겨네며(이겨내며) 포기하지 않았다. 엄마에게 동화도 지어 드렸고 아는 동화도 들려 주며 이야기를 나누며 걸었더니 조금 추위(가) 없어졌다. 그런 식으로 엄마와 걸어가고 있는데 에벌러(애벌레) 한 마리가 '꼼틀꼼틀' 시멘트에서 풀밭까지 열심이(열심히) 가고 있었다. 그래서 오는 길에도 보려고 옆에 무었이(무엇이) 있나 좌우를 살피며 보았다. 오는 길에, 에벌레(애벌레) 올 떼(때)보다, 많이 왔지만 너무 지쳐 꼼짝도 않았다. 그레서(그래서) 나뭇가지로 옮겨 주었다.

아이를 이해하는 방법을 배우기 전에는 틀린 글자만 보였습니다. 글자가 틀리면 점수가 낮아지니까 내용은 보이지 않고 점수만 보였습니다. 그러나 이제는 아이가 쓴 글의 내용이 보였습니다. 다음은 아이와 나눈 대화입니다.

수정: 엄마, 선생님이 일기 쓸 때 맞춤법 좀 똑바로 쓰래요.
엄마: 그래? 엄마가 일기장을 한 번 봐도 될까. (읽어 보고) 와~
　　　그런데 엄마는 네 일기를 보니까 아주 자랑스럽네.
수정: 뭐가요?
엄마: 평범한 하루를 자세히 관찰하고 아주 특별한 하루로 만들었네. 이렇게 표현력이 뛰어난 사람은 훌륭한 작가가 될 수 있다고 하거든.
수정: 맞아. 지난번에 내가 내 방에서 노을을 보고 주황색 탁구공이 내 방 창문에 대롱대롱 매달려 있다고 썼을 때 선생님이 칭찬하셨어. 친구들 앞에서.
엄마: 그랬구나. 그 말을 들으니까 엄마 마음속에도 그림이 그려지는데. 그게 상상력이야. 상상력과 표현력은 작가에게 아주 중요한 재능인데 너는 두 가지를 다 가지고 있네. 네 글을 읽는 사람들은 아주 행복한 독자가 될 거야. 그리고 선생님께서 그렇게 말씀하신 걸 보면 네게 관심이 많으셔서 맞춤법을 공부하라고 하셨구나.
수정: 응. 그러셨나 봐. 나는 로알드 달 같은 동화 작가가 될 거야.

엄마: 엄마 기도하면서 기다릴게. 이제 맞춤법만 더 배우면 되겠네.

우리는 생각해 본다. 담임선생님도 수정이에게 다음과 같이 말했다면 수정이는 담임선생님을 어떤 선생님으로 기억하게 될까.

"수정이가 날씨가 몹시 추운데 애벌레가 '꼼틀꼼틀' 열심히 가다가 지친 걸 보고 도와주었구나. 애벌레 식구들이 수정이를 얼마나 고마워했을까. 선생님도 수정이 글을 보니까 마음이 따뜻해지네. 수정이가 맞춤법만 더 배우면 훌륭한 작가 선생님이 될 수 있겠네."

초등학교 1학년 아들을 둔 건우 어머니도 말했다.

건우는 갑자기 많아진 영어 숙제를 힘들어 하고 옆에서 봐 주는 저도 힘이 듭니다. 그날은 단어시험에서 틀린 단어를 다시 써오는 숙제를 하다가 말했습니다.

"엄마… 실은… 영어 숙제 하는 거 어려워요."

아이의 시험지를 보았습니다. 받아쓰기 다섯 문제에서 네 문제가 틀렸습니다. dance를 bance로, family를 famile로 등. 어떻게 다섯 문제에서 하나만 맞는지, 저는 말하고 싶었습니다.

엄마: 뭐? 어려워? 야!! 이게 뭐가 어려워. 네가 집중을 안 하니까 어려운 거지. 선생님께서 말하면 들리는 대로 왜 못 적느냐고? 너는 dance가 bance로 들리냐?

건우: (짜증내며) 똑바로 집중했단 말이에요!

엄마: (눈빛 레이저를 쏘면서) 너 왜 그렇게 엄마한테 짜증내면서 말해? 박건우, 너는 d랑 b가 같아? 당장 따라해. 브!!(브!!) 드!!(드!!) 유치원에서 3년을 배우고도 이것도 구분 못해!!

이렇게 이어졌을 것입니다. 꽉 찬 3년을 아훈을 배웠는데도 왜 시험지 앞에서는 그 모든 것이 물거품이 되려고 하는지요. 그런데 이날은 '그렇지. 아이가 엄마의 도움을 원하는구나. 어떻게 아이를 돕지?' 생각하며 천천히 말했습니다.

건우: 엄마… 실은… 영어 숙제 하는 거 어려워요.

엄마: 그래. 숙제 하는 거 어렵다고~. 엄마가 어떻게 도와주면 될까?

건우: 그럼 영어 단어 2개만 대신 써 주세요!

엄마: ('야!! 이게 네 숙제지 엄마 숙제냐? 뭐? 단어 두 개를 쓰라고 이 얌체 녀석 같으니….' 이런 생각이 쏟아졌지만) 그래. 근데 엄마가 난처하네. 왜냐하면, 엄마가 대신 써 주면 건우가 숙제를 쉽게 할 수 있겠지만 엄마는 건우가 혼자 스스로 하도록 도와야 해서 말이야.

건우: 그럼 단어쓰기만 먼저 하고, 10분 쉬고, 준영이네 집에 가기 전에 기다리는 동안 영어 따라 읽기 숙제 할래요. 숙제를 다 끝내야 개운하게 놀 수 있어요. 그래도 돼요?

'얏호!!' 저는 속으로 소리쳤습니다. 아이가 스스로 정교한 계획까지 다 세우다니요. 저는 그동안 여러 번 해 보고 싶었던 말들을 쏟아냈습니다.

> 엄마: 그럼. 그래도 되지. 건우야. 엄마는 네가 내 아들이지만 너를 존경해. 왜냐하면 현명한 사람들은 숙제를 다 끝내야 개운하게 놀 수 있다고 생각하며 사는 사람들이거든. 그런데 우리 건우도 그 방법을 알고 있으니까 엄마가 건우를 존경하게 돼.
>
> 건우: 이민정 선생님이 그렇게 말하라고 하셨어요?
>
> 엄마: … 응. 선생님도 이렇게 말하라고 하셨고 엄마도 선생님이랑 같은 마음이야.
>
> 건우: 연구소에 가면 발표하실 거예요?
>
> 엄마: 그렇지. 발표해야지. 우리 건우 자랑해야지.

건우가 쓱 웃으며 본인이 말한 그대로 실천하더라고요. 정말 초등학교 1학년 제 아들을 존경하게 되었습니다.

사실 처음에 "실은 숙제하는 거 어려워요." 하는 말을 들었을 때는 화가 났습니다. 그런데 잠시 '무슨 말을 할까?' 하고 생각하는데 퍼뜩 '실은 숙제하기 싫어요.' 하는 말과 '숙제하기 어려워요.' 하는 말의 차이를 생각하게 되었습니다. '숙제하기 어려워요.'는 단순히 숙제에 대한 거부감이 아니라 '저도 영어 숙제를 잘 하고 싶은데 그게 제 맘처럼 잘 안 돼요. 저 좀 잘 할 수 있게 도와주세요.' 하는 말로 들리더라고요. 제가 예전과는 다르게 아이의 말을 이해하고 해석하고 있더라고요. 그러자 건우가 기쁜 마음으로 숙제를 할 수 있도록 도와야 하겠구나 하는 생각이 들어서 말했습니다. 그래서 생각난 말이 "엄마가 어떻게 도와줄까?" 하는 말이었습니다. 그런데 건우가 "그럼 영어 단어 2개만 써 주세요." 하는 말에 열이 팍 올라오면서 '이것 봐, 이 자식이 결국은 숙제하기 싫은 거야, 역시 틈을 보이면 안돼.' 했지만 순간 멈추고 다시 의식했죠. '나는 건우와 아름다운 관계를 원하고 있어. 잘 끝내야 해.' 하는 마음으로 말했습니다.

"그런데 엄마가 난처하네." 그러자 아이도 각본대로 "왜요?" 하는 말을 했습니다. 저는 정말 기뻤습니다. 왜냐하면 이럴 때 할 말을 잘 알고 있거든요. 건우가 독립심을 갖도록 도와야 하는 내용을 잘 알고 있으니까요. 그래서 슬슬 알고 있는 대로 말했습니다.

"왜냐하면 엄마가 대신 써 주면 건우가 숙제를 쉽게 할 수 있지만 엄마는 건우가 혼자 스스로 하도록 도와야 해서 말이야."

그러자 아이는 제가 생각지도 못한 계획을 줄줄이 말했습니다. 정말 신기했습니다. 그리고 본인이 말한 대로 그대로 실천하는 것이었습니다. 아이가 주도학습을 시작한 것입니다.

"우리 아이도 소아사춘기? 무기력한 초등 1학년 는다는데."

며칠 전 신문에서 본 기사제목이다. 기사에는 한 학부형의 하소연도 소개되었다. "똘똘하다고 칭찬도 자주 듣고 뭐든 놀이처럼 재미있게 잘하던 아이가 초등학교 들어가고 나서 완전히 변했어요. 의욕이 전혀 없는데다 짜증이 많아졌습니다. 유치원 때도 곧잘 하던 것을 요즘은 손도 안 대요." 전문가들은 분석한다. "학교에 들어

가면 크고 작은 시험으로 '평가'가 시작되는데 이에 대한 엄마의 스트레스가 아이에게 전해지면서 문제를 일으키기도 한다."고. 그리고 해결책을 내놓는다.

"엄마가 마음의 여유를 찾아야 이런 일을 막을 수 있다."고

건우 어머니와 수정이 어머니처럼 준비해야 '소아사춘기'를 예방할 수 있다는 것이다. 그러므로 부모가 훈련하고 준비해야 한다. 그것은 일상의 '작은 사건'을 어떻게 지혜롭게 풀 것인가에서부터 출발한다.

36

주꾸미가 짜네, 냉채는 달고

저는 요즘 다니는 회사가 인수 합병되면서 계속 야근을 하고 스트레스도 많이 받고 있는 남편에게 어떻게 위로가 될까를 생각하고 있었습니다. 그날 저녁은 전날 워크숍까지 다녀 온 남편을 위해 주꾸미볶음과 잣소스냉채, 북엇국을 준비해서 밑반찬과 함께 구첩반상을 준비했습니다. 그런데 주꾸미볶음을 맛본 남편이 말했습니다.

"주꾸미가 짜네."

남편의 한 마디에 많은 시간을 들여 정성으로 준비한 모든 노력이 한꺼번에 무시당하는 것 같아 한 마디 하고 싶었습니다.

'또 평가네요. 당신 입맛에 맞게 짜지 않게 하려고 얼마나 마음 썼는데 도대체 당신은….' 그러나 하려던 말을 멈추고 말했습니다.

아내: 짜다고요.

남편: 냉채는 달고….

'아, 먹지 마요. 먹지 마! 사람이 정성껏 차려 준 식탁 앞에서 왜 이렇게 불평이 많아요. 간이 안 맞으면 먹지 말든가.' 하고 싶었지만 이렇게 말했습니다.

"냉채도 달다고요. 앞으로 간 싱겁게 할게요. 그리고 소금통 식탁에 놓을게요. 당신 입맛에 맞춰서 드시면 되겠네요."

남편은 제 말을 못 들은 듯 북엇국을 보며 또 말했습니다.

"아, 아침에 먹었던 북엇국이네. 워크숍 끝나면 전날 술 마셔서 북엇국 먹는데 똑같은 북엇국이네. 워크숍 가면 북엇국 먹잖아."

'아, 정말! 내가 천리안이에요? 워크숍 아침에 나온 국이 북엇국인지 올갱이국인지 내가 어떻게 알아요? 정성껏 준비했는데 고마운 마음은 없고 왜 이렇게 불평불만이 많은 거야. 돈은 자기만 벌어?! 간도 안 맞고 국도 아침 국이랑 똑같으면 먹지 말라고.' 하고 싶었지만 저는 인내심의 한계를 극복하고 말했습니다.

아내: 워크숍 아침 국이 북엇국이 나온 줄 몰랐네요. 육개장이 나올 수도 있고, 그것까지는 제가 몰랐죠. 앞으로는 워크숍 가면 아침 국으로 무엇이 나왔는지 물어봐야겠네요.

그리고 저는 참던 한마디를 덧붙였습니다.

아내: 근데 당신 입맛에 맞는 식사 준비를 해야 하는데 어떻게 맞춰야 할지 모르겠네요.

남편: (갑자기 멋쩍게 웃으며) 아니야. 내가 고마운 마음으로 먹어야지.

'그러게. 진작 그 마음으로 먹을 것이지. 말이 많아, 말이.' 하고 큰 소리로 말하고 싶었지만 행복한 저녁 시간을 위해 말했습니다.

"그렇게 생각해 줘서 고마워요."

배운 대로 남편을 최대한 이해하면서 말은 했지만 서늘한 마음은 남아 있었습니다. 그렇게 식사를 아슬아슬 마치자 남편은 미안했는지 꽤 비싼 특별한 후식을 먹으러 외출하자고 했습니다. 남편이 사 준 특별한 후식을 먹으며 제 마음이 조금은 풀렸습니다.

저는 연구소에서 제 인내심의 한계를 극복한 사례를 자랑스럽게 발표했습니다. 그런데 이민정 선생님이 몇 곳의 수정을 제안했습니다.

"주꾸미가 짜네." 하는 남편의 말에 "주꾸미가 짜다고요." 대신에

"어쩌죠? 여보, 다시 끓여 올까요?"

로 바꾼다면 남편이 다시 끓여 오라고 할까? 아니면 자신의 말이 아내의 입장에서 어떻게 들리는지 생각하게 될까? 그리고

"냉채는 달고." 하는 남편의 말에 "냉채도 달다고요. 앞으로 간 싱겁게 할게요. 그리고 소금통 식탁에 놓을게요. 당신 입맛에 맞춰서 드시면 되겠네요." 대신에

"그래요. 주꾸미도 냉채도 당신 입맛에 안 맞는다고요. 제가 정성껏 했는데, 그럼 다음부터 간은 당신이 하도록 준비하면 될까요?"

로 바꾸어 또 다른 해결책을 제시한다면 어떨까? 그리고

"아침에 먹었던 북엇국이네. 워크숍 끝나면 전날 술 마셔서 북엇

국 먹는데 똑같은 국 먹네. 워크숍 가면 아침에 북엇국 먹잖아."라는 말에 "워크숍 아침 국이 북엇국이 나오는 줄 몰랐네요. 육개장이 나올 수도 있고. 그것까지는 제가 몰랐죠. 앞으로는 워크숍 가면 아침 국이 무엇이 나왔는지 물어봐야겠네요. 근데 당신 입맛에 맞는 식사 준비를 해야 하는데 어떻게 맞춰야 할지 모르겠네요." 대신에,

"그래요. 아침에 북엇국이 나온 줄 몰랐어요. 당신에게 물어볼걸 그랬네요. 당신 입맛에 맞는 음식을 어떻게 준비해야 될지 점점 어렵네요."

로 비꼬는 투 없이 남편을 이해하면서 자기표현도 했다면. 그리고 마지막으로,

"(멋쩍게 웃으며) 아니야. 내가 고마운 마음으로 먹어야지."라는 말에 "그렇게 생각해줘서 고마워요." 대신에,

"그 말을 들으니 기뻐요. 정성껏 저녁 식사 준비한 보람도 있고요."

로 했다면 그 다음의 대화가 어떻게 이어졌을까를 나누었습니다.

우리 강사들은 이민정 선생님에게 항의하듯 말했습니다.

"선생님, '어쩌죠? 여보, 다시 끓여 올까요?' 하는 말을 꼭 해야 하나요?"

그러자 이민정 선생님이 말했습니다.

"실제 상황에서는 저도 어렵겠지만 그건 우리들의 선택입니다."

저와 강사들은 '꼭 그렇게까지 말해야 하는가?' 하며 고개를 갸웃거렸지만 특별히 반박할 근거가 생각나지 않아 침묵했습니다. 그

런데 그로부터 2주 뒤, 그 결과를 확인하는 사건이 또 일어났습니다.

그날, 저는 남편이 좋아하는 가자미조림과 기름기까지 깨끗이 제거해서 정성껏 만든 갈비탕으로 저녁을 준비했습니다. 갈비탕을 맛보던 남편이 말했습니다.

"갈비탕이 좀 싱겁네."

저는 지난번 일이 겹쳐지면서 '또 시작이네. 또 평가야. 지난번엔 짜다며? 싱거우면 소금 쳐서 먹든가.' 하고 싶었지만 지난번 고개를 갸웃거렸던 그 문장을 그대로 말했습니다.

아내: 어쩌죠? 여보, 다시 끓여 올까요?

남편: … 아니야. 생각해 보니 내가 요즘 밖에서 음식을 자주 사 먹다 보니 조미료 맛에 길들여져서 그런가 봐. 건강에는 이 정도가 딱 맞아. 국물 맛이 밖에서 파는 거랑 확실히 다르네. 아주 맛있어.

'그렇구나. 배운 대로 말했더니 남편의 답이 다르구나.' 하며 갸웃거렸던 고개를 끄덕이려고 하는데 이번엔 같이 밥을 먹던 중 3 아들이 말했습니다.

"근데 밖에서 사 먹는 게 좀 더 맛있어요."

'이번엔 너냐, 너!! 아빠가 가만있으니까 너냐고! 야, 이범준!! 너 먹지 마, 먹지 마. 넌 나가서 사먹어. 네가 돈 벌어서 네 돈으로 사 먹어. 엄마 해 주는 반찬이나 밥 앞으로 손대기만 해 봐!!' 하고 만

만한 아들에게 쏘아붙이고 싶은데 남편이 제 편을 들며 말했습니다.

> 남편: 엄마가 해 준 게 더 영양가도 많고 얼마나 맛있는데 밖에서 먹는 건 조미료 맛 때문에 맛있게 느껴져도 엄마가 정성껏 한 거랑은 비교도 안 돼.

> 아들: 네. 엄마가 해 준 음식이 맛있긴 맛있어요.

이번에도 제 속에서는 소리치고 있었습니다. '야! 너 이미 물 건너갔어. 넌 수습이 안 돼. 밖에서 사 먹는 게 더 맛있다며? 갑자기 그렇게 맛이 없다가 있다가 바뀌냐. 집에서 음식 잘해 주니까 아주 배가 불렀어.' 하고 싶었지만 또 절제하고 말했습니다.

> 아내: 범준아, 엄마가 해준 음식 맛있다고 하니까 엄마가 힘이 나네. 그리고 여보, 당신 말을 들으니 정성껏 준비한 보람도 있고 기뻐요.

아들에게는 약간의 서운함이 남았지만 그래도 힘이 났습니다. 무엇보다 제 편을 들어준 남편의 말도 고마웠습니다. 마지막 말을 하면서 제 목소리가 조금은 떨렸습니다. 가족들에게 고마웠고 끝까지 인내로 말을 했던 저 자신에게 주는 고마운 감동의 울먹임이었습니다.

그렇게 행복하게 마무리된 며칠 뒤, 회사에서 야근하는 남편은 집에서 강의 준비하는 제게 문자를 보냈습니다.

> 남편: 〈내가 면역력 떨어져 보니 회복하는 게 너무 힘들더라. 미

리미리 관리하는 게 가장 좋아요.〉

　아내: 〈여보, 당신도 건강 생각해서 무리하지 마시구요.〉

　남편: 〈음. 걱정 마. 당신과 범준이 생각하면 모든 고민이 다 사라져. 약이 필요 없어.〉

　저하고 다투면 늘 머리가 아프다고 약을 찾던 남편이 이렇게 자상한 문자를 보내다니요. 남편의 문자는 제가 지상에서 맛볼 수 있는 최고의 맛이었고 최고의 기쁨이었습니다.

　그럼에도 다시 한 번 생각해 본다. 남편을 위해 구첩반상을 준비하면서 어떤 마음으로 준비했을까.

　'남편의 입맛에 딱 맞아서 남편이 맛있게 먹으면서 요즘 직장에서 받는 모든 스트레스가 풀렸으면 해.' 하는 남편에게 정말 위로가 되고 싶은 마음이 컸을까, 아니면

　'내가 이렇게 정성껏 만들었으니까 이 음식을 먹으면서 남편이 고맙고 맛있다고 하겠지.' 하며 나의 정성에 대한 보상을 상상하는 기대로 만들었을까.

　'다시 끓여 올까요?'가 정말 어려운 말일까? 다시 끓여 오기가 그렇게 힘든 일일까? 온 가족을 위해 많은 어려움을 견디며 경제활동을 하는 남편을 위해 찌개를 다시 끓여 오는 일이 어려운 일일까. '다시 끓여올까요?'는 마음이 준비된 사람에겐 어려운 말이 아니다. 그러나 준비되지 않은 이들에게는 어려운 말이 된다. 때때로 질문한다. "선생님, 정말로 '그래, 다시 끓여 줘.' 하면 어떡하죠?"

나는 대답한다. "알았어요. 다시 끓여 올게요."라고 하면 되죠.

그러나 이렇게 말하기란 현실에서 얼마나 어려운지, 더구나 실천하기란 얼마나 자신과의 험난한 싸움을 거쳐야 하는지. 자신의 경험을 발표하는 아훈 강사 범준이 어머니를 보며 '선순환'을 생각한다. 불행이라는 악순환에서 벗어나 행복이라는 선순환으로 가기 위해서는 자신이 먼저 바뀌어야 하는 것을.

아훈은 나의 변화로 인해 악순환을 선순환으로 바꾸는 훈련이고 불행에서 행복으로 가는 훈련이며 이를 위해서는 준비가 필요하다. 문제되는 상황이 일어날 때 우선 멈추고 생각한다. '어떻게 이 상황을 지혜롭게 풀 수 있지? 그러기 위해 지금 내가 할 수 있는 일이 뭐지?' 이렇게 생각을 정리하다 보면 화나던 감정의 영역에서 생각하는 이성의 영역으로 에너지가 모아진다. 그러면 상대방을 제대로 이해하고 나의 생각이나 느낌도 지혜롭게 표현할 수 있는 힘이 생긴다.

아훈 강사들은 이렇게 배운 대로 실천한다. 그리고 그 결과를 증명해 주는데 어찌 이러한 강사들을 존경하고 사랑하지 않을 수 있을까. 나 또한 나보다 더 많이 실천하는 범준이 어머니를 닮으려 배우고 연구한다.

37

승훈이의 성장 일기

저는 지금은 초등학교 1학년이 된 승훈이가 유치원에 입학했을 때 처음 아훈을 만났습니다. 그리고 제 양육 태도가 잘못되고 있음을 알고 배우기 시작했습니다. 정말로 열심히 3년 째 배우고 있습니다. 저는 요즘 아이와 사건을 풀어 가면서 제가 더 많이 배우고 제가 더 많이 성장하고 있음을 알게 되었습니다. 오늘 아침에 일어난 사건도 그렇습니다. 학교에는 장난감을 가져갈 수 없다는 것을 알고 있는 승훈이가 아침 등교할 준비를 하다가 장난감을 들고 와서 말했습니다

승훈: 엄마, 실은요. 저 오늘 한 번만 장난감 학교에 가져가면 안 돼요?
엄마: 이거 봐, 이러니까 내가 살 수가 없는 거야. 도대체 학생이 학교에 장난감 가져간다는 게 말이나 돼. 야. 너 정신이 있

어 없어. 학교에 장난감 가져가는 거 돼? 안 돼? 그리고 너 지난번에 다시는 학교에 장난감 안 가져간다고 엄마한테 약속했어, 안 했어?

승훈: ….

엄마: 도대체 너는 머릿속에 장난감 생각밖에 없어? 그래서 뭔 공부를 하겠어. 그러니까 영어 단어도 맨날 틀리지.

승훈: 저 장난감 생각밖에 안 하지 않아요.

엄마: 뭐라구? 너 저 터닝000 장난감 당장 다 갖다 버릴 줄 알아. 알았어?

승훈: ….

아훈을 배우기 전에는 왜 그렇게 화가 잘 나는지요. 배우고 있는 지금도 어떤 상황이 생기면 예전에 하던 말들이 줄줄이 이어집니다. 물론 밖으로 나타내지는 않지만요. 사실 이런 경우에 저는 어떻게 해야 하는지 잘 몰랐습니다. 물론 장난감을 가져가지 말라고 해야 하는 건 알지만 안 된다고만 하면 혹시 아이가 제게 말하지 않고 가져가는 거짓말하는 아이가 될까 봐 걱정도 되고 어떻게 해야 학교 규칙을 잘 지키는 아이가 되도록 가르칠 것인가를 잘 몰랐습니다. 그러나 저는 배운 방법을 생각하며 말했습니다.

승훈: 엄마, 실은요. 저 오늘 한 번만 장난감 가져가면 안 돼요?

엄마: 장난감 가져가겠다구.

승훈: 네.

엄마: 그래. 그런데 승훈이가 엄마랑 다시는 장난감 학교에 가져

가지 않겠다고 한 약속을 잊었구나.

승훈: 근데, 엄마 준혁이도 가져오고, 어떤 형아도 가져와요. 아, 2반은 좋겠다. 2반 선생님은 장난감 가져와도 된다고 했는데. 엄마가 저 1반으로 일부러 뽑은 거예요? 아~ 나 2반 되고 싶다.

엄마: ('야! 너는 너고. 걔는 걔지. 남들이 다 한다고 너도 해?' 하는 말이 떠 올랐지만) 그래. 2반 되고 싶다고. 그런데 반을 정하는 건 학교에서 정하는 거거든.

그리고 조심스럽게 말했습니다.

엄마: 근데 승훈아, 엄마가 난처해. 승훈이에게 장난감을 가져가지 말라고 하면 승훈이가 아쉽고 서운할 테고 가져가라고 하면 그건 선생님과의 약속을 어기는 일이라서 엄마가 난처해.

승훈: ….

그러자 승훈이는 잠시 골똘히 생각하는 거 같더니 이렇게 말하는 것이었습니다.

승훈: 네. 근데 엄마, 저 장난감 안 가져갈 거예요. 내일도 모레도 앞으로 안 가져 갈거예요. 그건 선생님하고 약속을 어기는 일이니까요.

엄마: 와~아. 가져가지 않기로 결심했다고. 그 결심을 들으니 엄마가 고맙고 기쁘네. 왜냐하면 약속을 잘 지키는 사람을

훌륭한 사람이라고 하는데 우리 승훈이가 그런 훌륭한 사람이라서.

승훈이가 싱긋이 웃었습니다. 아마도 엄마가 아훈에서 배우면서 자기한테 화 안내고 말하려고 노력하는 걸 아는 것 같았습니다. 오늘 아침에도 하마터면 또.

'이거 봐, 이러니까 내가 살 수가 없는 거야. 도대체 학생이 학교에 장난감 가져간다는 게 말이나 돼. 야. 너 정신이….'

이렇게 소리 지르면서 화를 냈다면 아이와의 관계도 엉망이고 제 기분도 엉망일 텐데요. 그래서 배우는 기쁨이 이렇게 큰 가 봅니다. 그러나 그렇게 감동하는 것도 잠깐 바로 몇 분 뒤에 또 일이 벌어졌습니다.

아침 9시 정각. 등교 15분 전. 아파트 3층에 살고 있는 저는 승훈이와 함께 1층으로 내려갔습니다. 승훈이가 아파트 문을 마악 나서려는 순간 저는 아들의 신발주머니가 없는 것을 알았습니다.

"어? 승훈아, 너 신발주머니는?"

"아?! 엄마. 저랑 같이 집에 가면 안 돼요? 저 혼자가기 무서워요."

아들의 말을 듣는 순간 황당했습니다. 아직도 무섭다니, 어릴 때부터 무서움을 잘 타는 아이는 집에 불이 환하게 켜져 있는데도 거실에서 베란다를 혼자 못 가고, 때로는 대변을 볼 때도 제가 화장실 문 앞에서 지켜야 했습니다. 그러나 네 살도 다섯 살도 아닌 여덟 살, 초등학교 1학년인 아이가 이 바쁜 아침 대낮같이 환한데도 무섭다고 엄마랑 집에 같이 가자고 하다니요. 저는 하고 싶은 대로 생각 없이 막 하고 싶었습니다. 그랬다면 아마 이렇게 되었겠죠.

엄마: 야!! 무섭긴 뭐가 무서워. 누가 너를 잡아 먹냐? 너 몇 살이야. 여덟 살이야, 여덟 살. 여덟 살이 뭐가 무서워! 집이 바로 여기 코앞인데.

승훈: 집이 깜깜해서 무섭단 말이에요.

엄마: 깜깜하긴 뭐가 깜깜해. 이 환한 아침에. 너 당장 안 갔다 와? 지금 완전 지각이야!

승훈: 으아앙~. (잔뜩 겁먹은 모습으로 울며 겨자 먹기로 혼자 다녀온다.)

엄마: 거 봐, 할 수 있지. 하면 다 되잖아. 너는 도대체 애가 왜 그래, 동생 봐라. 동생은 혼자서도 잘도 갔다 온다.

저는 또다시 평소에 했던 이런 기억들이 떠올랐지만 배운 대로 생각하며 말했습니다.

엄마: 응. 승훈이가 혼자 집에 가는 게 무섭다고.

승훈: 네, 엄마.

저는 그동안 훈련하고 배웠던 대로 말했습니다.

엄마: 그래. 그럼 승훈아, 엄마가 앞으로 몇 번 더 도와주면 될까?

승훈: 음… 두 번만 더요.

열 번도 아니고 스무 번도 아니고 백 번도 아니고 두 번이라는 아들이 고마웠습니다. 그리고 저는 기쁘게 아이의 손을 잡으며 말했습니다.

엄마: 그래. 좋아 엄마랑 같이 가자.
신이 난 승훈이가 제 손을 잡고 막 출발하려는데 갑자기 멈춰서 말했습니다.
승훈: 엄마, 잠깐만요. 저 혼자 갔다 와 볼게요. 엄마는 여기서 그냥 기다려 주세요.
제가 잠시 멍하게 서 있는데 급하게 다녀 온 아이가 환하게 웃으며 말했습니다.
승훈: 엄마, 저 무서움 이겨냈어요. 그리고 저 하나도 안 무서웠어요.
감동이었습니다. 저는 배우면서 기회가 되면 꼭 하고 싶다고 생각했던 말을 또 했습니다.
엄마: 와~ 우리 승훈이 캡이야, 캡. 자신과의 싸움에서 이긴 승훈이를 엄마는 엄마 아들이지만 존경해. 승훈이처럼 어려움을 이겨내는 사람이 훌륭한 사람인데 우리 승훈이가 그렇네. 엄마도 이런 승훈이를 보면서 오늘 하루도 열심히 살아야겠다는 생각이 드네. 고마워.

조심스럽게 말하느라 몸은 피곤한 것 같은데 마음은 하늘을 날 것 같았습니다. 어렸을 때부터, 특히 사내 녀석이 겁이 많고 무서 위해서 제겐 큰 숙제같이 느껴졌는데, 그 숙제를 깨끗이 풀어낸 홀가분함이라니요. 오래 된 체증이 말끔히 씻긴 느낌이었습니다. 아, 오늘도 두 건의 사건을 지혜롭게 풀었구나 하는 생각에 온 세상을 얻은 기쁨이었습니다.

그러나 사건은 또 이어졌습니다. 다음 날 오후였습니다. 그날 오후 학교에서 돌아온 승훈이는 학습지 선생님의 방문 시간 30분 전인데 미리 해 놓지 않은 숙제를 하다가 말다가 집중하지 않고 장난치며 놀고 있었습니다. 저는 애가 탔습니다. 저는 또 옛날처럼 소리 지르며 하던 말이 생각났습니다.

'야! 지승훈! 너 지금 뭐하는 거야, 학습지 한 달에 돈이 얼만지 알아?!….'

그러나 저는 생각하며 말했습니다.

"승훈아, 엄마는 네가 선생님 오시기 전에 숙제 못 할까 봐 조마조마해."

"(씨익 웃더니) 네. 짬뽕 국물 한 번만 더 먹고 바로 할게요."

"그래."

"근데 엄마, 저 부탁할 거 하나 있어요."

"뭔데?"

"엄마가 제 숙제 상관하지 마세요."

'뭐? 뭐라고? 지금 네가 상관 안하게 하냐?….' 하고 싶었지만

"아, 숙제 상관하지 말라고. 그래. 그럼 승훈아 그 이야기는 앞으로 엄마가 상관 안 해도 스스로 잘할 수 있다는 얘기지."

"네."

"그래. 그런데 그 이야기 들으니까 엄마가 미안해지네."

"왜요?"

"스스로 잘할 수 있는 승훈이를 그동안 간섭해서…."

이렇게 대화를 나누었는데도 승훈이는 열심히 숙제를 하지 않고 의자에 앉아서 꾸물거렸습니다. 속에서 천불이 났습니다. 옛날로 돌아가서 소리 지르려다 한 마디 했죠.

"근데 어쩌지? 간섭하고 싶은 마음이 드네."

여전히 늑장부리는 아이에게 또 하고 싶은 말이 많았지만 또 멈추었습니다. 사실 어떤 말을 해야 할지 적절한 말이 떠오르지 않았습니다. 마침 그때 전화가 왔습니다. 학습지 선생님이 오늘은 못 온다는 것입니다. 옆에서 통화 내용을 듣던 승훈이가 빙그레 웃으며

"엄마, 선생님 못 오신대요. 숙제 제가 알아서 할게요."

하고 또 신나게 노는 것입니다. 이민정 선생님 제 대화에 무엇이 문제였을까요? 숙제에 대해서 아이가 상관하지 말라면 그렇게 해야 하나요. 그런 경우에 제가 어떻게 해야 아이가 집중해서 숙제를 하죠?

우리는 연구소에서 이 사건에 대해서 함께 연구했다. 승훈이 어머니는 집에서 아이와 어떻게 역할 연습을 하면서 실천했는지 그 결과를 알려 주었다.

승훈: 엄마가 제 숙제 상관하지 마세요.

엄마: 그래. 네가 숙제할 때 엄마가 상관하지 않도록 하면 상관하지 않을게. 그런데 네가 상관하게 하면 엄마는 상관해야 해.

승훈: 왜요?

엄마: 왜냐하면 부모는 자녀를 올바른 길을 가도록 도와야 할 책임과 의무가 있거든.

선생님. 신기하게도 승훈이는 알았다는 듯 고개를 끄덕였습니다. 그리고 이어서 선생님이 물어보라고 했던 내용을 제가 궁금한 것처럼 말했습니다.

엄마: 그리고 엄마 궁금한 게 있어.

승훈: 뭔데요?

엄마: 네가 숙제하는 데 엄마가 상관하면 너에게 어떤 문제가 있는지 말이야.

승훈: … 그건요. 엄마가 지시 명령하면, 제 생각하는 지혜가 없어지거든요.

엄마: ? ? ? 그래. 스스로 생각해서 한다면 엄마가 상관할 이유가 없지.

엄마인 제가 상관하면 생각하는 지혜가 없어진다는 말에 저는 놀랐습니다. 승훈이가 제게 오더니 말했습니다.

"엄마, 오늘은 정말 신기한 날이에요. 제가 오늘 처음으로 제 가방을 가져와서 스스로 숙제를 한 날이거든요."

하더라고요. 정말 제가 듣고 싶었던 말입니다. 맨날 시켜서 억지로 하던 숙제를 자기가 스스로 알아서 하다니요. 이날은 승훈이에게는 신기한 날이었지만 저에게는 신비로운 날이었습니다.

그런데 승훈이는 뭐가 그리도 신기했을까? 엄마의 간섭을 받지 않고 처음으로 숙제한 자신의 행동도 신기했겠지만, 가장 신기한 것은 스스로 숙제하고 싶은 마음이 들었던 게 아닐까? 그리고 승훈이가 신기하다고 말한 것에는 특별한 의미가 있다. 그것은 승훈이가 스스로 자신의 마음이 변화하는 것을 알아챘다는 뜻이고, 그것은 승훈이가 자신의 마음을 통제하고 절제할 수 있는 능력이 자라고 있음을 의미한다. 승훈이의 생각이 한층 성숙해지고 있는 것이다. 이렇게 아이는 부모의 지혜로운 말을 통해 순간순간 성숙해지는 기회를 갖는다.

승훈이 어머니는 이어서 말했다.

승훈이가 '오늘은 신기한 날이에요.' 하더니 뭔가를 열심히 썼습니다. 그리고 그날의 일기라고 하면서 제게 보여 주었습니다.

2016년 10월 20일 화요일 날씨 맑음
제목: 엄마
나는 엄마가 좋다. 왜냐하면 엄마는 친절하기 때문이다.
나는 엄마와 사는 것이 좋다. 나는 엄마와 안 헤어지겠다고 결심했다.

GOOD.

승훈이 어머니는 말했다.

2016년 10월 20일은 화요일이 아니라 목요일인데 아이는 화요일
로 썼어요. 예전에는 일기 내용이 아니라 틀린 글자만 보였습니다.
그런데 이제는 내용이 보이더라고요. 더 중요한 게 보이기 시작했
습니다. 이제야 아이의 마음을 보게 되었습니다. 그리고 며칠 전
남편이 제게 말했습니다.

"여보, 나도 이제 아이들에게 함부로 하지 않을 거야. 당신이 아
이들에게 하는 걸 보면서 내가 아이들에게 함부로 하면 안 된다는
걸 알게 되었어."

남편도 예전에는 승훈이를 어린이 집에 데려다 주고 출근했는데,
아이가 꼼지락거리면 발로 막 차기도 했거든요. 그런 남편이 이제
는 아이들에게 조심스럽게 대하면서 제게 한 말이었습니다. 선생
님. 이게 진정한 의미의 행복인가 봐요.

그렇다. 아이를 가르치는 가장 효과적인 방법은 무조건적인 명령
이 아니라 아이 입장에서 이해하는 것이다. 어려서부터 겁이 많은
승훈이에게 말을 시작할 때부터 무서움을 극복하도록 가르쳤지만
소용이 없었다. 그런데 이제 엄마의 진심어린 이해와 도움으로 승
훈이가 스스로 자신을 극복하는 힘을 찾아내게 된 것이다. 이해받

고 사랑받는다고 느낄 때 힘이 생기기 때문이다. 이렇게 승훈이는 날마다 성장하고 있다.

　여기에 더하여 승훈이가,
　"엄마, 오늘은 정말 신기한 날이에요. 제가 오늘 처음으로 제 가방을 가져와서 스스로 숙제를 한 날이거든요!"
　했을 때, 어머니가 다음처럼 말했다면 승훈이에게 어떤 영향을 끼칠까.

　"승훈아, 오늘은 우리 승훈이 두 번째 생일이네. 승훈이가 승훈이의 주인이 되었으니까. 승훈이 두 번째 생일 축하해. 엄마 생일 케이크 사올게."

　"교육은 계속되는 대화다."

38

나 아직 밥 안 먹었어

남편은 결혼하면서부터 노래를 불렀습니다.

"나는 자기가 차려 준 밥 먹는 게 나의 로망이야. 다른 건 다 내가 해도 밥은 자기가 차려 준 밥 먹고 싶어."

집안일이나 요리를 잘 못하는 저에게는 굉장한 부담이었지만 각오했습니다. 고등학교 교사인 저도 집에 돌아오면 누군가 차려 주는 밥상을 받는 것이 꿈이었지만요. 그러나 제 굳은 결심은 차츰 게을러지고 꾀가 생기기 시작했습니다. 특히 집에 와서 잠깐 쉬려고 앉았는데 퇴근한 남편이 너무나 해맑게 하는 한 마디는 잠자던 제 분노를 깨웁니다.

남편: 오늘 저녁엔 반찬이 뭐야?

아내: 저도 좀 전에 퇴근해서 잠깐 쉬고 있어요. 난 뭐 놀다 온 줄 알아요? 오자마자 그렇게 닦달이에요?

남편: 내가 무슨 닦달을 했다고 그래? 밥 차리기 싫으면 하지 마. 밖에서 먹고 오면 될 거 아냐?

아내: 뭐? 밖에서 먹고 온다고요? 먹고 와요! 아예 밖에서 먹고 살던가.

'아, 이 말은 아니지.' 하면서도 이미 내뱉은 말은 주워 담을 수가 없었습니다. 그리고 며칠씩 냉전이 계속되죠. 그러니까 아침부터 퇴근한 저녁까지 계속되는 밥상 차리기는 제 행복과는 너무나 거리가 먼 의무였고 일로 느껴져 힘이 들었습니다. 때로는 결혼까지도 후회되었지만 어쩌겠어요. 참고 살았죠. 그러는데 결혼 5년 만에 아들을 낳고 온 세상을 얻은 듯 다시 행복이 시작되는 것 같았습니다. 그런데도 여전히 밥상 차리기는 제게 스트레스였습니다.

그날은 휴일 아침이었고 제가 몸이 아파 일어나지도 못하고 있었습니다. 아침 10시가 넘었는데도 남편은 아이에게 밥 먹이는 소리, 제게 '여보, 이거 먹어봐요.' 하는 말 한마디가 없었습니다. 저도 약 먹기 전에 뭔가 먹어야 할 것 같은데 정말 서럽더라고요. 저는 남편이 앉아 있는 거실로 나가서 버럭 짜증내며 말했습니다.

"뭐야? 아파서 일어나지도 못하는데 밥 한 번 챙겨 주는 게 그렇게 어려워? 정말 너무 무심한 거 아냐? 서러워서 아프지도 못하겠네."

남편이 멈칫하더니 잠시 뒤 간단하게 빵이랑 우유로 아침을 챙겨 주었습니다.

이런 일들은 남편이 일찍 퇴근한 날이면 더 힘들었습니다. 저는 피곤하지만 열심히 저녁을 준비하는데 남편은 아무것도 안 하고 당연한 듯 앉아 있거나 아들이랑 낄낄거리고 노는 걸 보면 울화가 치밀었습니다. 같이 준비하면 얼마나 편해요. 빨리 밥 먹어야 빨리 치우고 빨리 아이 챙겨서 얼른 재우고 우리도 쉴 수 있는데 자기 로망이 뭐라고 나만 바둥거리는지 남편이 얄미웠습니다.

저는 그렇게 참으면서, 엄청 참으면서, 그러다가 폭발하면서 살았습니다. 그러나 배우면서 알았습니다. 남편에게 빈틈없는 아내로 보이려고 제 속마음을 숨기고 포장하면서 어느 날엔가 남편이 알아 주기를 기대하며 살았다는 것을요. 그러나 제 마음을 용기있게 표현하지 않으면 상대방이 모른다는 것을 배웠습니다. 어느 날, 저는 배운 대로 연구해서 정성껏 차린 저녁식사를 마친 후, 차를 마시며 말했습니다.

아내: 여보, 당신이랑 의논할 일이 있는데 말해도 돼요?
남편: 그래? 뭔데?
아내: 당신이 여러 가지 집안일을 도와줘서 고마워요. 그런데 당신의 로망인 차려진 밥상 문제예요. 제가 아침저녁으로 당신 밥상은 꼭 차리려고 하는데 퇴근 후에 저녁을 급하게 혼자 준비하는 게 제게 많이 벅차서요….
남편: 그랬어. 말을 하지. 당신이 그렇게 벅차하는지 몰랐네. 미안해. 이제 나도 같이 도울게.

저는 정말 놀랐습니다. 마치 신세계를 경험하는 듯했습니다. 제가 꿈에서라도 듣고 싶었던 말을 남편이 이렇게 편하게 하다니요.

그렇게 어려울 것 같던 일이 그렇게 쉽게 끝나다니요. 그날 이후 우리 집은 달라졌습니다. 물론 남편이 거창한 일을 하는 건 아닙니다. 하지만 숟가락 젓가락 제자리에 놓고 밥도 뜨고 옆에서 도와주려고 애쓰는 모습만 봐도 행복합니다. 제 마음이 훨씬 가벼워졌습니다. 저는 배웠습니다. 제 마음을 숨기며 상대방을 배려하는 것이 좋은 것이 아니라 제 마음을 구체적이고 효과적으로 표현하는 방법을 배워야 한다는 것을요. 제가 상대방을 이해하는 것도 중요하지만 상대방에게 저를 이해시키는 것도 똑같이 중요하다는 걸요. 학생을 가르치는 저는 무엇이든 잘 알고 있다고 자만했는데 교사인 저도 배워야 신혼처럼 행복한 삶을 이어갈 수 있다는 것을 깨달았습니다.

또다른 수강자가 말했다.

저는 아이를 출산한 지 50일 만에 출근했습니다. 50일 동안 쌓인 일을 해결하느라 일주일 동안 퇴근은 매일 밤 9시, 10시였습니다. 그날도 지칠 대로 지친 몸으로 밤 9시가 되어서야 집에 도착했는데 몸을 움직일 수도, 말할 힘도 없고, 어지러워서 불도 켜지 않은 채 소파에 누워 있었습니다. 그때 마침 퇴근하는 남편이 들어오며 말했습니다.

남편: (현관문을 열고 불을 켜며) 어? 있었네?
아내: ….

남편: 나 밥 안 먹었어.

아내: (화가 나서) 나도 안 먹었어. 자기!! 너무한 거 아냐? 산후
조리도 못하고 손발이 저려서 아무것도 못하고 누워 있는
데 늦게 와서 괜찮냐고 묻기는커녕 밥 차려 달라고?

남편: 누가 뭐래? 난 그냥 밥 안 먹었다고 말한 거야. 그리고 자
기만 애 낳았어? 우리 회사 여직원들도 애 낳고 회사에 잘
만 다니더라.

아내: 뭐라고? 내가 자기네 직장 여자들이랑 똑같아? 난 자기 아
이를 낳은 당신 와이프라고!

저희 부부가 그렇게 다투었던 그날을 잊을 수가 없습니다. 저는
남편이 불도 켜지 못하고 누워 있는 저를 보면 '괜찮아? 힘들지?
내가 밥 차려 올게.' 하길 기다리고 있었거든요. 그런데 '뭐, 자기
회사 여직원들도 애 낳고 잘만 다닌다고?' 그래서 '남편'을 '남의 편'
이라고 했던가요. 저는 너무나 서운해서 두고두고 얘기합니다. 남
편은 '그냥 밥 안 먹었다는 사실을 알린 거야. 언제까지 우려먹을
거야.' 합니다. 사람들은 잊으라고 하고 저도 노력합니다. 좋지도
않은 일인데 잊어야지 하지만, 생각하면 할수록 더 화가 납니다.
그러나 이 프로그램의 훈련을 받으면서 알았습니다. 잊으려면 먼
저 저 자신을 이해시켜야 한다는 것을요. 저는 배운 것을 생각하며
남편에게 그때로 돌아가서 다시 한 번 대화하자고 제안했고 그 이
야기를 소개합니다.

아름다운 부모들의 이야기 2

남편: (현관문을 열고 불을 켜는 시늉을 하며) 어? 있었네?

아내: 네. 방금 왔어요.

남편: 나 밥 안 먹었어.

아내: 그래요. 이렇게 늦게 밥 못 먹어서 배고프겠네요. 그런데 어쩌죠. 제가 9시에 퇴근해서 지금 밥 할 힘이 없는데.

남편: 그랬어. 그럼 자기는 쉬어. 내가 밥 차릴게. 그런데 당신은 먹었어?

아내: 아니요.

남편: 그래? 당신도 배고프겠네. 내가 빨리 차려 올게. 같이 먹자. 당신 많이 힘들었겠네. 그리고 당신 산후 조리도 제대로 못했는데 보약 지어와야겠네.

아내: 여보~ 고마워요.

훈훈하게 대화를 끝내고 남편이 말했습니다.

"내가 왜 갑자기 보약 생각이 났지. 당신과 그렇게 대화를 하니 자연스럽게 당신 보약 챙겨 줄 생각이 나네. 그리고 나도 이제야 말하지만 그날 이후, 나는 '밥 안 먹었어.' 하는 말을 할 수가 없었어. 당신이 '밥은?' 할 때도 '내가 차려 먹을게.' 했지. 그날 이후 '밥 안 먹었어.' 하는 말이 얼마나 무서운 말이 되었는지 당신은 모를 거야."

저는 배우면서 알았습니다. 결혼생활은 남편과 내가 함께한다는 사실을요. 저는 저만 생각했습니다. 제가 듣고 싶은 말, 저를 위한 말만 듣고 싶었습니다. 남편에 대한 배려는 눈곱만큼도 없었습니다. 남편이 늦는다고 전화하면 왜 늦느냐며 화내고 말없이 늦으면 왜 연락도 없이 늦었냐고 다그치고요. 남편이 시어머니께 수없이 했던 말, 남편이 마음 놓고 했던 말. 나쁜 말도, 상처 주는 말도 아닌 평범한 말. '나 밥 안 먹었어.'를 생각하며, 결혼생활 10년 가까이 나를 불행하다고 생각하며, 어두운 날들을 보냈는지. 이게 결혼의 의미인가. 저도 아들을 둔 엄마인데. 생각하면 할수록 남편에게 미안했습니다. '늦은 시간에 남편이 들어오면 배고프지 않을까.' 잠시만 생각하고 말해도 보약까지 챙겨 줄 남편인데. 행복할 수 있었는데.

이렇게 저는 아훈을 만나면서 제 40여 년 삶을 뒤돌아보게 되었습니다. 제 아이와 남편을, 제 친정부모님과 시부모님을 진정으로 이해하고 사랑하게 되었습니다. 이제야 진정으로 누군가를 사랑할 수 있게 되었습니다.

우리들은 배우면서 안다.

남편의 "나 밥 안 먹었어."로 시작한 대화도 "당신 보약 지어와야 겠네."라는 대화로 이어질 수 있다는 것을.

물론 남편이 먼저 아내를 이해하는 경우도 생각해 볼 수 있다. 만약 남편이 산후 조리도 제대로 못하고 출근해서 늦게까지 일하는 아내를 생각했다면, 문을 열고 불이 꺼진 채 누워 있는 아내를 보며 '어?! 당신 있었네. 당신 많이 힘들었구나. 저녁은? 내가 금방 준비할게. 당신 몸 생각해야 하는데. 보약 준비해야겠네.'라고 먼저 말할 수도 있다. 하지만 누가 먼저 상대방을 이해하는가는 크게 중요하지 않다. 먼저 배운 사람은 자신이 주체가 되어 스스로 변화하고 상대방이 변화되는 기쁨을 알게 될 것이니까.

그는 발표를 마치며 마지막으로 말했다.

남편이 환하게 웃으며 말하더라고요.

"여보, 나 이제 '밥 안 먹었어.' 하는 말, 해도 돼? 물론 당신이 물었을 때만 말이야."

우리도 마주 보며 그의 남편처럼 환하게 웃었다. 그 안엔 남편에 대한 그의 고맙고 미안한 마음과 스스로 깨달아 알게 된 기쁨이 있었고, 함께 배우는 수강생들은 그를 진심으로 축하해 주었다.

III

"철썩!!!"

저는 남편의 등짝을 사정없이 때리면서 말했습니다.

"당신 제 정신이에요? 지금 뭐하는 거예요?

행주로 부엌 바닥을 닦다니요."

남편은 어제 팍팍 삶아서 깨끗이 빨아 행거에 널어 놓은

바로 그 행주로 부엌 바닥을 그것도 발로 쓱쓱 닦고

있었습니다.

"??… 바닥에 뭘 흘려서…."

"바닥에 뭘 흘렸으면 걸레로 닦아야지, 어떻게 행주로

부엌 바닥을 닦느냐고요. 행주랑 걸레도 구분 못 해요?

도대체 좋다는 그 머리는 어디에 쓸 건가요?."

런닝셔츠만 입고 있던 남편은 머쓱해하며

슬쩍 저를 피했습니다.

39

지옥과 천국을 오가는 대화

선생님 저희 집이 지옥에서 천국으로 바뀌었던 자랑해도 될까요?

제가 연구소에서 공부하고 있는데 전화가 울렸습니다. 얼른 보니 초등학교 1학년 큰아이 도훈이의 제일 친한 친구 준영이의 전화였습니다. 준영이가 내게 전화하다니? 도훈이한테 무슨 일이 있나. 지금은 두 아이가 같은 학원에 있을 시간인데? 그리고 수업 중일 텐데. 궁금하기도 하고 놀라기도 했습니다. 저는 마음을 진정시키면서 전화를 받았습니다.

준영: 아줌마! 참 이모! 근데요 도훈이 노란띠 받았어요?

나 : (아니? 이건 무슨 소리야?) 앵? 노란띠?

준영: 아니요, 도훈이가요. 태권도 노란띠 안 땄는데 땄다고 자꾸 거짓말 쳐~요.

'아니? 도훈이가 또 거짓말을 해? 내가 그렇게 싫어하는 거짓말? 근데 너는 또 뭐야. 네가 뭔데 우리 도훈이에게 거짓말 친다야? 거짓말이면 거짓말이지.' 그냥 제 생각대로라면 '뭐!!!? 우리 도훈이가 거짓말 했다고?' 그리고 '근데 너도 거짓말 친다가 뭐니, 거짓말 친다가.' 했을 텐데 꾹 참고 말했습니다.

> 나 : 그래서 도훈이가 노란 띠를 땄는지 확실히 알고 싶다고.
> 준영: (힘차게) 네에!
> 나 : 그래. 그런데 아줌마는 지금 준영이 말만 듣고 얘기해 줄 수가 없네. 준영이 말을 들었으니까 도훈이 말도 들어야 준영이가 궁금해하는 말을 해 줄 수 있네. 아줌마가 도훈이랑 얘기하고 또 너랑 얘기해도 될까?
> 준영: (시원스럽게) 네~에~.

아들 친구 준영이와의 통화는 이렇게 끝났습니다. 그런데 전화를 하면서 놀라웠던 것은 준영이가 제 말을 듣고 시원하게 대답한 것이었습니다. 준영이는 웬만해서 '네에'라는 대답을 잘 하지 않습니다. 자기가 이해될 때까지 '아이 참!!', '왜요?', '왜 그런데요?' 하면서 끝까지 이의를 제기하는 아이입니다. 그런데 그날은 쉽게 '네에'라고 대답했습니다. 아마도 제 말이 자기에게 충분히 이해가 되었던 것 같습니다. 전화를 끊고 도훈이를 생각했습니다. 예전의 저라면 준영이 말만 진실로 받아들이고 아이에 대한 분노가 부글부글 끓었을 것입니다. 이 녀석!! 집에서 만나기만 해봐. 어릴 때 거짓말은 바늘 도둑이 소도둑 된다면서 엄마가 세상에서 가장 싫어하는 게 거짓말이라고 수없이 말했는데. 이 거짓말은 애초부터 싹을 싹 잘라야 하는데. '야!! 지도훈! 너 왜 거짓말했어? 너 노란 띠 안 땄 잖아! 거짓말은 나쁜 거라고 했어, 안 했어?' 하며 아이 버릇을 단단히 고쳐줄 궁리만 했을 겁니다. 그러나 이제는 다르게 생각할 수 있게 되었습니다. '그래. 한쪽 이야기만 들으면 안 되지. 준영이 이야기를 들었으니까 도훈이 이야기도 들어야 해. 그렇게 말한 이유가 있겠지. 이유가 뭘까.' 저는 궁금했습니다.

그날 집에서 만난 도훈이에게 저는 배운 대로 저 혼자의 추측과 감정을 넣지 않고 먼저 준영이에게 들은 사실 그대로를 질문하며 물었습니다.

나 : 도훈아, 준영이가 네가 노란띠 땄다고 했다는데 어떻게 된 일인지 궁금하네.
도훈: 엄마, 실은요, 정직하게 말할게요. 사람은 정직하게 말해야 하니까요. 실은 두 가지예요. 하나는 닭싸움에서 제가 노란띠 딴 아이를 이겼거든요. 그래서 제가 노란띠를 땄다고 말했어요. 또 하나는… 준영이한테… 잘 보이고 싶었어요.

저는 깜짝 놀랐습니다. 자신의 속마음을 그대로 말해 주는 아들이 고맙고 대견했습니다. 그리고 도훈이 말을 들으며 슬며시 웃음이 났습니다. 물론 거짓말은 잘못된 것이지만, 나름 귀엽게 일리가 있는 것 같게 느껴졌습니다. '야!! 태권도랑 닭싸움이랑 같냐, 같아? 어떻게 닭싸움 한 거랑 태권도랑 같냐고. 그러니 준영이가 거짓말 친다고 하지. 똑바로 말해. 똑바로!!' 하며 다그치려는 마음이 쏙 들어갔습니다. 저는 다시 마음을 가다듬고 말했습니다.

나 : 그래, 엄마는 네가 하는 말을 다 정직한 말로 들을게. 그러니까 도훈이가 준영이한테 노란 띠 딴 거랑 닭싸움 한 얘기를 구분하지 않고 말했구나. 도훈아, 준영이한테 잘 보이고 싶어서 구분하지 않고 말하면 어떤 결과가 오지?

도훈: ….

나 : 거짓말하는 도훈이가 되었네. 그럼 어떡하지?

도훈: 제가 사과해야 해요.

나 : 그래. 그리고 준영이가 도훈이를 참 좋은 친구라고 생각하도록 하려면 도훈이가 준영이에게 어떻게 해야 할까?

도훈: (머뭇머뭇하며) 알았어요. 정직하고, 친절해야 돼요. 그리고 잘 도와줘야 해요.

나 : 그래. 우리 도훈이가 엄마가 가르쳐야겠다고 생각하는 중요한 걸 다 알고 있네. 도훈아, 엄마 아들로 엄마에게 와 줘서 고마워.

도훈: 엄마, 엄마 아들로 태어나게 해 줘서 고맙습니다.

제가 아들과 이런 대화를 나눌 수 있다니요. 그 순간, 저는 아들과 함께 있는 저의 집 거실이 천국처럼 느껴졌습니다. 어떻게 이 대화가 초등학교 1학년 아이와 이런 대화를 할 수 있을까요. 제 아이는 제가 생각했던 것보다 훨씬 높은 수준이었습니다. 거짓말 사건은 이렇게 잘 마무리가 되었습니다. 한바탕 큰 소란을 피울 걸 조용히, 그리고 아이와 저 둘 다 뭔가 큰 걸 배우게 된 알찬 저녁시간이 되었습니다.

'정직'은 모든 부모들이 아이에게 가르쳐야 할 가장 중요한 품성이라고 생각한다. 도훈이 어머니도 같은 생각을 하고 있다. 그런데 도훈이 친구의 말을 들었을 때 우선 화가 났다. 자신이 가르쳐야 할 품성에 문제가 생겼기 때문이다. 그러나 배운 대로 아이부터 이해하려고 "네가 노란띠 땄다고 하는데 어떻게 된 일인지 궁금하네." 했더니 도훈이에게도 이유는 있었다. 닭싸움에서 노란띠를 이긴 것을 태권도에 적용했던 것이다. 그러나 어머니의 "구분하지 않고 말하면 어떤 결과가 오지?" 하는 말을 듣고 말한다. "사과해야 해요." 그리고 친구에게 잘 보이고 싶으면 구분하지 않고 말할 게 아니라 "정직하고, 친절하고, 잘 도와줘야 해요." 하는 도훈이의 생각을 들을 수 있었다. 그 말은 도훈이의 생각이기도 하지만 도훈이의 결심이기도 했을 것이다. 지혜로운 도훈이 어머니는 거짓말한 도훈이에게 정확한 표현의 의미를 배우는 기회로 만들어 주었다. 아훈 훈련의 핵심이다.

도훈이 어머니는 계속해서 말했다.
다음은 우리집 분위기를 바꾸는 남편과 있었던 사건입니다.
지난 주 저는 강의 준비하느라 빨래를 하긴 했지만 개어서 차곡차곡 정리하지 못했습니다. 빨래는 며칠 동안 거실 소파에 그냥 있었습니다. 그날 아침 남편이 소파에 있는 빨래를 보며 말했습니다.

"아! 쫌! 빨래 좀 치워!"

저는 뜨끔하면서도 마음속에선 뭔가 불쑥 올라오는 것 같았지만 아무 소리 못하고 조용히 빨래를 정리했습니다. 그런데 잠시 뒤 정수기 물을 마시던 남편이 또 말했습니다.

남편: 여보, 정수기 물이 왜 안 시원해?

나 : (방금 남편이 한 말에 대꾸하지 않고 참았던 앙금을 담아서) 그걸 나한테 물어보면 내가 알아요?

남편: 아~ 왜 또 그래!

하더니 바로,

남편: 여보, 우리 다시 대화해요~. 여보, 정수기 물이 안 차갑네요.

남편의 웃음기 띤 말에 조금 전의 앙금이 다 사라지면서 제 마음은 금세 천국으로 바뀌었습니다.

나 : 어머! 그래요~? 당신 불편했겠어요. 제가 어떻게 된 일인지 얼른 알아 볼게요. 고마워요. 여보.

저는 남편의 등 뒤로 가서 남편을 꼭 껴안았습니다. 행복했습니다. 천국과 지옥이 바로 옆이더라고요.

대화 시간 총 5분. 아니, 채 5분이 되지 않는, 별로 대수롭지 않은 그 작은 사건을 대화로 어떻게 푸느냐에 따라 천국과 지옥을 오가다니요. 한순간 정신차리지 않으면 천국에서 지옥으로, 지옥에서 천국으로 오가더라고요.

그렇다. 평범한 가정의 저녁 시간, 깨어 있는 사람이 한 사람만 있어도 한 가정은 성숙하고 행복한 가정으로 변화할 수 있다. 나는 카이스트의 뇌과학자 김대식 교수의 글이 생각났다.

"우리가 '행복'이라고 말할 때 두 가지를 구분해야 한다. 하나는 만족감이다. 배부르고, 편하게 쉴 수 있고, 아픔도 없는 상태. 그러나 그건 만족이지, 행복이 아니다. 지금 삶이 만족스럽다 하더라도 스스로 불일치를 만들고, 그 격차를 줄이고, 또 높은 불일치를 만들어 가는 지속적인 과정. 이것이 바람직한 행복, 창의적인 행복이다."

아훈은 이렇게 스스로 불일치를 만들고 그 격차를 줄이려고 이론이 아닌, 실천을 통해 지속적으로 훈련하는 창의적인 행복을 목표로 한다.

40

절대 화는 내지 않는다. 아이에게 도움이 되어야 한다

남편은 몸이 약한 저를 배려해서 아침 일찍 일어나 외아들의 아침을 챙기고 본인도 준비해서 출근을 합니다. 그날도 남편과 아들이 준비해서 나가고 저는 잠자리에 있었는데 집전화가 몇 번 울리고 전화를 막 받으려는데 끊겼습니다. 누군가 봤더니 아들이었습니다.

'아들의 전화라면 이유가 있겠구나. 혹시 또 버스를 놓친 건 아닌가.' 저는 잠이 확 깼습니다. 아이 휴대폰으로 전화를 했습니다. 아이가 다급한 목소리로 말했습니다.

"엄마, 그 개 쓰레기 같은 버스가 내가 따라 뛰는데 날 버렸어. 나 효자촌 거기, 거기로 좀 태워다 주세요"

'뭐라구? 그러게 왜 화장실에서 시간을 그렇게 오래 쓰냐고. 그렇지. 내가 이럴 줄 알았어. 그리고 어른한테 개 쓰레기라니, 무슨 말버릇이야.' 하는 말이 떠올랐지만 참고 말했습니다.

"응, 엄마 지금 금방 갈게. 어디야? 분당동 주민센터? 알았어. 금방 갈게."

그러고는 세수도 하지 않은, 산만하게 뻗친 머리 상태 그대로 자동차 키와 휴대폰만 들고 뛰었습니다.

아이는 전에도 몇 번 말한 적이 있습니다. "엄마, 오늘 버스 놓칠 뻔 했어요. 버스가 가길래 막 따라가서 겨우 탔어요." 하고요. 오늘은 아이에게 뭔가 따끔하게 말해야 할 것 같아서 운전하며 생각했습니다. '뭐라고 말하지? 절대 화는 내지 않는다. 아이에게 도움이 되어야 한다. 잔소리는 서로 기분만 상한다.'

여러 가지 생각을 하며 가고 있는데 아이가 기다리는 곳은 분당동 주민센터 앞이었습니다. 그러니까 아이가 버스를 따라서 뛰어간 거리는 버스 한 정거장 정도 되는 거리에 횡단보도도 2개나 건너야 했습니다. '아이가 거기까지 뛰어갔는데 기사님이 그냥 가시다니. 기사님도 너무 하시지. 그러나 기사님이 버스 따라 뛰는 우리 아이를 못 볼 수도 있지. 또 보았다고 하더라도 다른 아이들에게 피해를 주면 안 되겠지.' 등 여러 상황을 생각하며 아이가 기다리는 곳으로 갔습니다. 아이는 큰 가방과 기타까지 등에 메고 지친 모습으로 서 있었습니다. '야! 기타는 왜 메고 다녀!!' 하고 싶은 것을 애써 참으며 이렇게 말했습니다.

"동민아, 여기까지 뛰어 왔구나. 기타까지 메고. 아침에 애 많이 썼네."

아이가 대답했습니다.

"그래요. 그 개 쓰레기 같은 버스, 분명히 내가 뛰는 걸 봤을 텐데. 그리고 거기 버스 한 대 밖에 안 지나가는데. 그걸 뻔히 알면서."

'으이그, 이 말버르장머리 봐라. 그게 어른한테 할 소리야? 내가 그렇게 가르쳤냐? 그러게 일찍일찍 준비해야지. 네가 늦었는데 누구를 탓해.' 했을 텐데. '그래. 분명 이 말들은 도움이 되지 않는 말이야. 그동안 얼마나 많이 경험했던가.' 저는 아이의 입장에서 생각하기로 했습니다. '그래. 열심히 뛰어왔는데 버스를 놓쳤으니 얼마나 황당했을까. 무거운 가방에 기타까지 메고 얼마나 애썼을까.' 저는 생각을 정리하며 말했습니다.

나　: 그래? 동민이 정말 억울했겠다. 그리고 늦을까봐 걱정도 되었겠다.

제가 참으면서 말하는데 아이가 또 말했습니다.

동민: (한결 누그러진 목소리로) 네, 엄마. 저기 효자촌에 우체국 있는데 거기 세워 주시면 조금 있다 다른 버스 온대요.

나　: 그래? 정확한 시간은?

동민: 몰라요.

'아니, 시간도 모르면서 혹시라도 버스 다 지나갔으면 어떡하려고,' 하고 싶은 것을

나　: 동민아, 엄마가 학교까지 태워다 줄게.

동민: 그래요? 알았어요.

그렇게 학교를 가는 아들을 보며 저는 속으로 자꾸 뭔가 말해 줘

야 할 것 같았습니다. 기사님에게 '개 쓰레기' 이런 말은 아닌데. 그리고 '아침에 좀 잘하지. 기타까지 메고 가야 하느냐고.' 저는 하고 싶은 말과 배운 대로 하는 말 사이에서 갈등하며 계속 연구했습니다. '뭐라고 말하지? 이번 일로 뭘 배웠지?' 이건 아닌 것 같고. 이렇게 머리 속에서 연구하고 연구하는데 차는 벌써 아이 학교 가까이 왔습니다. 저는 백미러로 아이의 얼굴을 봤습니다. 그런데 아이는 모든 문제가 풀렸다는 듯 너무나 평온했습니다.

 '아, 내가 아무 말도 하지 않고 태워다 주는 것이 그렇게 흥분하던 아이를 이렇게 편안하게 할 수 있구나. 그래, 아이가 열일곱 살이고 고등학생인데 충분히 스스로 생각하겠지. 내가 뭐라고 하지 않아도 잘 알겠지.' 생각이 여기에 미치자 뭔가 가르쳐야 할 것 같던 마음이 스르르 사라졌습니다. '그래. 내가 아이를 믿어야지. 잔소리 하지 말아야지. 아침 일찍 실컷 어려운 일 해 주고 잔소리로 그 공을 까먹지 말자.' 하고 생각을 정리하자 아이가 오랜만에 예뻐 보였습니다. 이른 아침 하나뿐인 아들과 싱싱한 햇살을 받으며 드라이브 하다니, 내가 언제 이런 경험을 했던가. 생각할수록 기분이 둥둥 저 높은 하늘로 떠오르는 듯했습니다. 저는 차에서 내리는 아들을 다정한 눈빛으로 쳐다보며 말했습니다.

"동민아~ 사랑해. 오늘도 행복한 하루 보내~."
 그런데 아이는 '웬일이냐.' 하는 표정으로 멀뚱멀뚱 절 쳐다봤습니다. '사춘기라 그런가, 내게 받은 상처가 너무나 커서 그러나.' 제가 차를 돌리고 있는데도 그 자리에서 움직이지 않고 계속 저를 쳐

　　　　　아름다운 부모들의 이야기 2

다보고 있었습니다. 저는 입으로 '뽀뽀'하는 모양을 아이에게 보냈는데도 아무 느낌이 없는 사람처럼 보고 있었습니다. 그렇게 표정 없는 모습이어도 저에게는 감동으로 다가왔습니다. 물론 평소였다면 눈을 흘기고 인상을 쓰면서 휙 사라졌을 테니까요. 저는 속으로 아들에게 말했습니다.

'아~ 사랑하는 우리 아들, 저렇게 엄마를 봐주니. 엄만 정말 행복하구나. 동민아 엄마는 언제나 널 응원하고 사랑해. 영원히. 엄마가 눈을 감은 후에도 영원히 사랑해.' 저는 참으로 오랜만에 아들 몰래 아들에게 사랑하는 마음을 고백했습니다.

실수했을 때 감싸 주면 영혼이 통한다고 한다는데, 그날 제가 아이와 영혼이 통하지 않았을까. 그래서 세수도 안 하고 머리는 산만한 채, 누가 봐도 집에서만 입는 옷이라는 티가 나는 무릎이 나온 옷을 입고 주차장에 내려서 출근하는 사람들을 마주치고 인사를 하면서도 너무나도 행복하다니요. 그리고 속으로 외쳤습니다.

"그래! 나 오늘 드디어 해냈어. 한 순간도 화내지 않고 불평하지 않고 어떻게 하는 게 아이에게 도움이 될까를 먼저 생각하고, 사랑으로 친절하게 했어. 그래, 배우길 잘했지. 잘했다고. 세 번씩이나 큰 수술을 하고 병실에 찾아와 엄마 오래 살라고 하는 아들에게 '네가 잘해야 엄마가 오래 살지. 너와 네 아빠가 속을 썩여서 엄마가 오래 살 수 없다.'고 소리치던 내가 아들을 이제 사랑의 눈으로 볼 수 있다니요."

동민이 어머니는 눈물을 닦으며 마지막 말로 마무리했다.

"그러네요. 그날 제 차가 출발했는데도 멀리서 저를 보고 있던, 이제 고등학교 2학년이 된 아들은 여섯 살부터 병실에서 봐 왔던 허약한 엄마가 살아 계심에 감사하는 마음으로 말없이, 그날처럼 멀리서 저를 지켜보고 있었는지도 모르겠네요."

'절대 화는 내지 않는다. 아이에게 도움이 되어야 한다.' 동민이 어머니는 자신의 이런 목표를 이루려고 계속 그 내용을 마음에 두고 있었다. 그리고 '화'내지 않을 수 있었다. 도움이 되었는지 아닌지 확실한 결과는 말할 수 없지만 분명 도움이 되었을 것이다. 분명 어머니의 사랑을 느꼈을 것이다. 동민이 어머니가 동민이에게 주고 싶은 가르침을 구체적으로 말하지 않았지만 동민이는 알았을 것이다. 약속에 늦어서 절절매던 오늘의 기억은 동민이에게 약이 되었을 것이다. 그리고 동민이 어머니는 약속했다. 자연스러운 기회에 이 한마디 할 것을.
"동민아, 지난 번 버스 놓쳤을 때 네가 했던 말 '그 개 쓰레기 같은 버스' 하는 말 들었을 때 그 기사님에게 엄마가 많이 미안했어."

그날 동료 강사들도 나도 그렇게 위험하다는 암 수술을 세 번씩이나 받고도 건강하게 공부하고 강의하는 동민이 어머니에게 박수를 보냈다.

41

엄마가 먹었다고 해 주시면
안 될까요?

오랜만에 친구와 밖에서 차를 마시는데 집에 있던 중 1 작은아들 영준이에게서 문자가 왔습니다.

〈엄마! 제가 형 간식 OOO를 아무 생각 없이 먹어 버렸는데 이따 형이 찾으면 엄마가 먹었다고 해 주시면 안 될까요?〉

젤리 형태인 OOO은 당도가 높아서 평소엔 잘 사 주지 않았는데 며칠 전 슈퍼 가던 날, 어릴 때 먹던 추억의 맛을 느끼고 싶다는 중 3인 큰아들 영석이의 말에 따라 형과 동생 각각 두 개씩 사서 냉장고에 넣어 두었습니다. 친구와 수다를 떨던 저는 문자를 보며 생각했습니다. '에그 귀여운 녀석! 애도 아니고 다 큰 녀석이 이런 문자를 보내네?' 피식 웃으며 대수롭지 않게 여겨 답도 보내지 않았습니다.

늦게 집에 들어간 저는 저녁을 먹고 막 설거지를 하려는데 냉장고 앞에 선 큰아들의 흥분한 목소리가 들렸습니다.

"으악! 내 OOO 어디 갔어? 어제 안 먹고 아껴둔 건데…. 엄마! 엄마가 드셨어요?"

'아! 그 문자!' 그제서야 작은아들에게서 낮에 받았던 문자 생각이 났습니다. 뒤돌아보니 이미 얼음이 된 작은아들이 벽 가장자리에 붙어 서서 무언의 강렬한 눈빛으로 저를 바라보고 있었습니다. 저는 얼버무리며 말했습니다.

"으응…. 영석아! 내가 먹은 것 같은데…. 요즘은 내가 먹고도 깜빡하네…. 내일 두 개 사서 다시 둘게."

알았다며 서운한 얼굴로 방에 들어가는 큰아들을 뒤로하고 얼어붙은 작은아들에게 찡긋 눈짓까지 하면서 공범(?)인 걸 확인시켜 주는 걸로 상황을 마무리했습니다. 그런데 뭔가 영 마음이 찜찜했습니다.

'아, 이건 아닌 것 같아. 큰아이에게 거짓말하는 비겁한 엄마가 되다니. 더하여 작은아이에게도 당장은 자기편인 듯 안심시켜 주긴 했지만 장차 작은아이도 자기 모르게 엄마와 형이 서로 짜서 거짓말할 지도 모른다고 생각하게 만든 건 아닐까? 나의 바람직하지 않은 행동이 형제의 우애를 갈라 놓는 건 아닐까?'

복잡하게 생각하고 있는데 작은아들이 다가와서 머뭇거리며 말했습니다.

"엄마! 고마워요!"

'뭐라고 말하지. 이 기분을 어떻게 다 설명하지.' 막막해진 저는 결국 이렇게 말할 수밖에 없었습니다.

"응, 영준아, 그런데 다시는 이런 일 하지 말자."

"네….."

돌아서서 가는 작은아들의 표정 역시 개운치 않은 듯 저와 비슷한 것 같았습니다. 연구소 수업시간에 이 문제를 발표하고 나누면서 제 태도를 돌아보게 되었습니다. 아들이 도움을 요청했을 때 지금처럼 대수롭지 않게 생각하며 그냥 그렇게 넘겨 버린 일들이 얼마나 많았을까. 이번 사건도 배우지 않았다면 문제라고 생각지도 않고 넘어갔을 텐데. 누가 먹었느냐는 형의 말에 작은아이의 얼어붙은 듯한 표정은 무엇을 말해 주는 것일까. 이런 일을 아이들에게 어떻게 가르쳐야 할까요?

영석이 어머니의 말을 들으며 우리는 작은아들의 문자를 보았을 때 엄마의 반응에 대해서 나누었다.

〈엄마! 제가 형 간식 OOO을 아무 생각 없이 먹어 버렸는데 이따 형이 찾으면 엄마가 먹었다고 해 주시면 안 될까요?〉

어머니가 다음과 같이 문자를 보냈다면 영준이는 어떤 생각이 들까.

1) 〈엄마가 네 글을 보니까 많이 창피해. 앞으로 절대로 거짓말 하지 않을 거야. 그래서 요즘 사건을 지혜롭게 풀어 가는 방법을 공부하고 있어. 엄마가 집에 가는 길에 OOO 사 갈까? 형 두 개, 너 하나 사 가면 오늘의 숙제를 풀 수 있을까?〉 또는

2) 〈영준아, 엄마는 형에게 거짓말할 수 없어. 네가 제안한 방법 말고 다른 방법은 없을까?〉

위의 반응은 약간의 차이가 있다. 1)에서는 어머니가 영준이의 생각을 이해하지만 어머니의 확실한 교육관을 말해 주고 있다. 그리고 방법을 어머니가 제안한다. 영준이는 어머니가 제안한 방법 중에 선택할 수 있다. 그러나 2)에서는 영준이가 거짓말이 아닌 다른 방법을 영준이 자신이 찾게 된다. 가령 엄마가 집에 오는 길에 사 달라고 하든가, 아니면 본인이 준비하겠다고 하든가. 그러나 문제는 또 있다. 영준이 어머니가 평소에 거짓말을 했었다면 거짓말 할 수 없다는 어머니의 말에 영준이의 반응이 달라질 수도 있다.

'웬일이세요. 다른 때는 잘도 둘러대면서 내가 필요한 순간엔 거짓말 못 하겠다니요. 차라리 도와주기 싫으면 그냥 싫다고 하세요!!'

이렇게 반응할 수도 있다.

영준이 어머니는 그 뒤에 영준이와 나누었던 대화를 들려 주었다.

저는 어떤 경우 상대방의 마음을 시원하게 해 줄 방법을 몰라서 못 하기도 하고, 또 때로는 적절한 말이 생각나지만 잘못되었던 자신의 행동이 부끄러워서 실천하기가 어려웠습니다. 그런데 그날은 한결 밝아진 마음으로 영준이에게 배운 대로 말했습니다. 문자에 답하지 않았던 미안한 마음과 엄마의 잘못된 교육 태도 등에 대해서 고백했습니다. 아들도 말하더라고요.

"엄마, 저도 미안하고 찜찜했는데 고마워요. 이제 마음이 시원해졌어요."

절대 변할 수 없는 가치인 정직함의 중요성, 자애로우면서도 엄격한 부모의 태도, 그리고 자녀의 작은 목소리도 큰 울림으로 들을 수 있는 세심함이 얼마나 귀한 것들인지 배운 사건이었습니다. 제가 아훈을 배우지 않고 예전대로

'왜 네가 잘못해 놓고 엄마에게 거짓말하라고 해? 엄마는 거짓말하고 싶지 않아. 네가 먹었으니까 네가 알아서 해결해.' 하는 생각을 하면서도 어떻게 말해야 하는지 몰라서 그냥 '에그 예쁜 녀석.' 하고 넘어가거나 아니면 〈알았어. 걱정하지 마.〉 하는 문자를 보내고 사건을 그냥 넘겼다면 아들이 자신을 훌륭하게 훈육하는 엄마라고 고마워했을까를 생각하게 됩니다.

영준이 어머니의 이야기를 들으며 다른 수강생도 말했다.

저도 아이들에게 거짓말을 많이 가르쳤네요. 저는 평소에 두 아이 중 한 아이만 데리고 외출했을 때 한 아이에게만 아이스크림이나 과자를 사 주면서 누나 혹은 동생에게 말하지 말라고 약속을 받곤 했습니다. 그러면 아이가 약속을 어겨 서로 다투고 '엄마는 왜 누구만 사줘요!' 하면서 저와 다투기도 했습니다. 며칠 전에도 여덟 살인 큰아이가 감기에 걸려서 아이스크림은 절대로 먹으면 안 된다고 아빠에게 주의를 받고 덩달아 작은아이 지원이도 아이스크림 금지령을 받은 상태였습니다. 그런데 저와 외출한 지원이가 아이스크림을 사 달라고 조르자, 저는 아빠가 안 된다고 했다는 말을 상기시켰습니다. 그러나 지원이가 아빠나 누나에게 절대로 절대로

말하지 않겠다고 약속을 해서 결국 사 주었습니다. 그리고 지원이는 저와의 약속대로 아무에게도 말하지 않았고 저는 저와의 약속을 지키는 아이를 보며 흐뭇했습니다. 그런데 이것도 잘못된 일이었네요. 그런데 구체적으로 뭐가 잘못되었나요? 이런 일을 아이들에게 어떻게 가르쳐야 할까요?

지원이가 엄마와의 약속은 지켰지만 무엇이 문제인가? 이 사건은 앞으로 지원이와 아빠, 누나와의 관계에 어떤 영향을 미칠까. 아빠 말을 어기게 되면 아빠가 아이에게 하는 말의 힘은 어떻게 될까. 또 지원이는 집에 있는 아픈 누나에 대해서 어떤 생각을 하게 될까. 누나 없는 곳에서 혼자만 먹고 앞으로 누나와 진실하고 우애 있는 관계를 만들어 나갈 수 있을까. 또 엄마는 다른 가족을 속이면서 어떻게 아이를 바르게 교육할 수 있을까. 그렇다면 다음과 같이 말하면 어떤 결과가 올까.

지원: 엄마, 아이스크림 사 주세요.
엄마: 아이스크림 먹고 싶다고. 엄마가 난처하네.
지원: 왜요?
엄마: 엄마가 지원이에게 아이스크림을 사 주면 아빠와 너의 약
　　　속을 어기게 되고 또 누나에게 미안해서 말이야.
이렇게 말하면 지원이는 아빠에 대해서, 또 누나에 대해서 어떤 생각을 하게 될까. 그리고 '누나가 알면 어떡하지?'와 '누나에게 미안해서 말이야.'의 차이는 뭘까. 어느 쪽이 지원이가 아픈 누나를

좀 더 이해하고 남매간의 관계에 도움이 될까.

이렇게 가정에서 시작된 작은 거짓말은 커지고 커져서 급기야 신문 뉴스에 오르내릴 수도 있다.

"현직 검사장의 말 바꾸기('거짓말 시리즈') 다섯 번 이어진 거짓말."

"분식회계 눈감아 주고 5억 받은 금감원 간부."

"해외 성능 실험에서 불합격 판정을 받았는데도 검증업체에서 시험 성적서를 변조한 후 한수원에 납품하면서 '6,150만 원짜리 불량 케이블로 국민 돈 1조 4천억' 날렸다."

"원자력 비리, 어디까지 썩었는지 끝이 안 보여."

이런 국가적인 부패도 처음에는 작은 거짓말로 시작되지 않았을까. 이제 그들의 삶은 어떻게 끝날 것인가.

영국의 저술가, 새무얼 존슨은 말한다.

"위대함을 향한 첫걸음은 정직함에 있다."

부모가 진정으로 자녀에게 가르쳐야 하는 것은 무엇인가? 오늘도 나는 생각하게 된다.

42

행주로 부엌 바닥을 닦다니요

"철썩!!!"

저는 남편의 등짝을 사정없이 때리면서 말했습니다.

"당신 제 정신이에요? 지금 뭐하는 거예요? 행주로 부엌 바닥을 닦다니요."

남편은 어제 팍팍 삶아서 깨끗이 빨아 행거에 널어 놓은 바로 그 행주로 부엌 바닥을 그것도 발로 쓱쓱 닦고 있었습니다.

"?? … 바닥에 뭘 흘려서…."

"바닥에 흘렸으면 걸레로 닦아야지, 어떻게 행주로 부엌 바닥을 닦느냐고요. 행주랑 걸레도 구분 못 해요? 도대체 좋다는 그 머리는 어디에 쓸 건가요?"

런닝셔츠만 입고 있던 남편은 머쓱해하며 슬쩍 저를 피했습니다. 아침 식사를 다 준비하고 보니 남편은 집에 없었습니다. 저는 출근해서 책상에 앉을 때까지도 제가 잘못한 걸 찾아내지 못했습니다. 도대체 남편을 이해할 수가 없었습니다. 길 가는 사람 백 명에게 물어봐도 모두 같은 생각일걸요. 어떻게 행주로 방바닥을 닦느냐고요. 그러나 잠깐 생각했습니다. 마음이 불편했습니다. 남편의 잘못 때문이 아니라 제가 뭔가 잘못한 것 같았습니다. 남편이 얼마나 황당했을까. 아침도 안 먹고 출근한 남편이 어떤 마음이었을까. 큰소리 한 번 못 하고 아침부터 등짝을 맞았으니, 아파서가 아니라 참담하지 않았을까. 예순이 넘은 나이에 아내에게 맞다니. 그것도 뭔가 아내를 도와주려고 부엌에 있었을 텐데. 생각하면 할수록 제 잘못이 커져 갔습니다. 기껏 행주 때문에 남편을 우습게 알고 무시하다니. 더구나 요즈음 배우고 있지 않은가. 저는 생각을 정리하고 남편과 결혼해서 35년 만에 처음으로 문자를 보냈습니다.

〈여보, 미안해요. 제 못된 버릇 고치지 못하고 아침부터 당신 황당하게 해서 미안해요. 앞으로 그런 일이 없도록 조심할게요.〉
시간이 꽤 지난 후에 문자가 왔습니다. 저도 남편으로부터 35년 만에 처음 받는 문자였습니다.

〈자신의 잘못을 말하고 앞으로 더 잘하겠다고 하는 당신이 너무나 아름답소. 나도 앞으로 조심하리다. 여보, 당신을 사랑하오.〉
문자를 보자 그냥 눈물이 흘렀습니다. 남편에 대한 모든 원망과 미움이 한순간에 사라지고 사랑이 다시 시작되는 것 같았습니다. 저도 썼다 지웠다를 반복하며 문자를 보냈습니다.

〈여보, 저도 미안해요. 당신 출근하는지 아닌지 모르는 척 식사 준비만 하다니요. 제가 속이 좁아서 그래요. 당신 문자 보내 줘서 고마워요. 당신 처음 만날 때처럼 설렜어요, 여보.〉

약간 오글거렸지만 썼어요. 쓰고 나니 보낼 용기는 생기더라고요.

그는 이렇게 자신의 사례를 소개하며 마지막으로 한 마디 덧붙였다.

"멀어지기는 쉽고 가까워지기는 어려운 게 부부사랑인가요. 의식적인 노력으로만 부부사랑은 키워진다는 걸 프로그램에 참가하면서 배웠습니다. 이제야 새로운 사랑이 시작되는 것 같습니다."

상대방을 이해하기 위해서는 준비가 필요하다. 새로운 상황이 생길 때 우선 멈춘다. 그리고 생각한다. '이 상황에서 지금 내가 할 수 있는 일이 뭐지? 내가 어떻게 행동할 때 이 상황을 지혜롭게 풀 수 있지. 이렇게 생각을 정리하다 보면 '화'나던 감정에서 '생각'하는 이성의 영역으로 우리의 에너지가 모아진다. 그러면 상대방도 이해하게 되고, 또 나의 느낌이나 생각도 표현하게 된다. 즉 남편이 행주로 부엌 바닥을 닦는다. 이유가 있겠지? 나를 도와주기 위해서? 그러면 고맙다, 행복하다는 생각으로 이어질 수 있다. 아내의 이성적인 해석에 따라 아내는 남편과 더불어 행복하게 된다.

사례를 함께 나눈 수강자들에게 나는 질문한다.

"행주 하나가 얼마죠? 천 원 안팎이라고요. 천 원 안팎의 가격인 행주를 걸레로 쓰면 억울한가요? 천 원 때문에 남편의 등짝을 사정없이 때리다니요. 어설프지만 도와주려는 남편의 마음을 짓밟다니요."

순간의 선택은 자신의 가치관이나 인생관에 따라서 행동하게 된다. 남편과 그리고 돈 천 원. 어느 쪽이 더 소중한가. 나는 알프레드 아들러의 책『삶의 과학』에서 읽었던 내용이 생각났다.

어느 젊은 남성이 아름다운 여성과 무도회에서 춤을 추고 있었다. 그녀는 그의 약혼자였다. 춤을 추는 도중에 뭔가에 부딪쳐 그의 안경이 떨어졌다. 그때 그는 떨어진 안경을 줍기 위해 그녀를 밀쳤고 그녀는 넘어졌다. 옆에서 놀란 친구가 물었다.
"무슨 일이야?"
"이 여자가 안경을 밟을까 봐 그랬어."
그 뒤 그녀는 그와 파혼했다.

43

당신 사진 인화하라고 한 거 했어?

　제 남편과 있었던 일입니다. 오랜만에 가족여행을 다녀온 남편은
제게 여행에서 찍은 사진을 인화하라고 했습니다. 그 뒤 남편과 나
눈 대화입니다.

　남편: 여보, 지난번에 사진 인화하라고 한 거 인화했어?
　아내: 아니요….
　남편: 아직도 안 했어? 몇 번 말했는데 아직도 안 했어? 컴퓨터
　　　　에 있는 사진 파일 정리해서 인화 신청하는 게 그게 그렇게
　　　　어려운 일이야?
　아내: 어렵다기보단 깜빡해서 그리고 양이 많아서 선뜻 하기가
　　　　좀 그래요.
　남편: 그러니까 매일 그날 할 일을 적어 놓고, 하나씩 하면 되잖
　　　　아. 그러다 컴퓨터 고장나서 사진 다 날아가면 어떡할 거

야?

아내: 그럼, 당신이 좀 도와주면 안 돼요? 그게 꼭 나만 해야 되는 일이에요? 내가 좀 못하는 건 당신이 도와주면 얼마나 좋아요? 남들은 그런 거 다 남편이 하던데.

남편: 아니, 당신이 할 일을 안 해 놓고 왜 다른 사람 핑계를 대?

아내: 됐어요. 알았어요. 내가 하면 되잖아요. 치사하게.

'내가 말을 말아야지. 도와주지도 않을 거면서 맨날 잔소리만 해.'라는 말을 더 하고 싶었지만 꾹 참았습니다. 남편을 피해 아이들 방으로 갔습니다. 벼르고 별러서 다녀온 가족여행도 후회스러웠습니다. 한참을 서성이며 고민했지만 생각이 나지 않았습니다. 우리의 대화중에 무엇이 어떻게 잘못되었는지요?

우리는 교육 중에 함께 역할 연습을 했다.

남편: 여보, 지난번에 사진 인화하라고 한 거 인화했어?

아내: 여보, 미안해요, 아직 못했어요.

남편: 아직도 안 했어? 몇 번 말했는데 아직도야? 컴퓨터에 있는 파일 정리해서 인화 신청하는 게 그게 그리 어려워?

아내: 그렇게 어려운 일은 아니지만 아직 못했어요.

남편: 그러니까 매일 그날 할 일을 적어 놓고, 하나씩 하면 되잖아. 그러다 컴퓨터가 고장나서 사진 다 날아가면 어떡할 거야?

아내: 사진 날아갈까 봐 걱정이라고요. 알았어요. 이번 주까지 잊지 않고 할게요.

남편: 그래? 혹시 내가 도와줄 거 있으면 얘기해.

아내: 고마워요. 제가 해 보고 안 되면 부탁할게요. 그리고 제 얘기해도 돼요?

남편: 뭔데?

아내: 당신 인화했어? 하는 말을 들으니까, 내가 당신이 시킨 일 점검받는 부하가 된 느낌이 들었어요.

남편: ? ?

우리는 두 사람이 나눌 대화를 연습하면서 아내의 마지막 말에 대해 남편은 어떤 느낌일까에 대해서도 생각해 보았다. "당신 인화했어? 하는 말을 들으니까, 내가 당신이 시킨 일 점검받는 부하가 된 느낌이 들었어요." 하는 말은 아내가 남편과의 관계가 상사와 부하와의 관계처럼 느껴져 섭섭하고 화가 난 것을 객관적이고 솔직하게 표현한 말이다. 아내는 속마음을 이야기해서 시원하고 남편은 아내의 속마음을 알게 되어서 자신의 행동을 돌아보게 된다.

우리의 일상은 작은 사건들로 이루어진다. 계속해서 강조하지만 그 사건을 하던 대로 느끼는 대로 풀기도 하고 생각하고 연구하며 지혜롭게 풀기도 한다. 그 결과에 따라 행복하기도, 서운해하기도, 억울해하기도 하고 또 답답해하기도 한다.

또 다른 수강자가 말한다.

제가 교육을 받으면서 가장 먼저 깨달은 것은 저희 집에서는 '미안하다. 고맙다. 사랑한다.'는 말을 하지 않고 살고 있었다는 것입니다. 신혼 몇 개월을 빼고 거의 11년 동안 한 번도 하지 않고 살았던 것 같습니다. 아니 할 수 없도록 못을 박은 사람은 저였습니다. 어쩌다 남편이 말하면 저는 앞뒤 가리지 않고 반박했습니다.

"여보, 미안해."

"뭐가 미안한데요. 미안한 줄 알면 처음부터 미안할 일을 하지 말아야죠. 왜 미안할 일을 만드는데요."

"여보, 고마워."

"고마운 줄은 알아요? 고마운 줄 알면 저한테 잘해야죠. 고맙다고 말만 하면 뭐하냐고요."

"여보, 사랑해."

"웃기시네. 뭐가 사랑인데요. 당신 사랑이 뭔지 알기나 해요. 사랑한다는 사람이 이렇게 맨날 사람 속을 썩여요?"

저는 배우면서 남편에게 사과하고 또 사과했습니다.

옆에서 듣던 수강자가 말한다.

돌아보면 저도 아내 역할을 무식하게 했습니다. 남편이 식탁에서 찌개가 짜다고 하면 일말의 망설임도 없이 말했습니다.

"여보, 찌개가 짜네."

"네. 그러니까 밥이랑 먹어요."

남편이 몇 숟갈 더 먹다가 다시 말합니다.

"여보, 이게… 밥이랑 먹어도 짜네."

"그러면 밥을 더 많이 먹으라고요."

"그러니까 밥을 많이 먹어도 짜다고."

"아휴!! 진짜!! 어떻게 매번 간을 딱딱 맞추냐고요. 하다 보면 짤 때도 있고 싱거울 때도 있지. 반찬을 어떻게 매번 똑같이 하느냐고요. 내가 무슨 장금이도 아니고 짜면 조금씩 먹으면 되지!"

그랬더니 드디어 남편이 알아챘습니다. 더 이상 저와는 말이 통하지 않는다는 것을요. 사실 몇 번은 제가 먹어 봐도 짜서 버린 적도 있었지만 그렇다고 남편과 아들에게 사과한 적은 단 한 번도 없었습니다. 자존심이 있는데요. 그런데 공부하면서 그런 제가 정말 창피했습니다.

수강생들의 비슷한 이야기는 계속 이어진다.

저도 그랬습니다. 그렇게 하고도 지금껏 함께 살아 준 남편이 고맙죠. 남편이 밤늦게 들어오는 날이면 눈을 흘기며 말합니다.

"저녁은요?"

"뭐, 그냥 대충, 괜찮아, 내가 대충 알아서 먹을게."

"뭘 알아요, 뭘, 뭘 알아서 먹어요. 안 먹었으면 그냥 안 먹었다고 하던가, 우물우물 먹었는지 말았는지, 대충 뭘 먹어요, 뭐가 어디에 있는지 어떻게 알아서 먹어요!! 어휴!!"

쌩쌩 사나운 바람을 날리며 밥상을 차립니다.

"미안해, 설거지는 내가 할게."

"무슨 설거지, 대충 하는 설거지는 안 하는 게 낫지. 빨리 먹기나 하라고요."

뒤돌아서서 남편의 등을 향해 계속 눈을 흘겼으니까요.

아름다운 부모들의 이야기 2

자신의 잘못을 털어 놓는 수강자들의 이야기는 끝없이 이어진다.

그래요. 사실 교육을 받으면서 얼마나 무식하게 제멋대로 행동했는지 하나하나 보이기 시작했습니다. 저는 남편이 옷을 입을 때면 잔소리 대마왕이었더라고요.

어느 날인가, 남편이 출근하려고 옷을 입고 나왔는데 윗옷은 줄무늬, 바지도 줄무늬의 옷을 입고 나왔더라고요. 저는 놀라서 한마디 했죠.

"그게 어울려요? 어울려? 눈은 폼이에요? 무슨 줄줄이 비엔나도 아니고. 으이그, 갈아입어요!"

그랬더니 상의만 갈아입고 나왔습니다. 윗옷은 땡땡이, 아래는 원래 입었던 줄무늬 바지를요. 그러면 저는 또 소리 질렀습니다.

"무슨 개그맨 시험 보러 가요? 웃기고 싶어서 일부러 그렇게 입은 거냐고요. 하여간 센스가 고쟁이야."

몇 번을 그렇게 했더니 나중에는 아예 뭘 할지 모르는 어린애가 되더라고요.

"여보, 나 뭐 입어? 넥타이는 뭐 해? 양말은 무슨 색으로 신어야지?"

이런 식으로 물어봅니다. 그러면 저는 또 나무랍니다.

"당신 왜 그래? 지금 한두 살 먹은 어린애야? 무슨 옷 입느냐고? 양말? 넥타이? 그러고도 회사에서 당신 써 주냐고? 에이그, 못 살아, 못 살아."

생각해 보면 제가 남편을 제 입맛에 맞게 만들려다가 아예 저에게 의존하는 어린애로 만들고 있었습니다. 제 아이를 그렇게 하는 것만으로는 부족해서 남편까지도 제 입맛에 맞추려고 하고 있더라고요. 정말로 무식했죠.

　수강자들은 자신들의 잘못을 나누는 경연장에라도 나온 듯 이야기를 이어간다. 자만심과 무모함으로 딱딱했던 그들의 표정은 자신의 잘못을 깨닫고 울음을 쏟아 놓으면서 조금씩 부드러워진다. 그 뒤 미안함과 희망이 깃든 잔잔한 웃음 속에서 겸손함이 조금씩 묻어난다. 그리하여 그 어리석은 날들의 고백이 용기 있는 실천으로 이어지고, 그리고 그들이 쏟아 내는 변화의 사례들은 기쁨으로 반짝인다.
　그러한 그들이 고맙고 또 아름답다.

44

엄마,
저 80점 맞았는데 잘한 거죠?

어릴 때부터 산만하다는 말을 듣는 초등학교 5학년 아들이 어제는 집에 오자마자 자랑스럽게 말했습니다.

"엄마, 저 오늘 열심히 공부했어요. 공책에도 열심히 썼어요. 보세요. 글씨도 예쁘게 잘 썼다고요."

'그러게. 그렇게 잘하면서 왜 평소에는 수업시간에 싸돌아다니고 글씨는 닭발인지 개발인지 모르게 쓰느냐고. 그러니까 마음만 먹으면 잘할 수 있다고.' 하고 싶었지만 저는 말했습니다.

엄마: 그래, 우리 아들 정말 잘했네.

아들: 네. 엄마.

엄마: ….

제 마음을 약간 포장한 말이기는 했지만 평소보다 나아진 글씨를 보며 '그래도 마음먹으면 뭔가 달라질 수 있구나.' 생각되었습니다. 그러나 얘기를 끝내자 제 칭찬이 모자란 것 같아 뭔가 아쉬웠습니다. 그러나 제 실력으로는 도저히 더 이상 할 말이 생각나지 않았습니다. 아이는 '주의력 결핍, 과다행동장애'로 어렸을 때부터 많은 어려움을 겪고 있습니다. 주의가 산만하고 집중력이 없어서 수업 시간에도 온 교실을 돌아다니고 친구들과도 갈등이 많아서 선생님으로부터 여러 차례 면담 요청을 받았고 그때마다 제 마음은 아프고 암울했습니다. 힘들다는 선생님의 말씀은 고스란히 저와 남편에게 압력이 되어 저희들도 아들에게 은근히 압력을 행사해 왔습니다. 그러나 아훈을 만나면서 부모인 저희들은 그동안 아이에게 전혀 도움이 되지 않고 오히려 방해가 되었다는 것을 알게 되었습니다. 그 뒤 저희가 배운 대로 하려고 노력하자 아이도 조금씩 달라지더니 어제는 드디어 공부 열심히 했다는 말도 처음으로 듣게 되었습니다. 저는 아이의 말을 들으며 고맙고 또 고마웠습니다. 공부도 열심히 하고 글씨까지 잘 쓰다니요. 그런데 칭찬의 말이 생각나지 않았습니다. 겨우 한다는 말이 "우리 아들 정말 잘했네."였습니다. 제가 뭐라고 해야 하죠?

다른 수강생들도 비슷한 내용의 궁금증을 털어 놓는다.
선생님, 초등학교 3학년인 제 아이는 이렇게 묻는 거예요.
"엄마, 저 오늘 80점 맞았는데 잘한 거죠?"
또 다른 질문도 이어졌다.
선생님, 제 아이는
"엄마, 저 공부 안 하고 80점 맞았는데 잘한 거죠?"
하더라고요. 뭐라고 하죠?

수강생들의 질문은 같은 것 같으면서도 조금씩 다른 질문이었다. 이럴 때 각각의 질문에 어떻게 대답해야 아이들에게 도움이 될까? 어떻게 대답해야 아이가 올바른 삶의 기준을 가질 수 있게 도움이 될까.

수강생 중 한 분이 말했다.

선생님, 저는 제 아이가 "엄마, 저 오늘 80점 맞았는데 잘한 거죠?" 했을 때 칭찬해 주었습니다.

"그래, 네가 80점 받아서 잘했다고 좋아하는 걸 보니까 엄마도 기뻐. 그래. 잘했어." 하고요.

이 대답을 들은 아이는 자신이 받은 점수에 대해 어떤 평가를 내릴까? 위의 비슷하면서도 다른 질문을 다시 정리해 본다.

1) "엄마, 저 오늘 열심히 공부했어요. 공책에도 열심히 썼어요. 보세요. 글씨도 예쁘게 잘 썼다구요."
2) "엄마, 저 오늘 80점 맞았는데 잘한 거죠?"
3) "엄마, 저 공부 안 하고 80점 맞았는데 잘한 거죠?"

위의 질문에 각각 어떻게 대답해야 아이들이 부모님의 뜻을 이해하고 납득하여 자신이 할 일을 찾을 수 있을까? 첫 번째 질문부터 차례대로 생각해 본다.

1) "엄마, 저 오늘 열심히 공부했어요. 공책에도 열심히 썼어요.

보세요. 글씨도 예쁘게 잘 썼다고요."

엄마 1: 그래, 우리 딸 정말 잘했네.

엄마 2: 그러게. 잘 썼네. 너는 마음만 먹으면 잘할 수 있잖아. 그런데 너는 왜 평소에는 수업 시간에 돌아다니고 글씨는 닭발인지 개발인지 모르게 쓰느냐고. 그러니까 마음만 먹으면 잘할 수 있지. 이제부터 이렇게 잘하는 거야, 알았어?

엄마 3: 와아! 우리 딸 오늘 학교에서 실력을 많이 쌓았네. 이렇게 실력이 쌓이면 무엇이든지 할 수 있는 힘이 커지겠네. 엄마도 우리 딸 말을 들으니까 힘이 나네. 엄마에게 힘을 줘서 고마워.

엄마 1, 2, 3 대답 중에 어떤 말이 아이에게 도움이 될까? 어떤 말이 아이에게 긍정적인 힘을 주고 더 열심히 하고 싶은 생각이 들게 할까?

2) "엄마, 저 오늘 80점 맞았는데 잘한 거죠?"

엄마 1: 그래, 네가 80점 받아서 잘했다고 좋아하는 걸 보니까 엄마도 기뻐. 그래. 잘했어.

엄마 2: 그래. 오늘 80점 받았는데 네가 잘한 것이냐고? (너는 80점 받아서 잘한 것이라고 생각하는데 엄마 의견이 궁금하다고.) 엄마는 네가 열심히 준비해서 받은 80점이라면 잘한 것이고, 네가 준비하지 않고 80점 받았다면 잘한 거라고 할 수 없네.

엄마 1, 2 대답 중에 어떤 말이 아이에게 도움이 될까? 어떤 말이 아이가 자기가 받은 성적을 올바르게 판단하고 앞으로 올바른 삶의 기준을 세우는 데 도움이 될까?

3) "엄마, 저 공부 안 하고 80점 맞았는데 잘한 거죠?"

엄마: 공부 안 하고 80점 받았는데 잘한 거냐고? 너는 공부하지 않고 80점 받은 것을 잘한 것이라고 생각하는데 엄마도 같은 의견이냐고 묻는 거지. 엄마는 네가 열심히 노력하고 공부해서 받은 80점이라면 잘한 것이라고 생각하고 노력도 준비도 하지 않고 80점 받았다면 잘한 게 아니라고 생각해.

아이: 열심히 준비하지 못했어요.

엄마: 그래, 네가 준비하고 노력했으면 몇 점을 받을 수 있을까?

아이: 엄마, 저도 열심히 노력하면 다 맞을 수 있어요.

엄마: 그렇지. 열심히 노력하면 더 잘할 수 있지. 훌륭한 사람들은 열심히 노력하는 사람이거든. 우리 딸 오늘 중요한 걸 배웠네. 엄만 네 말을 들으니까 엄마도 힘이 나. 엄마가 기도할게.

이렇게 대화가 이어졌다면 아이는 어떤 생각을 할까.

부모는 자녀가 세상을 어떻게 살아야 하는지 깨닫도록 도와야 한다. 어린이는 어린이대로, 청년은 청년대로, 어른은 어른대로 각자 자신이 할 일을 하며 살아야 한다는 것을 가르쳐야 한다. 몇 점을 맞는 게 중요한 게 아니라 몇 점을 맞더라도 자신이 그만큼 노력을 했는지, 최선을 다했는지가 중요하다는 것을 가르쳐야 한다. 그래야 자기보다 더 낮은 점수를 받은 아이를 보더라도 스스로 자만하거나 그 아이를 멸시하지 않으며, 자기보다 더 높은 점수를 받은 아이를 보더라도 스스로에게 쉽게 실망하거나 좌절하지 않고 그 아이의 성실함을 인정하고 기쁘게 축하해 줄 수 있는 어른으로 성장할 수 있다. 어린이나 학생은 자신이 해야 할 일인 배우는 일을 책임감 있게 본인이 준비해야 한다는 삶의 태도를 배워야 한다. 물론 공부만 하라는 얘기는 아니다. 하지만 어린 시절에 자신이 해야 할 일을 하지 않고 그냥 얻어진 결과에 만족한다면 어른이 되면 어떤 삶을 살게 될까.

　사람은 평생 노력하며 살아야 하는 존재가 아닐까.
　세상을 훌륭하게 산 사람들은 말한다.
　"어린 시절의 천재성은 어른이 된 후의 성공을 보장하지 않는다."
　"성공은 무서운 집중력과 반복적 학습의 산물이다."
　"인생에서 노력 없이 얻는 것은 없다. 위험도 감수하고 때로는 고통을 겪어야 한다."
　좋은 결과는 그냥 얻어지는 것이 아니라 꾸준한 노력의 결과로 얻어진다는 삶의 근본적인 가치를 이야기하고 있다. 부모는 아이들이 작은 질문 하나하나에서 삶의 철학을 배운다는 사실을 늘 의식해야 한다.

45

학교란 뭐라고 생각해?

"학교란 뭐라고 생각해?"

초등학교 3학년 오빠인 승욱이가 1학년 여동생 수진이에게 수학을 가르쳐 주다가 뜬금없이 철학적(?)인 질문을 해서 깜짝 놀랐습니다. 옆에서 듣던 저는 아이들의 대화에 귀를 기울였습니다.

승욱: 학교란 뭐라고 생각해?

수진: 몰라. 아, 더하기 빼기 하는 곳.

승욱: 그렇지. 더하기 빼기 하는 것도 학교에 속하지.

성격이 급한 제가 슬쩍 아이들 옆으로 다가가서 큰아이에게 물었습니다.

엄마: 승욱아, 너는 학교를 뭐라고 생각해?

승욱: 공부하는 곳이요.

엄마: 그럼 공부란 뭐라고 생각해?

승욱: 음, 모르는 것 배우고 아는 거 복습하고, 선생님이 가르쳐
주시고… .

마음이 급한 저는 아훈 과정에서 나누었던 내용을 얼른 가르쳐
주고 싶었습니다.

엄마: 아훈에서 공부란 무엇입니까, 하는 게 나오거든. 엄마도
옛날에는 아는 게 많고 시험 잘 보고 이렇게 하는 것이 공
부라고 생각했거든.

승욱: 아훈에서는 뭐라고 하는데요?

엄마: 음, 어떤 훌륭한 스님이 말씀하셨는데 남에게 상처를 주지
않는 사람이 공부가 된 사람이래.

승욱: 엄마, 잠깐 적어야겠어요. 까먹지 않게 적을래요.

수첩을 펼쳐 적는 오빠 따라 동생도 불러 달라고 하자 오빠가 말
했습니다.

승욱: 내가 불러 줄게. 공부가 된 사람은 남에게 상처를 주지 않
는 사람이야.

엄마: 승욱이는 상처를 주는 사람이야, 안 주는 사람이야?

승욱: 잘 모르겠어요. 상처를 줄 때도 있고 안 줄 때도 있고, 사
람들은 모두 다 그래요. 그러니까 상처를 주지 않도록 노
력을 해야죠.

엄마: 와아! 그렇지. 노력하는 게 중요하지. 엄마가 승욱이 말을
들고 확실히 생각났어. '남에게 상처를 주지 않도록 노력하
는 사람이래, 그리고 공부가 더 많이 된 사람은 남에게 도
움이 되고 기쁨이 되는 사람이래.

수진: 그런데 엄마, 상처가 뭐예요?

엄마: 마음에 남아서 나를 힘들게 하는 말들. 보통 말로도 상처를 주는 경우가 있거든.

수진: 엄마, 그럼 이 말 써서 우리 선생님에게 편지 보낼래요.

승욱: 그게 무슨 편지야. 편지를 왜 써?

수진: 선생님이 감동할 거 같아. 그러면 선생님이 훌륭한 사람이 되어서 더 잘 가르치시잖아.

엄마: 아, 선생님이 공부가 된 선생님이 되시라고?

수진: 네. 선생님이 소리 지르면서 우리에게 상처를 줘요.

엄마: (갑자기 긴장되어) 수진아, 엄마가 궁금한 게 있는데. 엄마도 소리 좀 잘 지르잖아. 근데 엄마 옛날보다 쬐끔 줄었어?

수진: 많~~이요. 옛날에는 조금만 잘못해도 계속계속 소리 질렀잖아요. 요즘에는 안 그래요.

엄마: 고마워. 엄마가 공부 쪼끔 된 거네. 더 공부하면 되겠네.

저는 정말 놀랐습니다. 아이들이 논리적이구나, 그리고 다 알고 있구나. 담임선생님의 성품도, 지난날 엄마의 만행과 지금까지의 변화도 다 알고 있구나. 또 학교의 의미에 대해서도 생각할 줄 알고, 공부가 남에게 상처를 주지 않기 위해서라는 어려운 말도 이해할 줄 알고. 이렇게 아이들이 납득할 수 있게 말해 주면 다 이해하고 따라와 줄 아이들에게 저는 그동안 그렇게 소리 지르며 닦달을 했다니요. 제가 예전처럼 '학교란 뭐긴 뭐야? 공부 열심히 하는 곳이지. 숙제도 열심히 하고. 이번 주에 단원평가 있지? 미리미리 공부해.'라고 했다면 아이들과 이런 높은 수준의 대화를 나눌 수 있었을까요. 앞으로 아이들이 자기가 하는 공부의 목적, 삶의 목적을 정하는 데 도움이 되는 이런 중요한 기회를 가질 수 있었을까요.

　큰아이가 네살 때였습니다. 우연히 어느 학습지에서 해 주는 인성검사를 받았습니다. 세부 검사 내용은 사회성, 도덕성, 감성 등이었는데, 검사 결과 아이는 한 항목만 제 나이 또래 평균치이고 나머지 부분은 모두 평균보다 낮았습니다. 아이의 인성을 특징짓는 단어는 '의존적', '불안', '열등감', '억압된 감정', '행복하지 않음', '욕구와 에너지 없음' 이었고 종합 점수는 100점 만점에 40점이었습니다. 조금 더 심하면 병원에 가야 한다면서 성격발달뿐 아니라 학습능력에도 장애요인이 된다고 나왔습니다. 저에게는 참으로 큰 충격이었습니다. 슬프고 마음이 아팠습니다. 한편으로는 이 검사가 믿을 만한가, 아이가 아직 어리니 정확하지 않겠지 하며 검사 결과를 부정하려고도 해봤습니다. 하지만 제 성격이나 상태 역시 의존적이고, 불안하고 열등감이 높고 행복하지 않았고, 무기력하고 삶에 대한 에너지도 열정도 없었기 때문에 저는 가슴을 치며 깨달았습니다.
　'아, 내가 내 사랑하는 소중한 아이를 나와 똑같이 만들고 있었구나.'
　학습지 선생님은 진단과 함께 간단한 치료법도 제시해 주었습니다. '칭찬을 많이 해 줘라, 아이를 격려해 주고, 같이 놀아 주어라, 너무 엄격하게 하지 말고 아이의 있는 모습 그대로 받아 줘라, 엄마가 노력해야 한다, 엄마가 변해야 한다.' 등등.

저도 그렇게 변하고 싶었습니다. 사랑하는 아이를 돕고 싶었습니다. 그러나 구체적으로 어떻게 해야 할지 알지 못했습니다. 무엇을 어떻게 칭찬하고 어떻게 격려해야 할지, 언제 어떻게 엄격하고 언제 어떻게 엄격하지 말아야 할지, 어떻게 하는 것이 엄격함인지, 아이의 어떤 모습을 받아들이고 어떤 모습을 바뀌도록 도와줘야 할지, 어떻게 도와줘야 할지 알지 못했습니다.

검사 한 달 후에 있었던 일입니다.

큰아이는 잠에서 깨면 울면서 짜증을 많이 냈습니다. 그날도 아침 일찍 일어나서 사과를 먹겠다고 했습니다. 사과는 집에 없고 가게는 닫혀 있는 시간이었습니다. 남편과 제가 번갈아 달래고 설득했지만 통하지 않자 결국 폭발했습니다.

"네가 집 나가서 돈 벌어서 사 먹어! 이러면 가게 문 열어도 안 사줘!! 팔지도 않는 사과를 어떻게 만드냐고!!!"

검사 결과로 아이의 상태를 알았음에도 변한 것은 아무것도 없었습니다. 왜냐하면 구체적인 방법을 몰랐으니까요. 이렇게 사건들은 쌓이고 쌓였습니다. 오히려 불안감만 늘었을 뿐 아이와 부딪히는 24시간 동안 저는 어찌할 바를 몰랐습니다. 그러다가 일 년 전 아훈 프로그램을 만나 공부를 시작하면서 저는 알게 되었습니다. 정말 지금 알고 있는 걸 그때도 알았더라면 그런 실수는 하지 않았을 것 같습니다.

그때부터 아훈을 배우기 시작해서 5년 후, 아홉 살이 된 아이는 제가 연구소에 다녀오면 묻습니다.

"엄마, 오늘 내 얘기 뭐 했어요?"

그날은 아이와의 사과 사건을 발표한 날이어서 저는 아이와 불을 끄고 잠자리에 누워서 얘기했습니다.

"네가 네 살 때 사과 먹고 싶다고 했을 때 말이야. 그때 엄마가 소리 지르고 야단쳐서 엄마가 너에게 잘못했다는 걸 배웠어. 그때 엄마가 하던 일을 멈추고 네 눈을 바라보며 '승욱이가 사과 먹고 싶다고. 집에 없는데 어떡할까.' 그랬다면 어땠을까? 그래도 네가 먹고 싶다면 너를 업고 같이 사과 사러 가는 거야. 이른 아침이라 가게 문이 닫혀 있으면 또 다른 가게를 찾아가는 거야. 너를 업고 '우리 사과 사러 가자, 우리 사과 사러 가자.' 노래 부르면서 말이야. 제가 진짜로 노래를 부르자 아이가 깔깔 웃었습니다. 저는 이어서 말했습니다.

"그런데 가게 문이 닫혀 있으면 '어, 여기 닫혀 있네.' 또 노래 부르는 거야. 그리고 '어쩌나, 가게 문이 열릴 때 다시 와서 살까?' 엄마가 이렇게 물어보면 승욱이는 어떻게 대답할 것 같아?"

"'네.' 할 거예요."

아이가 바로 대답했습니다.

"승욱아, 그때 사과 사러 가지 않고 화만 내서 미안해. 엄마 발표하면서 승욱이에게 사과 많이 사 줘야겠다고 생각했어. 음. 열 개? 백 개? 천 개? 우리 집 가득? 얼마나 사 줄까?"

"히히 열 개 사 줘요."

"그래. 우리 승욱이 사과 열 개씩 열 번 사 줘야겠네. 승욱아, 엄마 얘기 들으니까 어떤 생각이 들어?"

"음… 엄마… 감동이에요."

저는 아이가 그냥 '재미있어요.', '좋아요.' 할 줄 알았습니다. 그런데 아이는 제가 예상한 대답 대신 촉촉한 목소리로 '감동'이라는 단어를 선택해 말해주었습니다. 갑자기 눈물이 핑 돌았습니다. 저는 아들을 꼬옥 품에 안고 속으로 말했습니다. '그래, 엄마는 그동안 네게 감동이 되어 주지 못했구나. 미안하다. 정말 미안하다.'

저는 아이 교육은 학교에서만 하는 줄로 알았습니다. 아이 공부는 시험 보는 공부로만 알았습니다. 그러나 가장 중요한 교육은 일상생활에서 일어나는 사건 속에서 이루어지며, 가장 중요한 공부는 아이가 부모, 선생님과의 대화를 통해 자기 스스로 지혜를 깨우쳐 가는 것임을 알게 되었습니다. 그리고 공부는 아이 공부만 중요한 것이 아니라 부모 공부가 더 중요한 것임을 깨달았습니다. 그동안 네 살 된 아이에게 집 나가서 네가 돈 벌어서 사과 사 먹으라는 유치한 말이 바로 제 수준이었습니다. 제가 계속 그 수준에 머물러 있었다면 아이는 어떻게 되었을까요? 아이가 엄마인 저에게서 어떤 삶의 지혜와 가치관을 배울 수 있었을까요? 그랬다면 지금처럼 인성검사 결과가 40점에서 70점, 70점에서 80점으로의 변화가 가능했을까 생각하게 됩니다.

나는 오늘도 인성검사 결과를 40점에서 70점, 70점에서 80점으로 바뀌도록 노력하는 수강자를 만나는 기쁨을 누린다.

46

준석이 어머니의 아훈 일기

　중 2 학생들이 무서워서 북한에서도 쳐들어오지 못한다는데 우리 집에는 그렇게 무섭다는 중 2를 넘긴 중 3 아들 준석이와 중 1 아들 준희가 있습니다. 중 1 아들이 입학하고 몇 달이 지나 긴장이 풀렸는지 조금씩 귀가 시간이 늦어졌습니다. 이날도 귀가가 1시간쯤 늦어지고 있었고 같은 학교에 다니는 형은 이미 집에 와서 간식을 먹으며 게임을 하고 있었습니다. 저는 걱정이 되어 준석이에게 물었습니다.

　엄마: 준석아! 집에 오는 길에 준희 못 봤니?

　준석: 아니요. 못 봤는데요.

　엄마: 집에 올 시간이 지났는데 전화도 안 받고 걱정되네.

　준석: 엄마! 준희가 연락 없이 늦게 오면 아예 문을 안에서 잠궈
　　　　버리든가 비밀번호를 바꿔 버려요!

　엄마: 응? 뭐라고?

준석: 걔는 한 번쯤 매운 맛을 봐야 해요!

평소에 동생 준희에게 잘 대해 주는 준석이의 매정한 태도에 순간 당황스러웠습니다. 얼마 전 늦게 귀가한 준희에게 '매운 맛'을 봐야 한다면서 온 집 안을 싸늘함으로 얼어붙게 만들었던 남편과 똑같은 말을 하자 제 마음이 금방 얼어붙는 듯했습니다. 저는 언짢은 마음을 달래며 말했습니다.

엄마: 준석아! 동생 일에 너는 개입하지 않았으면 좋겠어! 엄마가 먼저 준희랑 얘기를 좀 해 본 후에 방법을 찾아 볼게.

준석: 걔 중학생 되더니 너무 함부로 한단 말이에요!

'상관하지 말라고! 아빠랑 똑같이 닮아가지고….' 하고 싶은 말을 삼켰습니다.

그리고 30분 정도, 저는 굳은 얼굴로 집안일을 했고 큰아이도 말없이 하던 게임(게임은 거실에서만 할 수 있다.)을 멈추고 방으로 들어갔습니다. 준석이가 방으로 들어가고 잠시 후 준희가 들어왔습니다.

준희: (묘한 분위기에 약간 주눅든 표정으로) 다녀왔습니다!

엄마: 준희야, 손 씻고 나와서 엄마랑 얘기 좀 해! (음료수를 두고 식탁에 마주앉아) 준희야! 엄마가 여러 번 전화했는데…. 전화 안 받고 어디 있었던 거야?

준희: 휴대폰을 가방에 넣어 놓고 친구들이랑 운동장에서 뛰어노느라 전화 소리 못 들었어요.

엄마: 네가 집에 올 시간이 지났는데도 연락이 안 돼서 얼마나 걱정했는지 몰라.

준희: 왜 걱정해요? 중학생인데…. (생각난 듯) 아! 엄마! 내가 몰래 피시방 갈까 봐 걱정해요?

엄마: ('야, 임마, 내가 니 에민데 걱정 안 하냐.' 하고 싶었지만 얼버무리듯) 글쎄 그런 점도 있지만 혹시 네가 어려운 일을 당하고 있는데도 친구들이랑 노는 줄로만 알고 있다 도와줄 때를 놓치게 되면 어쩌나…. 별 생각이 다 났어.

준희: 아! 학교폭력 뭐 그런 거요?

엄마: (학교폭력만 문제냐!… 이어지면 할 말이 많지만) 응. 준희야, 학교 끝나고 놀고 싶으면 엄마한테 누구랑 어디서 노는지 연락부터 해 주면 안 될까?

준희: (좀 머뭇거리다가) 엄마! 수업 끝나고 나올 때 '아! 자유다!' 하면서 친구들이랑 좀 어슬렁거리고 싶은데 그 순간에 엄마에게 연락해야 하면 그 기분이 팍 꺼지는 느낌이에요. 그럴 바에야 아예 집으로 바로 오는 게 낫겠다 싶기도 하고요.

엄마: (아들의 말에 어린 시절 기분이 되살아나고 공감도 되어) 아! 그렇구나! 준희가 수업 끝나면 막 자유롭고 싶어지는구나!

준희: (살짝 웃으며 큰 소리로) 진짜 그래요! 중학교 수업이 얼마나 빡빡한데…. 조금이라도 가만히 안 있으면 벌점 준다고 하고…. 엄마! 그러니까 수업 마치고 그냥 전화 안 하고 조금만 놀다 오게 해 줘요. 네? (엄마 눈치를 보며) 엄마가 걱정할 만한 상황은 안 만들게요.

엄마: 조금만이 얼마만큼이야? 몇 시쯤에 집에 오려고?

준희: 음…. 가로등 켜질 때 쯤요?

엄마: 뭐? 그럼 저녁밥은 언제 먹어?

준희: 좀 그런가요? 그럼 6시까진 올게요.

엄마: 알았어. 그럼 6시까지는 준희가 안전하게 놀다 오는 걸로
알고 엄마 일할게. 그런데 보통 때는 그렇게 하고, 혹시 6
시 전에 네가 잊지 말고 꼭 해야 할 중요한 일이 있을 땐
엄마가 전화해서 알려 줄 테니까 전화는 꼭 받아.

준희: 알았어요. 엄마! 고마워요.

작은아들이 밝은 표정으로 방으로 들어가자 저도 흐뭇했습니다.
저는 네 도움 없이도 잘 끝났다고 큰아들에게 자랑도 하고 싶고,
어떻게 해결되었는지 알려 주고 싶은 마음으로 준석이 방을 노크했
습니다.

엄마: 준석아! 준희랑 얘기 다 했어. 준희가 매일 6시까지는 집에
온대.

준석: (어이가 없다는 듯, 약간 빈정기를 풍기며) 알았어요!

이 정도로 끝난 것은 저에게는 성공적인 결과였습니다. 저는 위
의 사례를 아흔 수업 중에 발표했습니다. 예전에 하던 대로 했더라
면 형제끼리, 또 저와 두 아들과의 관계도 몹시 불편하게 끝났을
것입니다. 제가 감정을 절제하며, 연구하고 배운 대로 노력해서 상
황을 잘 해결했기 때문에 자신 있게 말할 수 있었습니다. 그런데
이민정 선생님은 제게 질문했습니다.

"그 상황에서, 아이들이 꼭 배워야 할 것은 무엇이라고 생각하시죠? 또 혹시 놓친 건 없을까요?"

그날 선생님의 피드백을 통해서 너무나 중요한 두 가지 사실을 깨달았습니다.

첫 번째 큰아이에게 했던 말.

"너는 동생 일에 개입하지 않았으면 좋겠어."

두 번째 작은아이에게 했던 말.

"네가 잊지 말고 꼭 해야 할 중요한 일이 있을 땐 엄마가 전화해서 알려 줄 테니까 전화는 꼭 받아."

가 문제였습니다.

첫 번째 말은 형에게 동생을 걱정하는 마음을 갖지 말라고 교육하는 것과 같다고 했습니다. 준석이가 준희를 좀 괘씸하게 보고 있기는 해도 그 마음속에는 동생을 아끼고 걱정하는 마음이 있는데, 엄마의 말은 그 좋은 마음을 깨뜨릴 수 있다는 것입니다. 그런 마음이 커가면서 형제간의 우애도 생기는 것인데, 엄마가 동생 일에 개입하지 말고 마음 쓰지 말라고 하면 준석이는 '그래, 우리 엄마는 동생 일에 개입하지 말라고 했어. 나는 내 일만 신경 쓰면 돼.' 하면서 점점 동생과 멀어질 수 있으며 또 자라면서 친구나 다른 사람도 배려하지 않고 자기만 생각하는 사람이 될 수 있다는 것입니다.

두 번째 말은 동생에게 '그래, 내가 해야 할 중요한 일은 엄마가 알아서 챙겨 줄 테니까, 나는 걱정하지 않아도 돼.' 하며 엄마에게 의존하는 아이가 되게 한다는 것입니다. 그리고 엄마가 준희의 자유롭고 싶은 마음을 존중해 주고, 그래서 자기가 스스로 저녁 6시까지는 집에 돌아온다고 엄마와 약속까지 했지만, 마지막에 엄마 전화를 꼭 받으라고 당부하는 것은 아직까지도 엄마는 준희를 100% 신뢰하지 못하고 있다는 것입니다. 아이의 책임감은 자기 행동의 결과를 온전히 자기가 책임져야 하는 상황에서 길러지기 때문에 아이를 100% 믿고 기회를 주는 게 중요하다는 것입니다.

그런데 그때 배운 내용을 실천할 기회가 금방 찾아왔습니다.

간식이 맘에 들지 않는다고 저에게 언성을 높이는 동생을 보며 형이 역시 언성을 높이며 말했습니다.

준석: 야! 너 왜 엄마한테 그렇게 말해?

준희: 형이 왜 상관해?

동생은 문을 쾅 닫고 목욕탕으로 들어갔고 샤워소리가 들렸습니다. 큰아이가 저를 보며 말했습니다.

준석: 엄마! 쟤 사춘기는 왜 저렇게 찌질해요? 저도 사춘기 때 저랬어요?

엄마: ('넌 얼마나 잘하기에….' 빈정대며 하고 싶은 말이 떠올랐지만 며칠 전 배운 대로 큰아이에게 다가가서 머리를 슬쩍 쓰다듬으면서) 준석이가 형이어서 동생이 걱정되는구나!

준석: 네, 진짜 걱정돼요. 막무가내잖아요! 엄마 힘들죠.

엄마: 와아!! 우리 큰아들, 동생이랑 엄마까지 이렇게 생각해 줘서 고마워.

준석: … 좀 전에 저도 소리 질러서 미안해요.

엄마: 너무 급해서 그랬지! 준희가 네 사랑하는 동생이어서 그랬지.

준석: 맞아요. 엄마! 준희가 나오면 이번엔 소리 안 지르고 잘 얘기 해 볼게요.

엄마: 그러면 정말 고맙지! 너희끼리는 공감도 훨씬 잘되고 네가 마음으로 얘기하는 걸 동생도 잘 따르니까.

준석: (의기양양한 목소리로) 엄마! 내가 상담은 좀 하나 봐요! 친구들도 나랑 얘기하고 나면 속이 시원하다며 아예 장래 직업으로 나가라는 애도 있어요.

엄마: 우와! 그런 말을 들었구나! 멋지고 든든하다. 우리 아들!

큰아이는 약속대로 샤워하고 나온 동생에게 장난을 걸면서 방으로 함께 갔고 둘이 뭔가 얘기를 나눈 듯 밝은 얼굴로 평안한 저녁을 보냈습니다. 저 또한 지난번 대화에서의 미안함도 풀리고 동생을 챙기는 큰아들이 새삼 대견하고 든든했습니다. 배운 대로 똑같이 실천하기는 어렵지만 비슷하게만 해도 사건은 지혜롭게 풀린다는 생각을 계속하게 됩니다. 저는 내일도 배우고 실천하는 아훈 일기를 계속 써 나갈 것입니다. 아훈 일기를 쓰는 것이 재미있고 유익하니까요.

나는 항상 배우고 실천하는 준석이 준희 어머니께 감사드리며, 아훈 일기를 계속 쓸 수 있기를 마음 모아 기도드린다.

47

선생님,
다른 애들 보지 않게 싸 주세요

　유치원에서 다른 아이들이 작업을 하고 있는데, 여섯 살 지윤이가 화장실에 갔다 나오면서 뭔가 똘똘 뭉친 물건을 제게 조심스레 내밀었습니다. 순간 대변 냄새가 났습니다. '너, 대변 실수했니?' 저는 소리내어 말하려다가 아이의 얼굴을 보니 두 눈에 눈물이 그렁그렁했습니다. 순간 제 머리 속에는 여러 가지 생각이 스쳤고 저는 아이의 귀에 대고 조용히 말했습니다.

　교사: 지윤아, 선생님이랑 화장실에 가 보자.
　지윤: 네에.
　화장실에는 아이의 모든 행동을 알 수 있는 상황이 펼쳐져 있었습니다. 지윤이 눈에 눈물이 가득한 이유를 말해 주고 있었습니다. 저는 아이의 마음을 이해하려고 노력하며 이렇게 말했습니다.
　교사: 지윤이가 많이 당황했겠구나.

지윤: 네.

교사: 그래도 지윤이가 울지 않고 선생님에게 와서 도와달라고 해 줘서 고마워.

지윤이 얼굴이 살짝 펴졌습니다. 저는 닦아 주고 씻겨 주면서 지윤이가 펼쳐 놓은 모든 상황을 잘 정리하고 널려진 옷을 까만 비닐봉지에 담아 주며 말했습니다.

교사: 지윤아, 이제 다 됐다.

지윤: 다른 아이들이 보지 않게 싸 주세요.

'아차, 그랬구나. 다른 아이들이 볼까 봐, 아니, 알까 봐 걱정하고 있었구나.' 저는 지윤이의 걱정하는 얼굴을 보며 말했습니다.

교사: 지윤아, 선생님이 다른 친구들이 보지 않게 잘 싸서 아이들 보지 않게 지윤이 가방에 넣어 둘게. 너는 그냥 교실에 들어가서 작업해도 돼.

그러자 아이가 눈물을 닦으며 교실로 들어갔습니다. 아까보다 발걸음이 가벼워진 듯했습니다. 저는 이 상황을 글로 적으며 비로소 제 부족했던 점을 발견하게 되었습니다. 아이를 다 씻겨 주고 나서 아이를 꼭 안아 주며 이렇게 말할 것을요.

'(안아 주며) 지윤이가 당황했을 텐데 용기 있게 선생님에게 말했구나. 선생님이 이걸 잘 싸서 다른 아이들이 보지 않게 네 가방에 넣어 놓을게. 지윤이는 이제 교실에 가서 친구들과 작업해도 되겠니?' 할 것을요.

그 사건이 있은 후 저를 바라보는 지윤이의 눈빛이 달라졌습니다. 빤히 저를 바라보는 눈에 사랑이 가득 담겨 있었습니다. 자신에게는 가장 힘들고 당황스러웠을 순간에 자신을 이해하고 자기 뜻에 맞게 잘 도와준 선생님에 대한 고마움과 애정이 담겨 있는 듯했습니다. 그것은 지윤이의 내면 깊은 곳 영혼에서 나오는 눈빛 같았습니다. 마치 제 영혼과 지윤이의 영혼이 통하는 느낌이 들었습니다. 바로 제가 유치원 교사가 되면서 꿈꾸던 모습입니다.

누군가는 말한다, 친절도 능력이라고. 나는 말한다, 사랑도 능력이라고. 지혜로운 대화는 선생님의 진정한 실력이다. 생각하는 것, 기다리는 것, 자신을 절제하는 것, 그래서 지혜로운 대화를 하는 것이 모두 실력이며, 실력은 갈고 닦지 않으면 무뎌지기 마련이다.

이러한 실력을 발휘한 다른 선생님의 사례도 소개한다.

수업이 끝나고 아이들이 유치원 앞에서 버스를 타려고 준비하고 있었습니다. 그때 어느 교회에서 나온 아주머니가 버스 옆에서 아이들에게 홍보용 과자를 나눠 주고 있었습니다. 그런데 아주머니가 준비해 온 과자가 다 떨어지는 바람에 줄 뒤쪽에 섰던 몇 명 아이들이 과자를 받지 못했습니다. 저는 버스에서 과자를 받지 못한 채 시무룩한 표정으로 있는 한 아이의 옆에 앉아 있었습니다. 저는 그 아이를 달래 주려고 말했습니다.

교사 : 민우야, 표정이 좋지 않네. 안 좋은 일이 있었어?

민우 : 쟤는 과자 있는데요….

교사 : 민우가 과자를 받고 싶었는데 못 받아서 속상하다는 거지?

민우 : … (고개만 끄덕임).

교사 : 그럼 어떻게 하면 속상한 마음이 없어질 수 있을까?

민우 : 모르겠어요.

교사 : 선생님이 어떻게 도와주면 좋을 것 같아?

민우 : 모르겠어요.

옆에서 듣던 아이가 말했습니다.

반친구: (옆에서 얘기를 듣던 아이) 그럼 내가 우리 집에 초대해서 같이 과자를 나눠 먹으면 되죠.

교사 : 아, 그런 방법도 있구나.

민우는 아니라는 듯 고개를 세게 흔들었습니다.

교사 : 그럼 또 어떤 방법이 있을까?

반친구: (또 다른 아이) 그럼 과자 나눠 준 아줌마가 돈을 많이 벌어서 우리들 다 줄 수 있게 과자를 사 주면 되죠.

교사 : 그렇구나. 그런 방법도 생각했네.

하지만 민우는 계속 시무룩해했고 저는 조금이라도 달래 보려고 말했습니다.

교사 : 민우야, 과자를 받고 싶었는데 못 받았던 게 많이 속상하지. 그렇지만 아주머니가 가지고 온 게 다 떨어져서 모두에게 나눠 줄 수 없었던 거잖아.

제가 나름대로 노력했지만, 민우의 표정은 별로 밝아지지 않았습니다.

이민정 선생님, 저는 아이를 달래 주려고 했는데 오히려 아이와 저는 답답하기만 했습니다. 이렇게 끝까지 제 마음을 이해하지 못하는 아이에게 제가 어떻게 도와줘야 하는지요. 어떻게 이런 문제를 해결해야 하는지, 참 어렵습니다.

선생님은 민우를 이해하려고, 위로하려고 열심히 노력했다. 그러나 민우의 표정은 별로 나아지지 않았고 선생님도 예전과는 다른 방법으로 아이의 마음을 이해하며 노력했는데 여전히 시원하게 해결된 것 같지 않아 답답했다. 그럼 예전에는 어땠을까? 다음은 예전에 선생님이 하던 말이다.

"민우야, 너 표정이 왜 그래? 네가 과자를 받지 못해서 그렇지. 다음엔 아주머니가 과자를 많이 가져와서 민우도 받을 수 있을 거야. 오늘은 집에 가서 먹는 거야. 자 민우, 웃어 봐요. 민우는 착한 어린이죠."

또는,

"민우 표정이 왜 그래? 오, 다른 친구들은 과자를 받았는데 네가 과자를 받지 못해서 그렇구나. 애들아, 과자 받은 사람 손 들어 봐요. 착한 어린이는 나눠 먹는 거예요. 자, 지금부터 과자 받은 어린이는 과자 없는 친구에게 나눠 주는 거예요. 누구부터 나눠 주나 선생님이 봐야지. 여진이부터 나눠 주네. 그렇죠. 그렇지. 다음은 누구죠. 창민이, 또 누가 나눠 줄까. 호연이가 나눠 주고 있네요. 찬호도 나눠 줘야죠."

선생님이 이렇게 사건을 풀면 민우의 마음이 어떨까? 어설픈 기대를 안겨 주며 웃으라는 선생님의 말에 민우는 정말 환하게 웃을 수 있을까? 반강제로 친구의 과자를 얻어먹은 민우가 정말 행복할 수 있을까. 과자를 나눠 준 친구들의 마음은 어떨까? 선생님의 말을 따라 반강제로 과자를 나눠 주게 된 아이들이 과자를 못 받은 아이들을 좋아할까, 아니면 자신의 과자를 뺏긴 것 같아 싫어하는 마음이 들까, 한편 과자를 받은 아이들도 자신에게 불편한 표정으로 과자를 준 아이들에게 고마운 마음이 들까 아니면 선생님이 말을 했는데도 잘 안 주려고 버티는 아이들에게 고마워할까? 선생님은 이 사건에서 아이들에게 무엇을 가르칠 것인가? 이 난감한 위기 상황을 어떻게 나누는 기쁨, 배려하는 즐거움을 배우도록 교육의 기회로 발전시킬 것인가? 다음의 가상의 대화에서 찾아 본다.

교사　: 민우가 과자를 받지 못했구나. 민우도 과자를 받고 싶었지.

민우　: … (고개만 끄덕인다.).

교사　: 여러분, 선생님 숙제가 있는데 같이 풀어 줄 사람 있어요?

아이들: 무슨 숙제인데요?

교사　: 조금 전에 유치원 앞에서 어떤 아주머니가 과자를 나눠 주셨는데 과자를 받은 친구도 있고, 과자가 다 떨어져서 못 받은 친구도 있는데 못 받은 친구도 과자를 받고 싶은데 어떻게 도와줄 수 있을까? 이게 선생님의 숙제예요.

아이들: … 선생님, 제가 나눠 줄게요. 선생님, 저도요.

교사 : 그래요. 친구에게 과자를 나눠 준 친구들, 선생님 숙제 풀어 줘서 고마워요. 그리고 선생님은 여러분이 친구에게 자기가 받은 과자를 나눠 주는 걸 보니까 참 고마운 어린이구나 하는 생각이 들어요. 또 사이좋게 나누는 모습도 기뻐요. 선생님 숙제 풀어 줘서 고마워요.

위와 같은 대화였다면 민우와 아이들이 어떤 마음이 들까? 선생님은 아이들에게 선택권을 주고 스스로 선택하는 힘을 가진 아이들이 과자를 나누어 주며 자긍심을 느끼고, 과자를 받은 아이들은 나누어 준 아이들에게 고마움을 느낀다. 자긍심과 고마움의 에너지는 유치원 버스 전체를 감싸며 오순도순 왁자지껄, 아이들 모두에게 서로 나누고 배려하는 기쁨이 무엇인지를 느끼게 해 준다. 배우는 것은 끝이 없다. 아이들을 이해하고 사랑하는 능력은 창조적으로 문제를 해결하는 능력이다.

그리고 또 아이들에게 가르쳐야 할 중요한 가치 중에 하나를 또 다른 선생님의 사례에서 생각해 본다.

인간관계에서의 대화란 어린 시절부터 작은 사건들을 통해 그 방법이 싹트는 게 아닌지요. 유치원 교사인 저도 유치원에서 있었던 일입니다. 다섯 살이었던 주영이는 거의 매일 아침, 유치원에서 대변을 보았습니다. 저는 1년 이상 씻겨 주고 닦아 주었습니다. 이제 여섯 살이 된 주영이가 화장실에서 저를 보자 자랑스럽게 말했습니다.

　주영: 선생님 저 이제 혼자 할 수 있어요.

　교사: 와~ 그래. 고맙다 주영아. 우리 주영이 대변 보고 혼자 닦
　　　　을 수 있도록 잘 커 줘서 고마워.

　주영: 저도 고마워요.

　저는 놀랐습니다. 이 어린 아이가 다섯 살부터 도와준 선생님을 고마워하는구나. 그동안 꾸준히 도와준 보람을 느꼈습니다. 저는 주영이의 고마운 대상을 짐작하면서도 확인하고 싶었습니다.

　교사: 그래? 주영이가 고마운 건 무엇일까 궁금해.

　주영: 저도 제가 고마워요.

　저는 멈칫했습니다. '자기가 고맙다고??? 일 년 이상 씻겨 주고 닦아 준 내가 아니라고. 그렇지. 자기가 고맙지. 저는 왠지 섭섭했지만 이렇게 말했습니다.

　교사: 혼자 닦을 수 있도록 커서 스스로에게 고맙다고.

　주영: 네. 고마워요.

　교사: 혼자 할 수 있는 힘이 생긴 주영이 축하해.

　대화는 이렇게 끝났는데 제가 허전한 이유는 무엇일까요. 그리고 아이에게 무엇인가 알려 주어야 할 것 같은데 무슨 말을 어떻게 해야 할지 막막합니다. 뭐라고 했어야 했죠?

그렇다. 무엇이 빠졌을까. 주영이는 자신이 혼자 할 수 있다는 자신감이 생겼다. 자신감은 주영이가 앞으로 많은 일들을 스스로 할 수 있게 하는 매우 중요한 힘이다. 그러나 자신에게 도움을 주었던 사람, 즉 타인에 대한 배려가 없다니, 주영이 선생님은 처음엔 섭섭했지만 연구소에서 상황을 연구하면서 깨달았다. 1년 이상 그 중요한 가치, 타인에 대한 배려를 일깨워 주지 못한 건 선생님 자신이었다는 것을. 주영이에게 섭섭했던 마음이 미안함으로 바뀌었다. 다음의 말을 한다면 주영이의 잠자던 반쪽 생각이 깨어나지 않았을까. 타인에 대한 배려는 어릴 때 시작해야 하기 때문이다.

주영: 저도 제가 고마워요.
교사: 그래. 혼자 닦을 수 있도록 커서 스스로에게 고맙다고. 그리고 주영이가 혼자 할 수 있도록 닦아 주고 씻겨 주신 고마운 분은 누구실까? 엄마? 아빠? 선생님? 할머니?….

위의 말을 했다면 주영이의 생각이 주변으로 확산되면서 눈을 돌려 다른 사람을 배려하게 되지 않을까. 그러면 주영이는 훨씬 더 행복할 것이다. 고마운 사람이 많을수록, 고마운 일이 많다고 생각할수록 사람은 행복하기 때문이다. 나는 이렇게 작은 사건을 무심히 넘기지 않고 세심하게 연구하는 주영이 선생님을 존경하고 또 존경한다.

48

아이들의 독후감

■ 내 친구가 짜증을 냈다. 그러니 괜히 나도 짜증이 났고 한마디 하고 싶어졌다. 하지만 난 『우리 아이, 지금 습관으로 행복할 수 있을까?』 책을 읽었고 마음속으로 서둘러 외쳤다.

'멈춰!'

나는 짜증이 나는 것을 참고 생각해 보았다.

'이 친구가 왜 짜증이 난 걸까?! 기분이 안 좋은 일이 있었나 보다. 그리고 내가 정말로 원하는 것은 친구와 친하게 지내는 것이야. 짜증을 내지 말고 웃으며 대화하자. 재미있는 이야기를 꺼내 볼까.'

이렇게 생각하는 동안 나는 어느새 차분해졌고 나는 재미있는 다른 주제를 꺼냈다. 곧 둘 다 기분이 좋아졌다. 아직은 잘 모르겠지만 이런 것이 서로 행복해지는 방법이 아닐까 생각했다.

■ 나는 이민정 선생님이 쓴 『우리 아이, 지금 습관으로 행복할 수 있을까?』라는 책을 읽고 새로운 습관 만들기에 도전하기로 했다.

바로 '멈춤'이다.

내가 이 책에서 배운 습관 몇 가지 중 특히 인상 깊었던 것은 모두가 승자가 되는 것이었다.

모두가 승자가 되다니? 그게 어떻게 가능한 것일까? 승-패는 있어도 승-승이 가능할까? 하지만 이 책에 실려 있는 많은 예문을 보며 내 생각이 바뀌었다. 예를 들면 막히는 차 안에서 콜라가 먹고 싶다는 아이에게 어머니는 화부터 내지 않고 친절하게 상황을 설명하시며 조금 뒤에 휴게소에서 사자고 한다. 물론 아이는 찬성하고 어머니는 고맙다고 말씀하신다. 이렇게 되면 모두 행복한 승자가 되는 것이다.

내가 이 책에서 실천하고 싶은 것이 한 가지 더 있다. 바로 '나를 이기는 것.'

나는 항상 나에게 진다. 아침에 한 번에 일어나기, 학원 숙제 좀 미리 해두기, 시간 날 때마다 독서하기 등…. 사소한 것들인데 순간의 유혹에 빠져 자꾸만 지곤 한다. 하지만 이 책을 다 읽은 뒤, 오늘부터는 달라질 수 있을 것 같다. 항상 나를 이기자고 마음속으로 되뇔 것이기 때문이다.

■ 어젯밤에 한 번 기분 좋은 목소리로 부모님과 대화하고 존댓말도 했다. 그랬더니 세상에, 정말 깜짝 놀랐다.

'우리집 분위기가 이렇게 화목했었나?'

우리 가족들 얼굴에 모두 미소가 떠올라 있었고 아무도 짜증을 내지 않았다. 더욱 신기했던 것은 이런 분위기 속에서는 누가 시키지도 않았는데 공부하고 싶은 마음이 생겼다는 것이다. 또 더욱 더 부모님께 효도하고 싶어져서 이것저것 하다 보니 정말 뿌듯해졌다.

앞으로 이 습관을 나의 습관으로 만들고 또 다른 것들도 조금씩 실천하기 시작한다면 나는 분명 미래에 굉장히 멋지고 바른 어른이 되어 있을 것 같다고 생각한다.

나는 이 멋진 책을 부모님뿐 아니라 주변의 사람들에게 모두 추천해 드리고 싶다. 그렇게 되면 많은 사람들이 더 자신을 이길 수 있고 모두가 승자가 될 수 있을 것이다.

또 다른 학생의 독후감을 본다.

■ 나는 이민정 선생님이 쓴 『이 시대를 사는 따뜻한 부모들의 이야기 1』 책을 읽으라고 권해 주시는 선생님을 이해할 수 없었다. 이 책은 부모님들이 읽어야 하는 책인데 왜 우리가 읽어야 하나 하는 생각에 조금 불만이 있었다. 그러나 담임선생님께서 권해 주시는 책이라 읽게 되었다. 책을 읽으면서 선생님의 마음을 이해할 수 있었다. 책을 읽으며 공감되는 부분이 많았다. 특히 내 마음을 대신 헤아려 주는 것 같아 가슴 속 응어리가 조금씩 풀리는 것 같았다. 그러면서도 한편으로는

'내가 잘못되었구나.'

를 깨닫게 해 주었다. 그리고 며칠 후 동생과의 작은 마찰이 있었다. 그때 생각했다.

'내가 책에서 읽은 대로 한 번 해 봐야지.' 했다. 하지만 내 마음대로 되지 않자 '아, 오늘만 내 식대로 하고 다음부터 그 방법을 써야지.' 하면서 미뤘다. 그리고 동생에겐 화를 냈고 동생이 나를 따라 대들자 험한 말을 하며 동생을 때렸다. 내가 이기긴 했지만 울고 있는 동생을 보고 나서야 후회했다. 나이도 내가 더 많은데 어린 동생을 다독여 주고 이해하지는 못할망정 동생에게 화만 내다니. 난 꼭 내 식대로 하고 난 뒤에야 후회한다. 나는 공부를 잘하지 못해서 동생에게까지 또 공부를 잘하는 오빠와도 비교되며 종종 무시당한다. 그때

'내가 공부를 안 해서 무시당하는 것이지만 동생에게까지 무시당하는 건 속상해.'라고 말했어야 했는데. 그때 '책이고 뭐고 다 됐어. 다 때려 치워!!'라고 생각하면서 싸우는 일이 많았다. 하지만 다시 책을 읽고 있는 중에 동생과의 마찰이 생겼다. 멈추었다. 생각했다. 동생을 이해하고 이해시켰다. 동생과 나는 사이좋게 끝났고 동생은 내게

"누나! 학교 잘 갔다 와."

하는 것이다. 나는 동생의 그런 모습에 너무 기뻤다. 좋은 결과를 얻기 위해선 적당히 참고 내 생각과 느낌을 잘 말해야 한다는 것을 깨달았다. 이 책은 내 인생을 바꿔 줄 것 같다. 늦지 않았을 때 이 책을 읽게 되어서 정말 다행이다.

나는 나처럼 동생과도 자주 다투고, 또 엄마와도 자주 다투면서 다른 사람들을 용서하기 힘들어하는 사람들이 있다면 이 책을 권하고 싶다.

나도 실제로 이 책을 읽다 보니 자신의 잘못을 인정 못 하고, 사과하기 싫어하던 나로서는 많이 부드러워 진 것 같다. 그리고 달라진 것은 여러 가지 좋은 습관이 생긴 것인데 책도 많이 읽게 되고 내일로 미루는 것을 많이 줄이게 된 것 같다.

나는 앞으로도 이런 책들을 많이 읽고 추천하고 싶다. 특히 내가 사랑하는 우리 아빠와 엄마에게.

■훌륭한 사람들은 모두 '책벌레'라고 할 정도로 책을 많이 읽은 사람들이었다. 현명한 사람들은 작은 사건을 지혜롭게 풀어가기 위해서 책을 읽고 독후감을 쓰고, 또 책 속의 내용을 행동으로 옮기며 실천하는 사람들이다.

위의 글들은 강릉에서 중학교 교사로 근무하는 아훈 강사가 보내 준 아이들의 독후감이다. 중학교 2학년 학생 32명은 이 책들을 읽고 실천한 사례들을 독후감으로 썼다. 책 쓴 보람을 느끼게 해 주는 독후감을 보내 준 이명숙 선생님과 학생들에게 고마운 마음 전한다. 선생님, 그리고 학생들 고맙습니다.

나는 학생들의 독후감을 읽으면서 며칠 전에 있었던 사례가 생각났다.

초등학교 2학년 준수의 어머니가 교장선생님의 추천으로 주 1회 3시간씩 5회 진행되는 아훈 프로그램에 참가했다. 첫 번째 교육을 마친 다음 날 아침, 준수 어머니에게서 전화가 왔다. 아들 학교에서 공개수업 하는 날이라 참관을 가야 하는 날인데 아침에 아들이 뭉그적거려서 '너 이러면 엄마 오늘 학교 안 간다.' 그랬더니 아이가 '그래. 엄마, 학교 오지 마!!' 하고는 휙 학교에 갔는데, 제가 오늘 학교에 가야 하나요, 가지 말아야 하나요? 내용의 질문이었다.

나는 말했다.

"글쎄요. 저 같으면 갑니다. 다만 아이가 공개수업 한 시간 동안 못마땅한 행동을 한다 해도 사랑의 마음으로 아이를 보면서 수업에 참관할 것입니다. 그리고 학교에서 돌아오면

'아침에 엄마가 너를 불편하게 해서 정말 미안해. 엄마가 우리 아들 위해서 특별한 공부를 하고 있거든. 엄마가 열심히 배울게. 사랑해.'라는 말을 할 겁니다."

그런 일이 있고 난 뒤, 준수 어머니는 다음 주에 있는 두 번째 아훈 프로그램 쉬는 시간에 나에게 와서 아들의 편지를 보여 주었다. 다음은 준수가 어머니에게 쓴 편지다.

엄마에게
엄마 저는 사랑만 해 주세요.
저는 엄마가 나를 좋아했으면 좋겠어요.

왜냐하면 전 엄마가 더 사랑했으면 합니다.

제가 공부를 못해도 말을 못해도

엄마 사랑이 있으면 뭐(뭐)든지 할 수 있으니까요.

엄마 저를 사랑해 주세요.

저는 엄마 사랑만 만이(많이) 주세요.

제가 확 달라지겠습니다.

이 편지데(대)로 해 주세요.

사랑합니다. 많이 도와주세요.

준수 어머니는 말했다.

"선생님, 제가 어제 하루였지만 배우지 않았다면 아이의 편지에서 맞춤법 틀린 것만 보여서 '너 이게 뭐야, 이제 초등학교 2학년이잖아. 네가 잘하면, 엄마가 오늘 아침처럼 너에게 기분 나쁘게 하냐고!!' 했을 텐데요. 이번은 웬일인지 맞춤법이 아니라 편지 내용이 눈에 들어왔어요. 저의 변화를 기대하는 아이의 마음이 보이더라고요. 아직 어떻게 해야 할지 정확한 방법은 모르겠지만…."

준수 어머니는 눈물로 목이 메는 듯 말했다.

"제가 아이를 얼마나 사랑하는데요. 사랑하니까 화도 내는 거죠. 그런데 아이는 제 마음을 모르나 봐요."

그렇다. 화내는 엄마의 모습에서 그 안에 숨겨진 엄마의 사랑을 초등학교 2학년인 아이는 알 수 없다. 어른도 상대방이 사랑을 화로 표현하면 그 안에 숨겨진 사랑을 사랑으로 이해하기 쉽지 않은데, 어떻게 아이가 그러기를 바랄까? '사랑'을 '화'로 표현하면 '사랑'이 '화' 속에 묻혀 버리거나 때로는 아무도 알 수 없게 사라져 버릴 수 있다. 준수 어머니는 이제 배우기 시작했다. 자신의 '사랑'을 아이가 '사랑'으로 느끼게 하기 위해서.

왜 형아만 다 사 주세요

저의 집에는 초등학교 5학년과 중학교 2학년 형제가 있습니다. 형제는 은근히 서로 비교하면서 아빠와 엄마가, 특히 엄마인 제가 상대방을 편애한다고 생각합니다. 형은 엄마가 동생만 이뻐한다고 하고 동생은 형만 이뻐한다고 합니다. 그날도 동생이 축구화를 사 달라고 하면서 사건이 일어났습니다. 제가 아훈을 배우면서 왜 두 아이가 서로 불평하는지 조금은 이해가 되기 시작했습니다. 같은 상황에서 제가 평소에 했던 말과 배우면서 달라진 말에는 분명 차이가 있었습니다. 그 내용을 소개합니다.

＊　＊　＊

첫 번째는 평소 저와 작은아들과의 대화입니다.

정석: 엄마, 왜 형아만 다 사 주세요?

엄마: 엄마가 언제 형아만 다 사 줬니? 너도 사 줬지.

정석: 엄마가 항상 그렇잖아요. 형은 사 달라는 것 다 사 주잖아
요.

엄마: 그건 필요하니깐 그렇지.

정석: 나도 축구화가 필요하다고요.

엄마: 축구화 세 켤레나 있는데 또 필요해?

정석: 하나는 불편하고 나머지는 다 닳았어요.

엄마: 너는 맨날 사 달라고만 하잖아. 그 욕심으로 공부 좀 해 봐
라. 그러면 축구화 할아버지라도 사 주지.

정석: 엄만 공부밖에 몰라….

* * *

두 번째, 제가 배운 내용을 생각하며 준비한 대화입니다.

정석: 엄마, 왜 형아만 다 사 주세요?

엄마: 엄마가 형한테만 사 줘서 억울하단 얘기지?

정석: 네. 형아하고 똑같이 사 주세요.

엄마: 너도 형이랑 똑같이 사고 싶다고.

정석: 네.

엄마: 그래. 네가 필요하면 사 줄게.

정석: 정말요?

엄마: 응. 엄마가 이번 달 알바한 돈으로 사 줄 수 있어.

정석: 아!… 됐어요, 엄마. 그냥 지금 축구화 신어도 돼요.

***

세 번째는 선생님이 수정한 대화입니다.

정석: 엄마, 왜 형아만 다 사 주세요?

엄마: 저런! 엄마가 형아만 다 사 주고 정석이가 사 달라는 건 안 사 줬구나.

정석: 그렇잖아요. 형은 사 달라는 건 다 사 주잖아요.

엄마: 그래. 정석이가 꼭 사고 싶은 게 있었구나.

정석: 나도 축구화가 필요하다고요.

엄마: 그래. 정석이에게 축구화가 세 켤레 있는데 하나 더 필요하다고.

정석: 하나는 불편하고 나머지는 다 닳았어요.

엄마: 그랬구나, 그래서 축구화가 필요하다고 했구나. 엄마가 미안해.

정석: 왜 미안해요?

엄마: 왜냐하면 엄마가 정석이 마음을 이해하지 못해서. 엄마는 정석이가 필요한 건 뭐든지 사 주고 싶거든. 자 그럼 축구화를 사야겠네. 언제 살까? 엄마 알바한 돈 있는데.

정석: 아! … 됐어요, 엄마. 그냥 지금 축구화 신어도 돼요.

엄마: 그래. 엄마 생각해 줘서 고마워. 그리고 엄마는 언제든 정석이가 필요한 거 사 줄 준비가 되어 있어. 필요할 때 얘기해 줘.

                              ＊ ＊ ＊

　선생님, 정말 대화의 결과가 달랐습니다. 세 번째 대화를 집에 가서 아들과 다시 나누었습니다. 아들이 말하더라고요.

　"엄마, 세 번째로 엄마가 하는 말을 들으니까 정말 엄마한테 이해받은 것 같고 마음이 편안해지면서 엄마를 돕고 싶은 마음이 들어요. 참 이상해요. 앞의 대화들과 크게 다르지도 않은데, 어떻게 느낌이 그렇게 다르죠?"

　그렇다. 못 사는 것과 사지 않겠다고 선택하는 것은 다르다. 정석이가 스스로 사지 않겠다고 할 때는 풍요로움을 느끼지만 사고 싶어도 살 수 없을 때는 부족함을 느끼게 된다. 풍요의 마음은 넉넉함이며 여유로움이며 평화로움이다. 자신의 마음이 풍요로울 때 상대방도 풍요롭게 돕고 싶다는 마음이 생긴다.

　정석이 어머니는 결론으로 말했다.

　"생각해 보니 저는 그동안 삶의 기술을 몰랐던 것 같습니다. 부모님에게 알게 모르게 들었던 일상의 말을 제 자식들에게 그대로 반복하고 있을 뿐이었습니다. 저는 크면서 부모님으로부터 이해받거나 사랑받는다고 느끼지 못했었는데, 어느새 저는 부모님이 했던 똑같은 대화를 제 아이들과 하고 있었습니다. 이제는 배우고 또 배워서 사랑으로 힘을 얻고 지식으로 길잡이를 삼으려고 합니다."

50

아들이 추석에
제 묘를 찾고 싶을까요?

며칠 전 뉴스와 신문에서는 금년 추석에 조상 묘소를 찾는 사람들이 20퍼센트에서 40퍼센트 더 늘었다고 한다. 여러 가지 이유가 있겠지만 결국 가족에 대한 사랑, 즉 가장 가까운 인간관계에서 그 의미를 찾을 수 있지 않을까. 이와 관련해서 언젠가 프로그램에 참가했던 중학교 2학년 은호와 은호 아버지, 그리고 은호의 담임선생님 모습을 떠올리게 된다.

은호 담임선생님이 내가 진행하는 프로그램을 은호 부모님에게 권유해서 처음에는 은호 어머니가, 뒤이어 은호 아버지와 은호도 프로그램에 참가했다. 은호 담임선생님은 대학생인 은호 형과는 문제가 없는데 중학생인 은호와 부모님과의 관계가 걱정이 되어 프로그램을 권유하게 되었다고 했다. 다음은 은호가 담임선생님에게 상담한 내용이다.

저희 아버지와는 도저히 얘기가 안 통합니다. 학년이 올라갈수록 더욱 그렇습니다. 제가 어렸을 때만 해도 그래요. 길을 가다가 넘어지면 왜 넘어지냐면서 제 뺨을 때리셨습니다. 제가 넘어지고 싶어서 넘어졌나요? 그리고 아버지는 실수할 때가 없나요? 목욕탕에 갈 때도 그래요. 때를 밀다가 제가 아프다고 하면 제 등을 사정없이 내려치시는 거예요. 그리고 또 장난감 가게 앞을 지나다가 장난감 사 달라고 했다가 뺨을 맞았다니까요. 장난감은 사 주지도 않으면서 왜 때리느냐고요. 그게 아버지인가요? 어린 제가 갖고 싶다는 말도 못 해요? 그리고 얼마 전 토요일 오후, 학교 운동장에서 축구하다가 집에 늦게 온 적이 있어요. 아버지는 또 제 뺨을 때리시더라고요. 사실은 시간이 좀 늦어 걱정은 되었지만 친구들이랑 재미있게 노는데 저만 빠져나오면 팀이 깨지잖아요. 그래서 그날은 제가 한 마디 했어요. 그럼 저 때문에 친구들 기분 다 깨라는 얘기냐고요. 그랬더니 말대꾸하고 반항한다고 더 때리시는 거예요.

그날은 아예 집을 나가려고 엄마에게 찾지 마시라고 하고 집을 나갔어요. 그런데 사실 갈 데가 없더라고요. 저는 골목길에 있는 아빠 자동차를 부숴 버리고 싶어서 발로 힘껏 차고 주먹으로 힘껏 때렸죠. 한 바퀴 돌면서 마구 쳤어요. 제 뒤를 따라 온 엄마가 숨어서 보시는 것 같았어요. 저는 엄마가 아빠에게 고자질하거나 말거나 막 찼어요. 그리고 온 동네를 몇 바퀴 돌다가 밤늦게 할 수 없이 집으로 들어갔어요. 엄마가 저를 보고 말했어요.

"이제 오니, 배고프지?"

엄마가 살며시 저를 부엌으로 데리고 가더니 밥을 차려 주시더라고요. 저는 마음속으로 눈물이 났어요. 그리고 '엄마 때문에 집을 나갈 수는 없구나.' 하는 생각이 들었습니다. 이날 엄마는 다른 때와 다르게 저를 대해 주셨는데 엄마가 무슨 교육을 받는다고 했어요.

다음 날 저녁 식사 때 아빠가 씩씩거리며 한 마디 하시더라고요.

"어떤 개XX가 내 차를 찌그러뜨렸더라고. 찌그러진 곳을 펴는데 30만 원이나 들었다고. 어떤 자식인지 걸리기만 하면 가만두지 않을 거야."

저는 모르는 척 눈을 살며시 내리뜨렸죠. 사실 궁금하긴 했어요. 멀리서 훔쳐보시던 엄마가 아빠에게 일렀는지, 아니면 모른 척하셨는지 잘 모르겠더라고요. 그런데 아빠가 그렇게만 얘기하시니까 다음부턴 죄 없는 차는 찌그러뜨리지 말아야겠다는 생각을 했어요.

프로그램 끝나는 날 은호가 발표했던 소감이다.

전 정말 아빠가 미웠어요. 전 아빠 말을 들으면 스트레스 쌓이고 말도 안 되는 말로 참견하고 오해하신다고 생각하여 너무 화가 치밀어 올라 죽이려고까지, 그래서 제가 자살하려고까지 생각한 적이 있었어요. 아빠가 어디 다른 나라로 가서 아예 집에 안 들어왔으면 좋겠다는 생각도 했어요.

그러다가 아빠가 조금씩 이상해졌어요. 막 화를 내다가도 주춤거리는 거예요. 제 눈치를 보시는 것 같았어요. 제가 중학교 2학년이 되고 아빠에게 덤비니까 아빠도 저를 무서워하신다고 생각도 했어요. 그런데 얼마 전 제 생일이었습니다. 근사한 식당에 가는데 아빠가 청바지를 입으셨어요. 아빠는 기관장이시기 때문에 청바지를 입지 않으셨거든요. 특히 좋은 곳에 가실 때 청바지를 입으시는 일은 처음이셨어요. 그리고 또 노래방에 가리라고 상상도 못 했어요. 저는 아빠가 노래 부르는 걸 한 번도 못 봤거든요. 아빠는 노래를 잘 부르지도 못하면서 꽥꽥 소리 지르면서 아이돌 흉내를 내고 춤도 추셨어요. 엄마랑 대학생인 형이 배꼽을 잡고 웃었어요. 그리고 싫다는 저를 안고 춤을 추시는 거예요. 저는 휙 뿌리치고 싶었는데 갑자기 아빠가 불쌍해지는 거예요. '아빠도 나이가 드시니까 이상해지시는구나.' 생각했죠. 그렇게 저는 특별한 생일을 보냈습니다.

그 뒤에 저는 드디어 아빠가 달라진 이유를 알았습니다.
"은호야, 아빠 달라지지 않으셨니?"
담임선생님이 제게 그 이유를 알려 주셨습니다. 아빠가 선생님에게 의논을 하셨답니다. 말 잘 듣던 제가 잘못했을 때 때리면 반항한다는 거예요. 아빠도 할아버지에게 맞으면서 자랐고 형도 때리면서 키웠는데 저는 다르다는 거예요. 세상이 달라진 것이냐고요. 담임선생님은 이민정 선생님이 진행하는 프로그램을 권하셨고, 아버지는 저보다 먼저 교육을 받으셨답니다. 그런데 얼마 전에 아빠 책상 위에 조그맣게 써 붙인 글을 보았습니다.

아빠의 사명

* 지금 나의 사명은 막내아들 은호와의 깨어진 관계를 회복하는 데 있다.
* 매주 토요일 목욕탕에서 때리지 않고 아들의 등을 밀어 주는 것을 주말 행사로 정한다.
* 둘만의 시간을 자주 갖도록 노력한다.
* 아들의 생일에 청바지를 입고 노래방에서 축가를 불러 준다.

20**년 1월 12일 아빠 박○○

저는 자꾸 눈물이 났습니다. 아빠가 그러셨구나. 나를 사랑하고 있었구나. 저도 교육에 참가해서 부모님께 편지를 썼습니다.

부모님에게

부모님, 전 이제까지 말썽만 부리고 시간을 낭비하는 삶을 살아왔어요. 항상 그런 제게 충고를 해 주시곤 했지만 전 그걸 잔소리로 받아들이고 계속 시간을 낭비하고 더욱 더 심하게 말썽을 부렸어요. 하지만 전 부모님의 말씀을 듣고 이 프로그램에 참가하면서 공부의 중요성을 깨달았고, 목표를 세우고 노력하는 방법을 알게 되었고, 이 세상을 살아가는 이유도 알게 되었어요.

전 지금까지 목표를 세운 적이 없어서 그것을 이루기 위한 노력을 해 본 적이 없었어요. 그래서 부모님께 효도를 하기 위한 성적을 높일 수 없었어요.

…전 이제까지 부모님의 말을 들으면 스트레스 쌓이고 말도 안 되는 말로 참견하고 오해하신다고 생각하여 예전엔 너무 화가 치밀

어 올라 죽이려고까지 자살하려고까지 생각한 적이 있었어요. 그러나 이제는 달라졌어요….

위의 편지를 썼고, 국어 시간에 시를 썼습니다.
국어선생님에게 칭찬도 받았습니다. 사실 저는 시를 쓰지 못하거든요. 그런데 생각이 줄줄 샘솟듯이 솟아나더라고요. 그냥 시가 되든지 말든지 썼는데 국어 선생님은 몇 곳만 고치면 참 잘 쓴 시라고 하셨고, 친구들도 정말 잘 썼다는 거예요. 부끄럽지만 소개할게요. 제목은 '다시 봤던 아버지'입니다.

다시 봤던 아버지

강릉 동명중 2학년 박은호

나는 아버지를 잘 모른다.

아버지는 공부를 안 하면 때리고
컴퓨터 많이 하면 때리고
집에 늦게 오면 때린다.

하지만 다시 본 아버지는

공부를 안 하면 사랑해 주시고
컴퓨터 많이 하면 격려해 주시고

집에 늦게 오면 날 믿어 주신다.

역시 우리 아버지도 내색하지 않는다.

축구에서 우리나라가 이겨도 무표정
내가 공부 성적이 잘 나와도 무표정
공부 성적이 잘 나오지 않아도 무표정

하지만 다시 본 아버지는

축구에서 우리나라가 이겼을 때 기분은 하늘을 날았고
내가 공부 성적이 잘 나왔을 때 우주를 날았으며
내가 공부 성적이 잘 나오지 않았을 때
마음속에 검은 비가 쏟아졌다.

그냥 본 아버지는

날 미워하고
잔소리 하시고 때리시는
내가 가장 싫어하는 존재이지만

그러나 다시 본 아버지는
나를 사랑해 주시고

믿어 주시고
나를 위해 내색하지 않으시는
내가 가장 좋아하는 분이시다.

은호는 말했다.
"아빠에 대한 생각을 바꾸니까 세상이 행복해졌어요. 그날 이후, 저는 아빠를 행복하게 해 드리기 위해서 열심히 공부하고 있습니다. 진짜로 훌륭한 사람이 되어서 아빠와 아빠를 변하게 해 주신 담임선생님과 아훈선생님을 기쁘게 해 드릴 거예요."

은호와 은호 아버지는 서로 자신들의 생각 속에 가두어진 채 살았다. 그러나 담임선생님을 통해 소개받은 프로그램에 참가하면서 서로 마음의 문을 열자 그 안에 따뜻한 사랑이 있음을 깨닫게 되었다.

포리스터 카터는 그가 쓴 책 『내 영혼이 따뜻했던 날』에서 부모를 잃고 외할아버지와 살던 다섯 살 때의 이야기를 다음과 같이 기억하고 있었다.
"내가 다섯 살이던 1930년… 내가 할 수 있는 일들을 도와드리노라면 할아버지는 내가 오기 전까지는 혼자서 이 많은 일들을 어떻게 해왔는지 도저히 믿기지 않는다고 말씀하시곤 했다."
은호 또한 중2 때의 일을 기억할 것이다. 은호의 얘기는 7년 전 일이니까. 지금쯤 은호는 대학생이 되었을 것이다. 은호가 결혼을 하고 아버지가 되고, 또 할아버지가 되면 특별한 날마다 아버지 묘소를 찾으며 지난 날들을 아름답게 기억하게 되지 않을까. 또 은호가 외롭고 답답할 때 아버지를 찾으면 큰 위로가 될 텐데 어찌 추석에 아버지 묘소를 찾지 않을 수 있겠는가.

51

나도 우리 선생님 같은
교사가 될 거야

교사 생활 10년.

저는 예민해서 아이들의 잘못을 잘 찾아냅니다. 그리고 그럴 때마다 아이들을 혼내야 유능한 선생님이라고 믿었습니다. 학기 말에 책상을 정리하면서 나온 아이들의 반성문이 책 한권 분량은 될 것 같았습니다. 어느 날 아이들을 교무실로 불러 취조(?)하고 있는데 어느 선생님이 농담 삼아 말씀하셨습니다.

"남 선생님, 선생님은 경찰서에 근무하셨으면 특진에 특진을 거듭하셨겠네요. 허 허 허."

저는 그 말을 농담 섞인 칭찬으로 들었습니다.

그런데 12월 마지막 주에 한 학부모님이 찾아와 학기 말까지 기다렸다면서 그동안 아이가 겪은 일이라며 제가 했던 모든 일을 부정적으로 항의하고 따지는 것입니다. 전 허탈했습니다. 저는 그동안 힘겹게 학생들을 지도하려 했던 자신이 불쌍했습니다. 무엇이 문제일까? 저는 고민 중에 아훈 교육을 받으면서 아이들은 야단친 다고 바뀌는 것이 아니라는 것을 깨달았습니다.

그러면서 2월이 되었습니다. 반아이들이 중학교 3학년으로 올라 가기 전까지 1주일의 시간이 있었습니다. 저는 마지막으로 아이들 에게 '끝이 아름다운 사람이 되자.'는 내용을 강조하였고 아이들도 그렇게 하겠다고 다짐했습니다. 특히 세 아이에게 눈을 맞추며 다 짐했습니다. 물론 저도 자신과 다짐했습니다.

그러나 바로 그날 퇴근하는데 우리 반 세 여자 아이들이 노랑머 리 가발을 쓰고 짧은 스커트로 변신을 하고 재잘거리며 교문을 향 해 걸어가고 있었습니다. 끝을 아름답게 장식하자고 다짐한 지 한 시간도 지나지 않았는데.

그 세 아이들이 누군가? 지영이, 보라, 소라. 책 한 권 분량의 반 성문 중에 10분의 9를 차지하는 세 아이들. 그동안 무단외출, 상습 지각, 거짓말, 도둑질, 휴대폰 불법소지, 복장불량… 등등 '잘할게 요. 다신 안 그럴게요.'를 수없이 다짐을 하고, 다짐을 받고, 용서 해 주고 또 약속을 어겨서 혼내고 울고 또 반성문 쓰고, 그 아이들 이 마지막까지 내 속을 태우다니!

"이게 누구야?"
눈앞에 나타난 내 얼굴을 보는 아이들도 얼어 버린 것 같았습니 다. 그 아이들과 거리가 가까워지는 10초 동안의 시간에 하고 싶은 말이 머릿속에서 넘쳐났습니다.

'너희들은 정말 별 수 없어. 정말 너희들은 믿으려고 해도 믿을 구석이 하나도 없는 아이들이야. 일 년 내내 그랬으니까 어떻게 달라지겠어. 기대한 내가 바보지. 정말 너희들 보니까 짜증난다. 얼른 내 앞에서 사라져 줘!!'

그렇지만 생각했습니다. 내가 비싼 교육비를 내고 교육받고 있지 않는가? 저는 최대한 자신을 자제하며 아이들의 눈을 각자 10초씩 쳐다보았습니다. 내 눈을 마주 보는 아이는 아무도 없었습니다. 저는 아이들을 보고 조용히 물었습니다.

"선생님이 오늘 종례 시간에 뭐라고 약속했지?"

"끝이 아름다운 사람이 되자고요."

"이게 끝이 아름다운 모습이니?"

"… 아, 니, 요."

"이제 2학년이 겨우 이틀 남았는데 이런 모습을 나에게 보여 줘야겠니?… 내가 정말 너희… 들에게 할 말이 없구나. 가발 벗고 옷 갈아입고 곧장 집으로 돌아가라."

"… 네."

아이들은 '이게 정말 끝 맞아? 다시 불러서 혼낼 것 아니야?'라는 듯 의아한 눈으로 내 눈치를 봤습니다. 저는 한 마디만 더 했습니다.

"난 정말 너희들한테 실망했어."

그러고는 가던 길을 가며 허공에 대고 큰 소리로 세 번 정도 더 읊조렸습니다.

"너희들한테 실망이야. 정말 실망했어. 진짜 실망이라고….”

그날 밤, 세 아이에게서 잘못했다며 다시는 약속도 잘 지키고 잘
할 것이라는 문자가 왔습니다. 전 아무 대꾸도 하지 않았고 할 가
치도 없다고 생각했습니다. 전 너무나 마음이 많이 상했습니다.
그러나 그래도 제 나름대로는 제 평소 때처럼 그 자리에서 아이
들에게 고래고래 소리 지르며 화내지 않고 조용히 마무리 지은 것
같아 뿌듯했습니다. 어쩐지 부족한 느낌은 들었지만요.
저는 아훈 교육을 받으며 이민정 선생님에게 자문을 구했습니다.
선생님은 제게 질문하셨습니다.
"세월이 흐른 뒤 그 아이들이 선생님 모습을 떠올릴 때 ‘실망했
어.’로 기억되기를 원하세요? ‘너희들이 희망이야.’로 기억되기를
원하세요?”
저는 마음 깊이 저항했습니다.
"선생님, 저는 솔직히 그 아이들에게서 희망을 볼 수가 없습니
다. 한두 번이 아니고 너무 많이 속았고, 너무 많이 실망했습니다.
그렇게 하는 것은 제 스스로에게 위선이라고 생각합니다.”
이렇게 항의했지만 선생님은 다시 말씀하셨습니다.
"선생님 마음이 그렇다고 하더라도 아이들을 향해 부정적으로 얘
기하는 것이 교육적으로 얼마나 효과가 있다고 생각하십니까?”
저는 할 말이 없었습니다. 왜냐하면 제 인격이 엉망이든, 부족하
든 저는 교육자니까요. 저는 대답했습니다.
"그렇지만 제 마음이 진심으로 그렇게 생각하지 않는다면 그렇게

아름다운 부모들의 이야기 2

말하고 싶지 않습니다. 그래도 고민해 보겠습니다."

결국 그날 내린 결론은 제가 먼저 아이들을 믿고 희망을 거는 것이었습니다. 그리하여 아이들에게 문자를 보냈습니다. 그날은 아이들이 중학교 3학년으로 올라가는 날이었습니다.

"지영아! 보라야! 소라야! 며칠 전 너희들이 밤에 보낸 메시지에서 진심을 느낄 수 있었단다. 그래서 실망했던 나로 하여금 다시 희망을 갖게 하는구나. 오늘 중 3이 됐는데 너희 자신과의 약속을 지키는 것, 꼭 성공하길 바래. 파이팅!!"

이렇게 보낸 지 5분 만에 세 놈한테서 쪼르르 답장이 왔습니다. 마치 제 문자를 기다렸다는 듯 너무나 빨리요.

지영: 〈선생님, 끝이 좋은 사람이 못 돼서 너무너무 죄송했어요.ㅠㅠ 오늘 새로운 반에서 종례 했는데 선생님이 너무너무 보고팠어요.ㅠㅠ 3학년 때는 정말 성실하고 착한 학생이 될게요. 그리고 이 다음에 선생님 같은 교사가 될게요.〉

보라: 〈네. 선생님! 일 년 동안 열심히 해서 졸업할 때는 최고 좋은 모습으로 졸업할게요.〉

소라: 〈감사합니다.ㅠㅠ 일 년 동안 정말 선생님께 죄송한 점이 많았는데…. 정말 감사합니다! ♡ 3학년 때는 공부도 열심히 하고 착실하게 학교 생활할게요. ♡ 정말 감사합니다. ♡〉

지영이는 3학년이 되더니 부반장이 되었습니다. 제가 정말 상상

할 수 없었던 일입니다. 정말 뿌듯합니다.

그렇습니다. '실망스럽다.'로 끝낼 수 있는 관계였는데 이민정 선생님의 조언으로 마음을 고쳐먹고 진심을 담아 문자를 보냈습니다. 그랬더니 고함지르고 때리고 벌 세워서는 듣지 못했던 '죄송합니다.'라는 말을 들을 수 있었습니다. 또 고함지르고 때리고 벌 세워서는 듣지 못했던 '감사합니다.'와 게다가 하트 '♡♡♡'를 세 개나 받았습니다. 이제야 조금은 진심으로 아이들을 사랑하는 방법을 알 것 같습니다.

아이들은 생각할 것이다. 자신의 작은 행동 변화가 선생님을 얼마나 기쁘게 하는지. 그 변화는 부모님께도 더 큰 기쁨이 된다는 것을 아이들은 알게 될 것이다. 그리고 더 중요한 것은 선생님이 작은 사건을 지혜롭게 풀어가는 모습을 보며 아이들도 배우게 된다는 것이다. 그리고 내가 남 선생님을 존경하듯이 아이들도 선생님을 존경하게 될 것이다.

'나도 이다음에 선생님이 된다면 담임선생님 같은 선생님이 될 거야.'

이보다 더 큰 가르침이 있을까. 이보다 더 큰 배움이 있을까.

52

회를 기분으로 먹냐

친정아버지가 저에게 맛있는 횟집이 있다면서 평일 저녁에 가족 모임을 갖고 싶다고 하셨습니다. 저는 모임 날짜를 남편이 회사에서 홈데이(home day)로 정해 다섯 시면 퇴근하는 수요일로 정하자고 제안했고, 남편을 누구보다도 챙기시는 친정아버지도 찬성하셨습니다. 아버지는 가족들에게 〈다음 주 수요일 저녁 모두 가능하다 하니 몇 시에 만나는 게 좋은지 알려 주기 바람.〉이라는 문자를 보내셨습니다. 남편이 퇴근하자마자 장인어른한테 받은 문자에 대해서 제게 물었습니다.

"처가 식구 저녁식사 얘기는 뭐예요? (남편은 불편할 때 제게 존칭을 씁니다.)"

저희 부부는 신혼시절 부터 가족모임을 자주 하는 친정과, 명절이나 부모님 생신 때만 모이는 시댁 상황 때문에 종종 부부싸움이 벌어졌습니다. 가족모임이 많지 않은 남편은 '너무 자주 보는 거 아니야? 처가 쪽 성묘에 무슨 손녀사위가 가?'라는 식으로 불만을 얘기했습니다. 결혼 9년차 되면서 횟수가 줄긴 했지만, 그래도 그날은 아버지가 회를 사 주신다고 하면 남편이 '오! 예! 회라고? 오랜만에 입이 호강하겠는걸.' 하길 바라며 대답했습니다.

아내: 여보, 아버지가 맛있는 회를 사 주신다고 수요일은 당신도 일찍 끝나는 날이라 그날로 정했어요. 당신 일찍 올 수 있죠?
남편: 내가 다음 주 일정을 어떻게 알아? 그리고 나에게는 한마디 상의도 없이 그렇게 다 된다는 식으로 문자를 보내면 어떡해.
아내: 아니, 수요일은 홈데이라 당신 일찍 오니까 특별히 그날로 정한 거예요.
남편: 일주일 후 일정이 어떻게 되는지 어떻게 알아? 나도 모르는 일정을 마음대로 정한 것이 기분이 나쁘단 말이야. 그것도 문자로 통보하고.

'통보'라는 단어가 제 마음에 대못처럼 꽂혔습니다. '뭐, 통보? 내 아버지를 원망해? 비싼 회 사 주신다면 고맙다는 말은 못할망정.' 하는 생각이 들었습니다.

저는 말했습니다.

아내: 지금 아빠가 보낸 문자 때문에 기분 나쁘다는 거예요? 내가 그날 된다고 해서 그렇게 보내신 건데, 통보는 뭐고 그게 뭐가 기분이 나쁘다는 거야.

남편: (큰 소리로) 나한테 한마디 상의도 없이 정한 게 난 기분 나쁘다고.

아내: 왜 화를 내고 그래? ('이 말이 듣고 싶었냐? 이제 됐냐?' 하는 마음으로) 그래, 미안해. 사전에 그날 되는지 안 물어본 건 내가 미처 생각하지 못했어. 그런 걸 우리 아빠 탓으로 돌리지는 말라고!

남편: 사위를 얼마나 무시하면….

아내: ('정말 이 남자랑 살아?') 뭐? 지금 뭐라고 했어? 무시? 진짜 무시가 뭔지 알게 해 줄까? 우리 부모님이 사위 눈치를 얼마나 보시는데 무시라고? 그럼 장인, 장모가 사위랑 밥 한 끼 먹고 싶다고 결제라도 받아야 해?

남편: 말이면 다야!!

남편이 소리 지르며 쾅쾅 방문을 닫고 들어갔고, 저도 방문을 쾅쾅 치며 "문 열어, 문 안 열어!!" 고함쳤고 아이들도 놀라 깨어서 울었습니다. 다음 날 방문을 두드린 손바닥은 피멍이 들었고, 약속대로 가족식사는 했지만 식사할 때 부모님이 얼마나 저희들 눈치를 보셨는지요. 그날 집으로 돌아온 저는 결혼사진을 찾았습니다. 엎어 놓으려고요. 그런데 아무리 찾아도 없던 결혼사진을 나보다 먼저 남편이 엎어 놓았더라고요. 남편과 저는 그 뒤 열흘 정도를 싸늘하게 말없이 지냈습니다. 벌써 9개월 쯤 지난 일이지만 저는 지금도 그날을 잊을 수가 없습니다. 아훈을 배우면서 가장 먼저 떠오른 것도 그날이었습니다. 지금이라면, 제가 아훈을 배운 대로 대화했다면 어떻게 말했을까 상상해 보았습니다.

남편: 처가 식구 저녁 식사 얘기는 뭐예요?

아내: 네. 아버지가 맛있는 횟집이 있다고 우리 가족들 사 주신다
며 당신이 함께할 수 있는 평일에 만나자고 하셔서 당신의
홈데이인 수요일이 가능하다고 제가 말씀드렸어요.

남편: 내가 다음 주 일정을 어떻게 알아? 그리고 내게는 한마디
상의도 없이 그렇게 다 된다는 식으로 보내면 어떻게 해.

아내: 미안해요. 여보. 제가 당신이랑 의논하고 말할 걸 제 생각
대로만 말해서 미안해요. 아버지가 꼭 당신 되는 날에 하
신다고 하셔서요. 그럼 아버지께 당신 안 된다고 말씀드릴
까요?

남편: 됐어. 앞으로 조심해 줬으면 좋겠어요.

아내: 알았어요. 앞으로 꼭 당신이랑 먼저 의논하고 말씀드릴게
요. 여보, 정말 미안해요.

제가 이렇게 말했다면 그날 그렇게 다투지는 않았을 텐데요.

나는 그에게 질문했다. 만일 그때 남편이 아훈을 배워서 아훈에
서 말하는 대로 '여보, 내 일정도 있는데 아버님 문자 받으니까 그
냥 통보받는 느낌이 들더라고. 내 일정이 무시되는 느낌말이야. 그
런 기분으로 먹는 비싼 회가 맛있을까 하는 생각이 들어.' 했다면
요.

그는 대답했다.

"저도 배우지 않았다면 '회를 기분으로 먹냐?' 하고 덤볐을 거예
요."

"지금은요?"

"물론 지금이라면 잠시 생각하고 대답했겠죠. '미안해요. 제가 당신에게 먼저 의논하고 아버지께 말씀드릴걸요.' 하고요."

그렇다. 배워서 의식하지 않는다면 남편이 적절한 말을 했어도 여전히 다투었을 것이다. 그래서 배워야 하는 게 아닌가. 배워야 실천하며 변화할 수 있기 때문이다.

만일 부부가 아훈을 배워서 다음과 같이 얘기했다면 어떻게 마무리되었을까.

남편: 여보, 아버님 보내 주신 문자는 무슨 얘기야?

아내: 아버지가 식구들을 맛있는 횟집 데려가고 싶다고 하셔서요. 수요일은 당신도 일찍 끝나는 날이라 그날로 정했어요. 당신 일찍 올 수 있죠?

남편: 그러니까 내 일정에 맞추셨다고. 그날 혹시 예상치 못한 일로 늦어질 수도 있지만 최대한 맞춰 볼게. 그런데 어쩌지, 고마운 아버님 마음보다 조금은 섭섭한 생각이 드네.

아내: 그래요. 그런데 당신이 섭섭하다는 이유가 궁금하네요.

남편: 응. 내 일정도 있는데 문자를 받으니까 그냥 통보받는 느낌이 들더라고. 내 일정이 무시되는 느낌말이야. 그런 기분으로 먹는 회가 맛있을까 하는 생각이 들어.

아내: ('회를 기분으로 먹냐?' 대신에) 그래요. 여보, 정말 죄송해요. 아버지가 제일 먼저 당신 날짜에 맞춘다고 하셔서 제

가 미처 당신이랑 의논하지 못하고 약속을 잡았네요. 다음엔 당신이랑 먼저 의논할게요. 당신 섭섭하게 해서 미안해요.

위 상황에서 친정아버지가 사위의 대화 내용을 알면 어떤 기분이 들까? 사위는 장인어른의 입장을 생각했을까. 물론 장인어른이 아훈을 배웠다면 얘기했겠지. 〈이날 가족이 함께 외식하고 싶은데 각자 상황이 어떤지 알려 주기 바람.〉 또는 〈5일, 9일, 12일. 이날 중에서 되는 날짜 알려주기 바람.〉 이런 식으로 문자를 보냈다면 어떤가. 그러면 누군가는 반발하기도 한다. "선생님, 바쁜데 왜 자꾸 만나자는 거야, 하고 말하는 사람에게는 어떻게 해요?" 하고. 우리 모두는 각자 자기 삶의 가치관에 따라 선택한다. 우리는 어디까지 배워야 하는가? 때로는 서로에 대한 따뜻한 배려와 사랑이 상대방에게 전달되지 않을 수도 있다는 각오를 해야 하지 않을까. 또 그럼에도 상대방이 언젠가는 서로 만나고 나누는 즐거움을 알게 되리라는 기대를 품어야 하지 않을까.

그래서 안셀름 그륀 신부가 『삶의 기술』에서 말했나 보다.
"우리는 삶의 기술을 알고 있을까. 사는 방법에 대해 배운 적이 있기는 한가? 배운 것 같기도 하고 아닌 것 같기도 한데. 그렇다. 어머니 뱃속에서부터 영어를 배우고 음악을 들으며 천재교육을 받았을망정, 정작 가장 중요한 과목인 삶의 기술은 배우지 못했다. 그래서 삶의 기술을 배우라."고.

아름다운 부모들의 이야기 2

53

긴 바지 입을까, 짧은 바지 입을까

갑자기 추웠다 더웠다 하는 요즘 날씨에 여섯 살 유치원생인 종원이가 어떤 옷을 입을 것인지 며칠간 저와 신경전을 벌였습니다. 평소에도 유난히 다른 친구들을 의식하는 아들은 자주 변하는 날씨에 친구들이 어떤 옷을 입을 것인지에 대해 걱정이 많습니다. 저는 아들이 다른 친구들을 의식하지 않고 당당하게 자기가 입고 싶은 옷을 입었으면 하는 마음에 뭔가 얘기를 하고 싶지만 괜히 잔소리만 될 것 같아 그냥 지켜보고 있었습니다. 그날도 전날에 반바지와 반팔에 얇은 카디건을 입고 추워했던 아이는 그날 밤 샤워 후에 스스로 긴 바지를 챙겨 입었습니다. 특별한 이유가 없으면 전날 밤에 입었던 옷을 입고 다음 날 등원하는 아이입니다. 그날도 어제 입었던 긴 바지를 입고 8시 27분에 셔틀버스를 타기 위해 집에서 10분 전에 출발했습니다. 그런데 현관문을 나서 엘리베이터 앞에서 아이가 말했습니다.

종원: 엄마… 그런데요.… 이거 긴 바진데요. 다른 친구들은 짧
　　　은 바지 입고 오면 어떡해요?
엄마: 그래?? 지금 친구들은 짧은 바지 입고 올까 봐 걱정돼서
　　　옷을 갈아입겠다고? 이 시간에? 엘리베이터 앞에서?

아이는 화가 가득 담긴 엄마의 큰 소리에 우물쭈물 말을 못 하는
데 저는 아이를 이해시키려고 말했습니다.

엄마: 종원아, 너 엄마가 여러 번 얘기했잖아. 이렇게 급하게 문
　　　앞에서 이야기 하면 엄마가 널 도와줄 수 없다고. 미리미
　　　리 이야기해야 한다고. 바지가 마음에 걸렸으면 양말 신을
　　　때 이야기했어야지. 아침 먹고 나서도 시간 좀 있었잖아.
　　　지금 여기서 이야기하면 어떡해!!
종원: (당황한 채 울음을 참으며)그래도… 친구들이….
엄마: 야!! 친구들이 뭐가 어째서? 으이그, 못살아… 오늘은 그냥
　　　가～～.

저는 답답하고 아픈 제 마음을 달래며 울음을 삼키는 아이를 끌
고 유치원 버스에 태워 보냈습니다. 이런 날은 온 종일 마음이 무
거워서 일이 손에 잡히지 않습니다. 선생님 이렇게 다른 아이들 눈
치를 보는 아이를 어떻게 가르쳐야 자신이 하는 일에 자신감을 갖
고 행동하게 될까요?

부모는 내 아이가 당당하게 행동하길 바란다. 종원이 어머니도
유치원생인 종원이가 자신감을 가지고 스스로 선택하고 남의 눈치

안 보고 당당하게 행동하기를 원한다. 그렇다면 일상 속 작은 사건에서 아이가 당당하게 행동하도록 어떻게 도울 것인가? 앞의 대화로 다시 돌아가 본다.

    종원: 엄마… 그런데요,… 이거 긴 바진데요. 다른 친구들은 짧은 바지 입고 오면 어떡해요?
    엄마: 그래. 친구들은 짧은 바지 입었는데 종원이만 긴 바지 입으면 어떡하느냐고.
    종원: 네. 엄마.
    엄마: 그럼 지금 집에 가서 짧은 바지 갈아입고 유치원 간다고?
    종원: 네. 엄마.
'그럼, 네가 알아서 해. 유치원 버스를 놓칠 텐데 네가 알아서 하라고. 버스를 타든가 말든가, 지각하든가 말든가 네가 알아서 하라고.' 하지 않고 다음의 대화에서 선택한다면 아이는 어떤 느낌을 받고 어떤 행동을 하고 싶을까? 몇 번의 어머니처럼 말하면 종원이가 자신이 어떤 옷을 입어도 친구들의 눈치를 보지 않는 아이로 자라는 데 도움이 될까?

    엄마 1: 종원아, 다른 아이들은 너한테 관심이 없어. 네가 긴 바지 입었는지, 아닌지 잘 몰라. 짧은 바지 입었다가 감기 걸리면 어떡하려고. 그러니까 오늘은 그냥 긴 바지 입고 빨리 유치원 가.
    엄마 2: 그럼 이렇게 해. 종원이는 지금 유치원 버스 타고 유치원

가고 엄마가 종원이 짧은 바지를 유치원에 갖다 줘서 유
치원에서 종원이가 짧은 바지로 갈아입어.

엄마 3: 엄마는 오늘 날씨가 추운데 종원이가 감기 걸릴까 봐 걱
정돼. 그래도 종원이가 짧은 바지 입고 싶다면 짧은 바지
갈아입고 엄마는 너랑 같이 걸어서 갈 수 있어. 아니면
오늘은 긴 바지 입고 유치원 버스 탈까? 엄만 네가 결정
하는 대로 할게.

당신의 아이라면 어떤 선택을 할까? '엄마 1'의 경우 아이를 이해
시키려고 설명하고 있다. 다른 아이들은 너에게 관심이 없고, 짧은
바지 입으면 감기에 걸리니까 그냥 긴 바지 입고 빨리 유치원 버스
타고 유치원 가라고. 아이가 엄마 말을 들었을 때 책임은 엄마에게
있다. 엄마 명령대로 따랐으니까. '엄마 2'의 경우 엄마는 짧은 바
지 입겠다는 아이의 말을 그대로 따르고 방법까지 제안해 준다. 아
이는 생각할 필요가 없다. 엄마의 좋은 생각에 따르기만 하면 된
다. 그러므로 이 역시 책임은 엄마에게 있다. '엄마 3'의 경우 엄마
의 걱정에 대해 말하면서 아이가 어떤 바지를 입을지 스스로 선택
할 자유를 준다. 아이는 생각한다. 어느 쪽을 선택할까? 그리고 그
선택은 자신이 했기 때문에 자신이 책임을 져야 한다는 걸 안다.
지금 당장에야 이러한 상황을 이해할 수 없다 하더라도 차츰 익숙
하게 된다. 이렇게 '너는 어떻게 하고 싶어?'라는 막연한 방법이 아
닌 짧은 바지를 갈아입었을 때라는 구체적인 상황을 제시해 줌으
로써 아이가 스스로 선택할 수 있도록 도와주는 것이다. 아이들은

아름다운 부모들의 이야기 2

직접 체험하면서 배우게 된다. 이 체험을 계기로 친구들이 '종원이가 긴 바지 입고 왔네.' 하면 아무렇지 않게 '그래. 나 오늘 긴 바지 입고 왔어.' 할 수 있도록 기다려야 한다. 부모는 아이가 감기 한 번 걸린다고 하더라도 그 중요한 체험의 기회를 잃게 해서는 안 된다. 한 번에 배울 수 있는 것은 없다. 한 번, 두 번, 이런 경험을 하면서 차츰 자신이 어떤 옷을 입어도 당당할 수 있는 날을 기다려야 한다.

54

청진기가 궁금하구나

간호사였던 제가 교회 의무실에서 봉사하는 날이었습니다. 복도에서 넘어져 무릎에 찰과상을 입은 다섯 살 여동생 운이를 데리고 의무실에 온 일곱 살 언니 율이가 청진기를 만지고 있었습니다. 전에 어떤 아이가 청진기를 만지다가 망가뜨려서 버린 적이 있는데, 또 청진기를 만지는 아이를 보자 이것까지 망가질까 봐 욱 감정이 올라왔습니다. '너 같은 애들 때문에 청진기가 망가지잖아.' 하고 화가 났지만 아이들의 부모도 잘 알기 때문에 친절한 척 가면을 쓰고 최대한 화를 안 내려고 애썼습니다. 그러면서 평소 같으면 이렇게 말했을 것입니다.

나 : 어~! 그거 장난감 아니야~. 함부로 만지면 안 돼. 떨어뜨
    릴라. 떨어져서 고장나면 큰일 나. 어서 원래 자리에 내려
    놔.

율이: 안 떨어뜨릴게요.

나　: 떨어뜨리는 친구들은 떨어뜨린다고 하고 떨어뜨리는 줄 아니? 얼른 내려 놔요~!

율이: 저는요, 나중에 의사 선생님 되고 싶거든요.

나　: 그래. 알았어. 알았어. 의사 선생님 되면 청진기는 몸에 달고 살 거야. 그런데 지금은 아직 의사 선생님 아니지?! 얼른 내려 놔.

율이가 만지던 청진기를 말없이 원래 자리에 걸어 놓습니다. 그러면 저는 말합니다.

나　: 자, 동생 치료 다 됐으니 이제 데리고 가. 그리고 이젠 넘어지지 않게 조심해서 잘 데리고 놀아.

율이: (풀이 죽은 목소리로) 고맙습니다. 안녕히 계세요. (동생의 손을 잡고 나간다.)

저는 속으로 말합니다. '도대체 요즘 애들은 왜 이렇게 정신 사납게 이것저것 들쑤시는지 원.'

저는 이렇게 하면서 다친 아이를 잘 돌본다고 생각했습니다. 사실 저는 방법을 몰랐기 때문에 이렇게 할 수밖에 없었습니다. 화내지 않으려고 애썼고, 조용하면서 다정하게 말하려고 애썼는데. 그러나 친절한 척 봉사를 하고 나면 왠지 피곤하고 기분도 별로였습니다. 그러다가 배우면서 무엇이 잘못되었는지 알게 되었습니다. 저는 달라졌습니다. 다음은 율이와 나눈 실제 대화입니다. 저는 먼저 율이가 청진기 만지는 마음을 이해하려고 말했습니다.

나   : 우리 율이가 청진기가 궁금하구나~ .

율이: 네. 선생님. 저 나중에 의사 선생님 될 거에요.

저는 깜짝 놀랐습니다. 그냥 별 뜻 없이 만지는 줄 알았는데 의사 선생님이 꿈이었습니다. 저는 이제 아이의 꿈에 어떻게 도움이 될까를 생각했습니다.

나   : 와~! 우리 율이가 의사 선생님 될 거라고. 율이가 의사 선생님 되면 선생님이 율이에게 진료받아야겠네.

율이: 네. 선생님 저는 의사 선생님 될 거에요. 저는 산부인과, 운이는 간호사 선생님 될 거예요. 그리고 막내 선이는 약사 선생님 될 거에요.

나   : 와, 그렇구나. 그래서 청진기에 관심이 있었구나. 그럼 율이가 의사 선생님처럼 청진을 한 번 해 볼까~?

율이: (눈이 휘둥그레짐) 네~?!! 해 봐도 돼요??

나   : 그래. 선생님이 도와줄게. 자~ 청진기를 이렇게 귀에 꽂고, 그리고 심장은 이쪽에 있으니까, 이 부분을 여기에 대고~.

저는 율이의 청진기를 운이의 심장쪽에 대 주었습니다. 두 아이는 간호사인 제가 마치 처음 청진기로 심장 소리를 듣던 그 감격처럼 각각 자기의 심음과 서로의 심음을 번갈아 들었습니다. 소리를 듣던 율이와 운이의 입이 각자의 주먹만큼이나 크게 벌어지고, 커다란 눈동자는 심박에 맞춰 기쁨으로 흔들렸습니다. 저는 어느 정도 시간을 주고 난 뒤 말했습니다.

나 : 신기하지~! 이것은 의사 선생님들이 심장 소리, 숨소리, 장이 움직이는 소리를 들어 보고 아픈 곳을 찾으시는 중요한 기구란다. 자, 이 중요한 기구를 이제 어떻게 할까?

율이: 제가 원래 있던 자리에 잘 걸어 둘게요.

율이는 청진기를 원래 자리에 조심스럽게 걸어 두고는 저에게 인사를 하고 나갔습니다. 서로 얘기하며 신이 난 모습으로 의무실을 나가는 아이들의 모습은 마치 자기들의 빛나는 미래의 문을 열고 나가는 것처럼 느껴졌습니다.

위 상황에서 한 부분만 수정한다면 율이가 '제가 원래 있던 자리에 잘 걸어 둘게요.(조심스럽게 걸어 둔다.)' 하는 율이를 말없이 보내는 것보다는

'율이가 중요한 기구를 이렇게 조심스럽게 제자리에 두는 걸 보니 따뜻한 의사 선생님이 되겠네.'로 격려했다면 율이는 어떤 의사가 되고 싶을까. 의료 기구 하나 하나를 조심스럽게 다룰 때 환자에게도 그 마음이 전해지는 의사가 되지 않을까.

함께 배우는 경민이 어머니가 말했다.

그렇네요. 제 아이들의 이야기도 하고 싶네요. 초등학교 1학년과 유치원생인 두 아이가 감기에 걸려 소아과에 갔습니다. 제가 간 소아과는 유명해서 예약을 해도 30분 이상 기다려야 합니다. 아이들과 진료실에 들어갔는데 선생님이 말했습니다.

의사: 한명은 저기 앉아서 기다려.

형이 진료 받는 동안 동생은 간이침대에 앉아 기다렸습니다. 형의 진료를 끝낸 선생님은 동생을 불렀습니다.

의사: 크게 심하지 않으니 물 많이 먹이고, 쉬게 하고 3일 뒤에 볼게요. 동생 이리 오세요.

동생이 침대에서 내려오는데, 일어서서 벌떡 뛰려고 했습니다.

의사: 어 어 어! 야~ 거기! 너 거기서 뛰면 안 돼!!

제가 아이에게 조심하라고 말하는데 그 사이 큰아이가 뭐가 궁금했는지 선생님 책상에 있는 의료기기를 만졌습니다.

의사: 어 어 어! 야, 너도 그거 만지는 거 아니야!

저는 다급하게 큰아이에게 만지지 말라고 하는데 이번에는 진료를 마친 작은아이가 의자에 앉은 채로 빙빙 돌았습니다. 그러자 의사 선생님이 화난 목소리로 말했습니다.

의사: 야!! 너희들 다음에 올 땐 둘 다 꽁꽁 묶어 놓을 줄 알아!!

저는 의사 선생님에게 "죄송합니다." 하고는 병원을 나오는데 마음이 편치 않았습니다. 제 아이들의 행동도 잘못되었다고 생각했지만, 의사 선생님 실력이 아무리 뛰어나다 해도 "꽁꽁 묶는다."는 말이 마음속에 남았습니다. 그리고는 다시는 그 병원을 찾지 않게 되었습니다.

우리는 배운다. 위 상황에서 경민이 어머니가 불편한 마음으로 병원을 나오고, 다음에 병원을 찾지 않는 것보다 경민이 어머니의 마음을 솔직하고 적절하게 표현하는 것이 서로에게 도움이 되지 않

아름다운 부모들의 이야기 2

을까. 진료를 마치고 나오면서 다음의 말을 했다면 혹시 의사 선생님이 '꽁꽁 묶는다.'는 자신의 말에 대해서 사과하고 싶지 않을까.

"선생님 많이 조마조마 하셨죠? 선생님 불편하게 해서 죄송합니다. 앞으로 잘 타이르겠습니다. 그리고 선생님, 다음에 올 땐 아이들을 꽁꽁 묶는다고 하셔서 다음에 와야 할지 망설이게 됩니다."

그리고 또 상상해 본다. 위 상황에서 의사 선생님이 진료를 마친 아이들에게 이렇게 말하면 아이들 교육에 도움이 될 수 있지 않을까.

'경민아, 경준아, 여긴 궁금한 게 많지. 그런데 선생님 부탁이 있어. 이 기구는 네가 만지면 다시 소독해야 하니까 선생님이 깜짝 놀라고, 또 경준이가 저 위에서 펄쩍 뛰면 다칠까 봐 걱정이 되어서 선생님이 집중해서 진료할 수 없어. 병원에 올땐 선생님 놀라지 않게 선생님 도와줄래?'

'선생님, 놀라고 조마조마하게 해서 죄송합니다. 다음엔 조심하도록 잘 타이르겠습니다. 고맙습니다.'

이렇게 진료를 마치고 나오면 의사 선생님의 뛰어난 실력에 더하여 친절한 태도와 지혜로운 대화가 감동으로 남아 계속 찾고 싶지 않을까. 의사 선생님은 진료하느라고 바빠서 친절하게 말할 수 없다면 진료는 왜 할까? 환자를 따뜻하게 보살피며 아픔을 치료해 주기 위해서일까. 아니면 치료해야 하기 때문에 하는 것일까.

55

그때 그 사람

아흔 교육을 받는 사십 대 중반의 남자 수강자가 발표했다.

"선생님, 제 운전 습관이 바뀌고 있습니다. 교육받기 전에 저는 도로는 나만의 도로여야 한다고 생각하고 절대로 양보 없는 도로를 만드는 데 많은 공을 세운 일등공신이었습니다. 한번은 감히 저를 추월하는 차가 있어 서로 앞지르기를 반복하며 자동차 경주를 하다가 막다른 골목에서 차를 세워 손가락질하며 욕했죠. 그런데 소형차에서 내린 그의 몸집은 제 몸의 두 배는 되어 보였습니다. 인상도 험악했고 저는 찍소리 못하고 고개를 숙이고 그 자리를 빠져 나왔습니다. 그런 적도 있지만 제 운전 습관을 고치지는 못했습니다.

그런 제가 이제 아흔 교육을 받으면서 도로의 행복 전도사로 변신 중입니다. 운전자들에게 따뜻한 마음으로 양보하기는 기본, 함부로 끼어들지 않기, 끼어들 상황이 되면 비상등으로 감사한 마음 표현하기 등 운전을 통해 즐겁고 행복한 마음을 전파하려 합니다.

아름다운 부모들의 이야기 2

그러다 보니 가장 먼저 달라지는 것은 차만 타면 다투던 아내의 행복한 탄성입니다. 이제는 운전 중 승부욕에 불타던 스트레스가 사라지고 차를 살 때의 처음 그 기뻐하던 날로 돌아오고 있습니다. 이런 변화는 저에게는 기적과 같은 일입니다. 이 습관을 버리지 못했으면 앞으로 남은 날들을 불행한 운전만 했을 텐데 말입니다."

　운전하는 사람들은 모두 위의 사례에 어느 정도 동의할 수 있을 것이다. 또한 운전하면서 기분 좋은 일과 불쾌한 일 한두 가지를 겪지 않는 사람은 없을 것이다. 나에게도 기억나는 그때 그 사람이 있다.

　1980년대 초, 남편과 나는 초보운전자였다. 어느 날 퇴근한 남편이 말했다.

　여보, 오늘 내가 앞차를 받았거든. 앞차가 급정거해서 급브레이크를 밟았는데도 차가 밀리더라고. 급하게 차에서 내렸고 앞차의 운전기사 그리고 그 차에 동승했던 사장님인 듯한 분도 내렸어. 앞차의 뒤 범퍼가 많이 찌그러졌어. 나는 얼른 명함을 내밀면서 말했지.

　"죄송합니다. 제가 초보운전이라 운전이 미흡했습니다. 차를 수리해 드리겠습니다. 여기 제 연락처입니다."

　했더니 사장인 듯한 분이 운전기사에게 말하더라고.

　"이 정도 어때, 그냥 가지."

　그리고 나를 보며 말하는 거야.

"괜찮습니다. 저희도 잘못이 있는데요. (운전기사에게) 자, 가지."

"아닙니다. 제가 잘못했는데 수리해 드리겠습니다."

"괜찮습니다. 자, 가지."

남편은 그때의 감동을 전하며 말했다.

내가 여러 번 고맙다고 했는데 나중에 많은 생각을 하게 되더라고. 요즘에도 저런 분이 계시는구나. 나도 그분을 닮아야지 하고 말이야.

나 또한 남편의 말을 들으며 그분을 닮고 싶다는 생각을 했다. 그 후 우리는 운전하면서 그날의 얘기를 잊지 않는다. 나는 어느 모범운전기사의 조언을 따르며 운전한다. '운전할 때 가장 먼저 지켜야 하는 것은 앞차와의 거리를 두는 것입니다.' 그의 조언은 나의 운전 습관이 되었다. 한번은 성남시 분당을 다녀오는 길에 쭉 뻗은 왕복 8차선 길을 달리고 있었다. 자동차가 드문드문 달리고 있었고 길은 한가했다. 갑자기 앞차가 급정거했다. 나도 앞차를 따라 급정거했다. "끼익!" 자동차가 요란한 소리를 내긴 했지만 앞 차와의 거리가 있어 부딪치지는 않았다. 그런데 내 뒤에 오는 차가 내 차를 받는 요란한 소리가 들렸고 자동차도 강하게 흔들렸다.

'아차, 사고가 났구나. 어떡하나? 누가 다쳤으면 어떡하나. 내 차가 많이 망가졌으면 어떡하나.' 생각하며 갓길로 차를 세웠다. 뒤의 차도 내 차 뒤를 따라 갓길에 세웠고, 두 젊은이가 차에서 내렸다. 나는 조용히 말했다.

"다친 분은 없나요? 많이 놀라셨죠?"

"아니, 아줌마가 급정거하는 바람에 부딪쳤잖아요!!!"

눈을 크게 부릅뜨고 소리치듯 말했다. 나는 순간 황당했다. 우리가 배우는 대로라면 내가 조용히 '많이 놀라셨죠?' 하면 상대방이 '아 죄송합니다. 아주머니도 놀라셨죠. 자동차 수리는 제가 다 해드리겠습니다.'인데 '아, 현실은 배운 각본대로 안 되는구나.'를 생각했다. 그러나 다시 조용히 말했다.

"네. 젊은이. 젊은이의 차가 제 차에 부딪친 원인은 제가 급정거 했기 때문이라는 거죠."

"그렇잖아요. 아줌마가 급정거하지 않으면 제 차가 아줌마 차를 왜 받겠어요?"

말은 맞는 말이다. 내 차가 급정거하지 않았으면 뒤에 오는 차가 내 차를 들이받지 않았을 것이다. 그러나 나 또한 내 앞차가 급정거하지 않았으면 내가 급정거하지 않았을 것이다. 나 또한 할 말이 있다. '제 차도 앞차가 급정거하는 바람에 급정거한 거잖아요. 그거 안 보였어요? 적어도 운전하는 사람은 앞차의 앞차까지도 보면서 운전하는 게 기본 아닌가요!!' 하고 싶었다. 그러나 다시 조용히 말했다.

"그렇군요. 제가 급정거하는 바람에 부딪쳤다고요. 젊은이가 보았듯이 저도 앞차가 급정거하는 바람에 급정거했습니다. 저는 차 간거리를 뒀기 때문에 앞차와 부딪치지 않았다고 생각합니다. 그리고 저는 아들 같은 젊은이들이라 제 차 범퍼는 제가 수리하려고 했는데 제 잘못이라고 하니 경찰의 도움을 받아야겠습니다. 경찰에 제가 알릴까요?"

주춤하더니 운전석 옆 자리에 앉았던 젊은이가 운전자에게 말했다.

"야! 네가 잘못했지. (나를 보며) 아주머니, 이 친구가 잘못했어요. 죄송합니다."

"잘못했다고요. 전 받아들일 수 없습니다. 운전하신 분이 제 잘못이라고 하셔서요."

운전자가 주춤하더니 약간 고개를 숙이고 나를 향해 말했다.

"죄송해요, 아주머니. 제가 잘못했습니다."

"네, 그러니까 제 잘못이 아니라 운전하신 젊은이 잘못이라는 말씀이시죠."

"… 네. 죄송합니다."

"그래요. 그러면 제 차는 제가 수리하겠습니다.… 제가 먼저 가도 될까요?"

"네, 고맙습니다."

조수석에 앉았던 젊은이도 여러 번 고맙다고 했다. 나는 돌아오면서 왠지 뿌듯했다. 언젠가 그때 그분, 남편의 실수를 이해해 준 그분에게 감사했다. 기쁜 마음으로 다른 사람을 이해할 수 있는 능력을 준 그분이 고마웠다. 물론 지금 생각하면 "제가 잘못했습니다."라고 젊은이가 말했을 때, "자신의 잘못을 인정하는 용기있는 젊은이가 아름답네요."라고 한마디 할 걸 하는 후회를 한다.

아름다운 부모들의 이야기 2

때로는 각본대로 나오지 않을 때가 있다. 나는 상대방이 젊은이라 내 아들이라 생각하고 최대한 상대방을 이해하려 하며 말했다. "다친 분은 없나요? 많이 놀라셨죠?" 하고. 그러자 상대방은 큰 소리로 말했다. "아줌마가 급정거하는 바람에 부딪쳤잖아요!!!" 나는 자동차 수리는 내가 해야지 하는 생각을 철회하고 싶었다. 그러므로 나는 엄격해야 했다. 그래서 말했다. "제 잘못으로 부딪쳤다면 경찰의 도움을 받을게요." 그러자 그는 자신의 잘못을 인정했다. 내가 상대방을 이해한다고 해도 상대방은 나를 이해하려 하지 않을 수도 있다. 그러므로 인간관계에서는 자애로우면서도 엄격해야 한다. 다시 한 번 확인하는 기회였다.

다음은 40대 중반인 남자 수강생의 실천 사례다.

"강의 중에 선생님께서 하셨던 그 말씀을 듣고 실천해 보았습니다. 로터리 길을 돌고 있는데 갑자기 끼어든 차와 제 차가 부딪쳤습니다. 제 차의 수리비가 40만 원 넘게 나온 걸 보면 그 차도 5~60만 원 나왔을 것이고 그러면 작은 사고는 아니겠죠. 큰 소리로 말하려는데 갑자기 선생님 말씀이 떠올랐습니다. 저는 약간의 모험심으로 갓길에 차를 세우고 내려 저를 째려보는 상대방 운전자에게 조용히 말했습니다.

"많이 놀라셨죠."

선생님 말씀처럼 상대방 남자분이 큰 소리로 말했습니다.

"똑바로 운전해야지, 당신 때문에 내 차가 망가졌잖아! 이 차 어쩔 거요?"

"그래요. 제 잘못으로 그 차가 망가졌다고요."

"그렇죠."

"알겠습니다. 그러면 경찰관 도움을 받아야겠습니다. 블랙박스로 확인하죠."

"어? 잠깐만요.··· 죄송해요. 제 잘못인 것 같습니다."

"댁의 잘못인 것 같다고요."

"제가 잘못했습니다."

선생님, 그렇게 저는 조용히 말하고 사건도 조용히 해결되었습니다. 한바탕 큰 소리 내며 다투었을 텐데 참 신기하던데요.

이 사례도 그렇다. 배려했지만 배려받지 못할 때가 있다. 반격할 수 없을 만큼 확실한 잘못을 했는데도 배려해 주면 상대방은 함부로 해도 된다는 생각을 하는 경우가 있다. 그러나 평온하게 문제를 해결한 뒤에 그런 자신을 돌아보며 부끄러워할지도 모른다. 그렇게 우리는 차츰 작은 변화를 꿈꾼다.

운전하는 사람이라면 자동차에 얽힌 이야기는 한두 가지 다 있을 것 같네요. 저는 주차에 대한 얘기를 하고 싶네요.

화요일은 아흔 강사수업에 참가하기 위해 제가 사는 대전에서 서울로 올라오는 날입니다. 수업 중에 잠깐 시간을 보려고 휴대폰을 열었더니, 통화 기록에 두 시간 전에 온 부재 중 전화가 찍혀 있었습니다. 또 같은 번호로 한 시간 전에 온 문자도 있었습니다.

〈자동차 사고 났어요. 연락 주세요.〉

저는 깜짝 놀랐습니다. 강의실에서 나와 급하게 전화를 했더니, 짜증스러운 목소리의 중년인 듯한 여자 분이 받았습니다.

"여보세요, 왜 이렇게 전화를 안 받는 거예요?"

저는 대전에서 서울로 올 때는 승용차를 고속버스 터미널 가까운 주차장에 세워 놓고 고속버스를 타고 오는데, 그날은 급하게 버스를 타는 바람에 터미널 옆 음식점 근처에 주차했습니다.

"네. 수업 중이라 전화기를 진동으로 해서 전화 온 줄 몰랐어요."

"아니, 어디서 수업 중이세요? 아니~! 가게 앞에 이렇게 차를 대놓고 가면 우리 영업을 어떻게 하라는 거예요?"

제가 배우지 않았다면 이렇게 이어졌을 겁니다.

"뭐라고요? 그럼 자동차 사고 난 것도 아닌데 이런 문자 한 거예요? 여기 서울이에요."

"하~, 정말. 그렇잖아요? 우리 손님 받아야 하는데. 제가 지금 주차비 줘 가며 손님 받아야 되는 상황이잖아요!!"

"헐~!! 기가 막혀! 손님을 왜 못 받아요? 영업에 방해될까 봐 출입에 방해되지 않게 주차 잘해 놓았는데!!"

"하도 연락이 안 되니까, 그렇게라도 하면 연락이 될까 싶어서 그랬죠. 여기 사진 찍어서 신고하면 딱지 떼고 견인해 가는 지역이에요."

"그래서? 지금 신고해서 딱지 떼고 견인시키겠다고 저 협박하는 거예요?"

"여기 원래 노란선이라고요. 신고하면 견인해 가는 지역이거든요.”

　“그래서요? 거기가 그 집 전용주차장이라도 돼요? 그러니까 나는 그 집 손님 아니니까 불법주차로 신고하고 그 집 손님이면 합법이어서 신고 안하고요??!!”

　“어쨌든 이제 점심 장사 하는데 방해되니까 빨리 차 빼세요. 정말 신고해서 견인해 가버리기 전에.”

　“여기 서울이고요. 지금 출발해도 세 시간 후에나 가요. 어차피 지금 당장 차 못 빼니까 신고하든 말든 맘대로 하세요.”

　“뭐가 어쩌고 어째요? 그럼 어디 두고 봅시다!!”

　“저는 두고 보자는 사람 하나도 안 무서워해요. 어디 견인시켜 보시죠. 그러면 내가 오늘 이후로 그 집 앞에 지켜 서 있다가 손님들 주차하는 족족 다 신고해서 끌고 가게 해 버릴 테니까.”

　“이 아줌마 말로 해서 안 되는구면. 그래요. 누가 이기나 한 번 해 봅시다.”

　“그래요. 해 보시죠.”

　제가 아훈을 배우지 않았다면 이렇게 이어지는 방법밖에 몰랐을 텐데, 저는 배운 대로

　“아니~~! 가게 앞에 이렇게 차를 대 놓고 가면 우리 영업을 어떻게 하라는 거예요?” 하는 말에 ‘그럼 차 사고 난 것도 아닌데 이런 문자를 해요?’ 하는 생각이 들었지만, 일단 먼저 상대방을 이해하려고 말했습니다.

　“아, 네~~ 아, 이런 죄송합니다. 죄송해요.”

"하~ 정말 그렇잖아요? 우리 손님 받아야 하는데, 제가 지금 주차비 줘 가며 손님 받아야 되는 상황이잖아요."

"아~ 그렇군요. 그러시군요. 그러니까 사고가 나서 사람이 다치거나 한 것은 아니군요~."

"그런 건 아닌데요. 하도 연락이 안 되니까~ 그렇게라도 하면 연락이 될까 싶어서 나는… 여기 사진 찍어서 신고하면 딱지 떼고 견인해 가는 지역이에요."

"네. 정말 답답하셨군요~. 오죽 답답하셨으면 이런 문자 하셨나 생각하니 정말 죄송하네요."

"그러니까… 그렇다고 내가 견인해 가라고 신고할 수도 없잖아요. 여기 원래 노란선이라고요. 신고하면 견인해 가는 지역이거든요."

가게주인의 말투가 처음보다는 많이 가라앉은 듯 들렸습니다. 그래서 저는 어느 한쪽이 아니라 서로 잘못했다는 사실을 확인하고 싶었습니다.

"네~ 그러니까 거기는 어떤 차도 주차하면 안 되는 곳이었네요. 제 차 끌고 가라고 신고 안 하시고 저에게 연락하시고 기다려 주셔서 감사합니다."

제 말에 가게주인의 웃음소리가 들렸고, 저는 조금 안심이 되면서도 가게주인이 원하면 지금이라도 출발할 각오로 말했습니다.

"제가 지금 서둘러 가도 여기서 터미널까지 시간이 걸리긴 하지만…."

"지금 1시에 서울이면 여기 점심 장사는 곧 끝나는데 뭐. (웃음소리) 다음에는 그런 배려 좀 해 주세요.”

“네. 다시는 그러지 않을게요. 이해해 주셔서 고맙습니다.”

그야말로 상대방에 대한 배려 없이 제 입장만 내세우며 제가 하고 싶은 말만 했다면, 그것도 저는 잘못이 하나도 없는 사람이라는 생각으로만 대화하려 했다면 어떤 결과가 있었을지요? 결국 제가 먼저 상대방을 이해하는 말을 하면 상대방도 저를 이해하려고 하더라고요. 물론 끝까지 자신의 의견만 옳다고 주장하는 사람도 있지만요. 사실 처음 〈자동차 사고 났어요. 연락 주세요.〉 하는 문자를 보고 깜짝 놀랐는데 그 뒤에 거짓말이었다는 것을 알았을 때 놀란 제 감정을 조절하기가 쉽지 않았습니다. 그러나 감정조절은 훈련인 것 같습니다.

분노의 감정을 절제하는 일은 평생 해야 할 일이 아니든가. 왜냐하면 화를 내고 마음이 편한 사람은 없을 것이기 때문이다. 부처님은 우리에게 말씀하신다.

“그대가 화를 냈기 때문에 벌을 받는 게 아니라, 그대가 낸 화가 그대를 벌하는 것이다.”

결국 우리의 삶은 화가 날 때, 욕심이 생길 때, 멈추고, 생각하고 옳은 것을 선택하는 자신과의 싸움이 아닌가. 나 또한 오늘도 그때 그분, “괜찮습니다. 그냥 가시지요.”라고 말씀하셨던 그분처럼 나도 누군가에게 ‘그때 그 사람’으로 기억되는 사람으로 살기 위해 계속 배우면서 훈련하고 있다.

아름다운 부모들의 이야기 2

마치며 /

  시간이란 무엇인가?

  누가 그것을 쉽고 간결하게 설명할 수 있을까. 우리는 시간에 관해서 웬만큼은 알고 있다고 생각한다. 그렇다면 시간이란 과연 무엇인가? 성 아우구스티노는 말한다.

  "대체 시간이란 무엇인가, 이런 질문을 받지 않았을 때 나는 막연히 대답을 알고 있는 것 같았다. 그러나 이 질문에 대해 설명하려니 비로소, 답을 모르고 있다는 사실을 깨달았다."

  웹스터 사전에서는 말한다.

  "시간이란 과거로부터 현재를 거쳐 미래로 이어지는 크고 작은 사건들의 연속이다."

  아인슈타인은 말한다.

  "만약 사건이 일어나지 않는다면 우리는 시간을 인식하지 못할 것이다."

결국 사람의 역사는, 크고 작은 사건을 어떻게 맞이하며 처리하느냐에 달려 있는 것이 아닌가. 그렇다면 하루에도 몇 번씩 일어나는 사건들을 우리는 어떻게 맞이하며 어떤 기준으로 처리하는가. 시간이 꽤 지났지만 내가 만난 수강자의 질문이었다. 다음의 사건을 생각해 본다.

　　사건 1)
　　신랑은 32세의 석사이며 누구나 부러워하는 직장에 다니고 있었다. 중매로 만난 신부와 결혼날짜를 받았다. 결혼 2주일을 앞두고 신랑은 원하지 않았지만 신부의 요청으로 웨딩드레스를 입고 공원에서 사진을 찍게 되었다. 그들의 모습이 뉴스에 나왔다. '새로운 풍속도'라는 제목으로 요즘 젊은이들이 새 출발부터 질서를 어긴다는 내용이었다. "잔디밭에 들어가지 마시오."라는 푯말과 그 안에서 사진 찍는 그들의 모습이 한 화면에 나왔다. 신랑 신부의 얼굴은 모자이크로 처리되었지만 신랑 신부를 아는 사람이라면 거의 신랑 신부를 알아 볼 수 있었다. 전국에서 신랑 신부를 아는 사람들이 전화를 했다. 축하의 전화에는 은근한 야유가 장난기로 섞여 있었다. 같은 내용이 뉴스마다 나왔다. 저녁 6시뉴스, 8시뉴스, 9시뉴스, 마지막뉴스, 다음날 아침뉴스까지 나왔고 전화도 이어졌다. 신랑은 사진을 찍자고 했던 신부에게 원망을 쏟아 부었다. 결국 파혼까지 하게 되었고, 신랑은 사람 기피증까지 생겨 직장을 그만두고 집안에서만 시간을 보내고 있다고 했다.

위 사건에서 주인공의 어떤 가치관이 문제가 되는가. 본인이 선택한 일에 대한 책임을 누구에게 묻고 있는가. 남들이 자신을 어떻게 보느냐가 삶의 가치 기준인가. 정말로 중요한 것은 무엇인가. 사람이 실수 없이 완벽하게 살 수 있는가. 그동안 받은 교육은 그의 행동을 결정하는 데 어떤 도움이 되었는가. 뱀에게 물렸을 때 뱀에게 물린 것이 심각한 피해가 아니라 뱀을 잡겠다고 쫓아다니다가 시간을 낭비해 독이 심장까지 퍼지도록 하는 것이 더 큰 피해가 된다는 원칙을 이해했다면 사건을 어떻게 해결했을까. "가장 중요한 일이 별로 중요하지 않은 일에 좌우되어서는 안된다."는 괴테의 말을 실천에 옮겼다면 어떻게 되었을까.

물론 우리는 주인공의 태도를 쉽게 판단할 수는 없다. 얼마나 괴로웠으면 사람 기피증까지 생겼을까.

"세상은 빠르게 발전한다는데 우리는 정말 행복해지고 있나?" 어느 학술대회에서 나온 말처럼 세상의 변화가 우리에게 어떤 영향을 끼치고 있는가. 과연 세상은 어디까지 변할 것인가. 여기에 부모는 자녀를 어떻게 가르쳐야 하는가.

사건 2)
며칠 전 아이에게 전화가 왔습니다. 저는 아이에게 수화기를 넘겨 주며 전화를 받으라고 했습니다. 아이는 없다고 하라는 눈치를 주었습니다. 저는 계속 전화 받으라는 눈짓으로 아이에게 수화기를 주었습니다. 통화를 마친 아이가 한심하다는 듯 저를 보며 말했습니다.

"아빠는 왜 그렇게 순진해요. 아빠는 너무 순진하고 고지식해서 탈이에요. 그렇게 고지식하게 사시려면 결혼도 하지 말고 절에 들어가 사셔야 해요. 이 세상이 얼마나 험한데요. 다들 이기주의자들이라구요. 내가 피해를 보지 않으려면 때때로 선의의 거짓말도 필요하단 말이에요."

정말 어이가 없었습니다. 뭔가가 한참 바뀌었구나 하며 한 마디 했습니다.

"그래. 네 말을 듣고 보니 이해가 되기는 해. 한데 아무리 선의의 거짓말이라도 그건 극약과 같아. 불가피한 상황에서 위기의 순간은 넘길 수 있을지 모르겠지만 자주 극약을 쓰다 보면 그 독성이 쌓여서 사람의 몸을 해치게 되거든. 나는 네가 거짓말을 하지 않도록 노력했으면 해."

아내가 옆에서 딸의 말을 거들었습니다.

"여보, 나는 선의의 거짓말이 필요할 때는 하라고 해요. 저도 옛날에 고지식하게 솔직히 얘기했다가 손해 본 적이 많아요."

저는 다시 말했습니다.

"당신 뜻은 이해하는데 아이들에게 거짓말을 필요에 따라 하라고 하면서 부모에겐 절대로 거짓말 하지 말라고 하는 건 모순이 아닌가."

아내는 제가 다시 말을 하지 못할 만큼 자신의 경험담을 예로 들어 선의의 거짓말의 불가피성을 강변했습니다. 사실 저도 흔들렸습니다.

위와 같은 사례에서처럼, 우리는 추상적인 이론이 아니라 현실적으로 해결하는 구체적인 방법을 배우고 싶은 사람들을 만난다. 준비하지 않은 부모는 아이들과 함께 혼란 속으로 빠진다. 남들이 하니까 따라하던 사람들이 어느 날 이건 아닌데 하는 사람들을 만난다. 이러한 사건의 해결 방법은 확실하게 설명하긴 어렵지만 해결 과정을 보면 분명하게 분간할 수는 있다.

수강자로 만났던 한 공예가의 경험을 들어본다.

제가 작품 전시회를 할 때였습니다. 전시장을 잠깐 비운 사이에 황급한 목소리의 전화가 왔습니다. 전시된 작품 한 점이 한 초등학생에 의해 파손되었다는 것입니다. 어떻게 처리하느냐는 전화였습니다.

"아니! 작품을 망가뜨렸는데 어떻게 처리하다니? 어떤 보호자가 아이를 그렇게 아무렇게나 방치해 둔단 말인가! 그 많은 열정과 정성이 조각나다니." 순간 제 안에서 불꽃이 튀듯 스파크가 일어났습니다. 그러나 다음 순간 정신이 들었습니다. 이미 엎질러진 물인데, 어떻게 할까. 조금씩 이성을 되찾자 '아이 어머니가 아이에게 어떻게 대했을까.' 하는 생각이 들었습니다. 저는 아이와 동반자를 제가 갈 때까지 기다려 달라고 부탁했습니다. 초등학교 3학년 정도인 아이가 거친 숨을 몰아쉬며 달려간 저를 겁에 질린 표정으로 노려보았습니다. 저는 아이에게로 갔습니다. 그리고 부드럽게 말했습니다.

"많이 놀랐지. 미안해. 선생님이 네가 작품을 만져도 떨어지지 않도록 했어야 했는데. 너를 놀라게 해서 미안해. 선생님의 사과를 받아 줄 수 있겠니? 네가 많이 기다릴까 봐 선생님이 뛰어왔어."

아이가 고개를 끄덕였습니다. 옆에 있던 아이 엄마가 죄송하다는 말을 여러 번 했습니다. 그리고 아이 어머니에게 부탁드렸습니다.

"부탁이 있습니다. 혹시나 이 일로 해서 아이에게 언짢은 일이 없었으면 하고요. 그 말씀을 드리려고 기다려 주시라고 했습니다."

그러자 아이 어머니가 말했습니다.

"집에 가서 아이 야단치지 말라고요. 선생님께서 이렇게 용서해 주셨는데 저도 선생님을 닮아야죠. 오늘 작품을 보는 것보다 더 많은 감동을 받고 또 더 많이 배웠습니다."

아이의 어머니는 덧붙이더라고요. 저에게 너무나 죄송하면서도 제가 얼마나 화를 낼까 조마조마했는데 그렇게까지 배려해 주리라고는 상상도 못 했답니다. 부끄럽게도 저더러 천사 같다고 하시면서요.

그는 다음의 말로 말을 맺었다.

"저도 사건을 그렇게 정리하고 참으로 뿌듯했습니다. 주는 기쁨, 이해하는 행동의 결과가 돈으로는 살 수 없는 것이었습니다."

나는 매 사건마다 어떤 생각으로 어떻게 풀어야 할지 고민하는 많은 참가자들을 만난다. 대화 이전에 속마음의 준비가 필요하다. 우리들 안의 저 깊은 곳에 바탕이 되어 있어야 했다. 대화는 생각이 '언어화'되는 것이기 때문이다. 확고한 중심이 없는 부드럽고 우아한 목소리의 기교가 아니라 본인의 올바른 가치관, 인생관이 녹아 있는, 다듬어진 생각이 언어로 나와야 하기 때문이다. 그 바탕은 우리가 살아오면서 부모님에게 들었던 지혜로운 말, 수업시간에 배웠던 지식, 자연의 진리들, 친구들과 얘기하며 나누었던 아름다운 기억들, 우연히 읽었던 단편소설의 한 구절, 감동받았던 영화의 대사들, 소나기가 지나간 후 청명한 여름 하늘에서 맛보았던 신비한 맛, 아이들의 해맑은 표정, 웃음, 그 모든 것들이 모여져서 만들어 낸 나만의 작품, 생각들, 즉 우리의 가치관에 있다. 이 가치관은 나만의 것이 아니라 세상의 진리에 맞는 이치여야 한다. 내 안에 존재하여 우리의 삶을 다스리는 든든한 나침반, 나는 그것들을 그릇에 담아 보여주고 싶었다. 그것이 확고한 신념이 되어야 내 안에 살아 있어 나의 가치관을 흔들리지 않게 한다. 정직하고 용기있게, 그리고 남을 배려하며 살아야 한다는 것을 우리는 알고 있다. 그러나 그렇지 않은 이웃들을 보면 흔들린다. 바르게 착하게 살면 남한테 패배하고 뒤질 것 같다. 불안하다. 남한테 손해만 볼 것 같다.

그러나 그것이 과연 내가 원하는 삶인가?

"양심의 소리는 매우 가냘퍼서 짓눌러 버리기 쉽다. 그러나 너무나 분명하여 결코 잘못 들을 수 없다."는 스위스의 여류작가 스타엘의 말에 공감하게 된다. 확고한 신념은 잘 관리하지 않으면 보이다가 사라져 버린다. 나는 그것들이 사라져 버리지 않도록 돕는 방법을 찾고 싶었다.

나의 숙제는 미국의 스티븐 코비 박사가 만든 '성공하는 사람들의 7가지 습관'을 만나면서 풀 수 있다는 희망을 가지게 되었다. 나는 이 프로그램의 퍼실리테이터가 되어 배운 것을 나누면서 많은 새로운 것을 발견했다. 안개 속에서 희미하게 보이던 삶의 원칙들이 드러나기 시작했다. 그러나 실제 일상생활에서 구체적으로 그 원칙들을 어떻게 녹여내어 상황에 맞게 적용해야 하는지는 또 다른 숙제였다. 바로 이 숙제를 풀기 위해 만든 프로그램이 '아름다운 인간관계 훈련(아훈)'이다. 내가 29년간 배우고 훈련하며 교사, 부모, 퍼실리테이터, 강사로서의 경험을 통해 얻어진 것들이다.

아훈 프로그램의 목표는 문제상황을 분명히 보고 지금 내가 무엇을 하는 것이 도움이 되는지를 분별하는 능력을 기르는 것이다. 이 능력이 바로 분별력 있게 사랑할 수 있는 능력이며 아름다운 인간관계를 만드는 능력이다. 이 능력이야말로 우리가 평생을 바쳐 얻기 위해 노력할 만한 것일지 모른다. 그리고 이 책은 그렇게 노력하는 많은 사람들의 결정체다. 어둡고 힘든 고통을 딛고 일어설 의지가 있는 사람들이 함께 연구하고 훈련하며 변화한 결과다. 이 책이 여러분들에게 도움이 되기를 바란다.

나 또한 나의 어두운 부분을 밝혀 주고 끝없이 성장하게 만드는 이 프로그램에 감사하며 오늘도 이 프로그램과 함께 쉬지 않고 연구하며 훈련하는 모든 이들에게 감사드린다.